程 杰 曹辛华 王 强 主编

中国花卉审美文化研究丛书

12

《红楼梦》花卉文化及其他

俞香顺 著

北京燕山出版社

图书在版编目（CIP）数据

《红楼梦》花卉文化及其他 / 俞香顺著 . -- 北京：
北京燕山出版社 , 2018.3
ISBN 978-7-5402-5108-6

Ⅰ . ①红… Ⅱ . ①俞… Ⅲ . ①花卉－审美文化－研究
－中国② 《红楼梦》 研究 Ⅳ . ① S68 ② B83-092
③ I207.411

中国版本图书馆 CIP 数据核字 (2018) 第 087831 号

《红楼梦》花卉文化及其他

责 任 编 辑： 李涛
封 面 设 计： 王尧
出 版 发 行： 北京燕山出版社
社　　　址： 北京市丰台区东铁营苇子坑路 138 号
邮　　　编： 100079
电 话 传 真： 86-10-63587071 （总编室）
印　　　刷： 北京虎彩文化传播有限公司
开　　　本： 787×1092 1/16
字　　　数： 282 千字
印　　　张： 24.5
版　　　次： 2018 年 12 月第 1 版
印　　　次： 2018 年 12 月第 1 次印刷

ISBN 978-7-5402-5108-6

定　　　价： 800.00 元

内容简介

本论文集为《中国花卉审美文化研究丛书》之第 12 种。论文集收录论文 26 篇。《〈红楼梦〉花卉文化》专题 6 篇，通过花卉透视《红楼梦》所处历史时期的社会文化生活、曹雪芹的艺术渊源、《红楼梦》的象征意蕴等。"荷文化"专题 6 篇，探讨了荷花的《楚辞》原型意义、佛教寓意以及"采莲"主题、《爱莲说》主旨等。"中唐文人植物审美"专题 4 篇，论述中唐植物审美风尚、文学风格题材的转移。"花木名物"专题 8 篇，考证花木之名实。梧桐、栀子两篇专论，则探讨了这两种重要植物意象、题材的文学、文化内涵。

作者简介

俞香顺，男，1971 年 5 月生，江苏省南京市人，文学博士，南京师范大学新闻与传播学院教授。主要研究方向为中国文学与文化、新闻学，主持国家哲学社会科学基金项目"新闻传媒语言规范化研究"、江苏省哲学社会科学基金项目"新闻低俗化问题研究"。近年来从事花卉审美文化研究，著有《中国荷花审美文化研究》（巴蜀书社，2005 年）、《传媒·语言·社会》（新华出版社，2005 年）。《中国荷花审美文化研究》是国内首部人文意义上的荷花研究专著，另在《文学遗产》《江海学刊》《江苏社会科学》《中国农史》等发表花卉审美文化研究论文四十余篇。

《中国花卉审美文化研究丛书》前言

　　所谓"花卉"，在园艺学界有广义、狭义之分。狭义只指具有观赏价值的草本植物；广义则是草本、木本兼而言之，指所有观赏植物。其实所谓狭义只在特殊情况下存在，通行的都应为广义概念。我国植物观赏资源以木本居多，这一广义概念古人多称"花木"，明清以来由于绘画中花卉册页流行，"花卉"一词出现渐多，逐步成为观赏植物的通称。

　　我们这里的"花卉"概念较之广义更有拓展。一般所谓广义的花卉实际仍属观赏园艺的范畴，主要指具有观赏价值，用于各类园林及室内室外各种生活场合配置和装饰，以改善或美化环境的植物。而更为广义的概念是指所有植物，无论自然生长或人类种植，低等或高等，有花或无花，陆生或海产，也无论人们实际喜爱与否，但凡引起人们观看，引发情感反应，即有史以来一切与人类精神活动有关的植物都在其列。从外延上说，包括人类社会感受到的所有植物，但又非指植物世界的全部内容。我们称其为"花卉"或"花卉植物"，意在对其内涵有所限定，表明我们所关注的主要是植物的形状、色彩、气味、姿态、习性等方面的形象资源或审美价值，而不是其经济资源或实用价值。当然，两者之间又不是截然无关的，植物的经济价值及其社会应用又经常对人们相应的形象感受产生影响。

　　"审美文化"是现代新兴的概念，相关的定义有着不同领域的偏倚和形形色色理论主张的不同价值定位。我们这里所说的"审美文化"不具有这些现代色彩，而是泛指人类精神现象中一切具有审美性的内容，或者是具有审美性的所有人类文化活动及其成果。文化是外延，至大无外，而审美是内涵，表明性质有限。美是人的本质力量的感性显现，性质上是感性的、体验的，相对于理性、科学的"真"而言；价值上则是理想的、超功利的，相对于各种物质利益和社会功利的"善"而言。正是这一内涵规定，使"审美文化"与一般的"文化"概念不同，对植物的经济价值和人类对植物的科学认识、技术作用及其相关的社会应用等"物质文明"方面的内容并不着意，主要关注的是植物形象引发的情绪感受、心灵体验和精神想象等"精神文明"内容。

将两者结合起来，所谓"花卉审美文化"的指称就比较明确。从"审美文化"的立场看"花卉"，花卉植物的食用、药用、材用以及其他经济资源价值都不必关注，而主要考虑的是以下三个层面的形象资源：

一是"植物"，即整个植物层面，包括所有植物的形象，无论是天然野生的还是人类栽培的。植物是地球重要的生命形态，是人类所依赖的最主要的生物资源。其再生性、多样性、独特的光能转换性与自养性，带给人类安全、亲切、轻松和美好的感受。不同品种的植物与人类的关系或直接或间接，或悠久或短暂，或亲切或疏远，或互益或相害，从而引起人们或重视或鄙视，或敬仰或畏惧，或喜爱或厌恶的情感反应。所谓花卉植物的审美文化关注的正是这些植物形象所引起的心理感受、精神体验和人文意义。

二是"花卉"，即前言园艺界所谓的观赏植物。由于人类与植物尤其是高等植物之间与生俱来的生态联系，人类对植物形象的审美意识可以说是自然的或本能的。随着人类社会生产力的不断提高和社会财富的不断积累，人类对植物有了更多优越的、超功利的感觉，对其物色形象的欣赏需求越来越明确，相应的感受、认识和想象越来越丰富。世界各民族对于植物尤其是花卉的欣赏爱好是普遍的、共同的，都有悠久、深厚的历史文化传统，并且逐步形成了各具特色、不断繁荣发展的观赏园艺体系和欣赏文化体系。这是花卉审美文化现象中最主要的部分。

三是"花"，即观花植物，包括可资观赏的各类植物花朵。这其实只是上述"花卉"世界中的一部分，但在整个生物和人类生活史上，却是最为生动、闪亮的环节。开花植物、种子植物的出现是生物进化史的一大盛事，使植物与动物间建立起一种全新的关系。花的一切都是以诱惑为目的的，气味、色彩和形状及其对果实的预示，都是为动物而设置的，包括人类在内的动物对于植物的花朵有着各种各样本能的喜爱。正如达尔文所说，"花是自然界最美丽的产物，它们与绿叶相映而惹起注目，同时也使它们显得美观，因此它们就可以容易地被昆虫看到"。可以说，花是人类关于美最原始、最简明、最强烈、最经典的感受和定义，几乎在世界所有语言中，花都代表着美丽、精华、春天、青春和快乐。相应的感受和情趣是人类精神文明发展中一个本能的精神元素、共同的文化基因；相应的社会现象和文化意义是极为普遍和永恒的，也是繁盛和深厚的。这是花卉审美文化中最典型、最神奇、最优美的天然资源和生活景观，值得特别重视。

再从"花卉"角度看"审美文化"，与"花卉"相关的"审美文化"则又可以分为三个形态或层面：

一是"自然物色"，指自然生长和人类种植形成的各类植物形象、风景及其人们的观赏认识。既包括植物生长的各类单株、丛群，也包括大面积的草原、森林和农田庄稼；既包括天然生长的奇花异草，也包括园艺培植的各类植物景观。它们都是由植物实体组成的自然和人工景观，无论是天然资源的发现和认识，还是人类相应的种植活动、观赏情趣，都体现着人类社会生活和人的本质力量不断进步、发展的步伐，是"花卉审美文化"中最为鲜明集中、直观生动的部分。因其侧重于植物实体，我们称作"花卉审美文化"中的"自然美"内容。

二是"社会生活"，指人类社会的园林环境、政治宗教、民俗习惯等各类生活中对花卉实物资源的实际应用，包含着对生物形象资源的环境利用、观赏装饰、仪式应用、符号象征、情感表达等多种生活需求、社会功能和文化情结，是"花卉"形象资源无处不在的审美渗透和社会反应，是"花卉审美文化"中最为实际、普遍和复杂的现象。它们可以说是"花卉审美文化"中的"社会美"或"生活美"内容。

三是"艺术创作"，指以花卉植物为题材和主题的各类文艺创作和所有话语活动，包括文学、音乐、绘画、摄影、雕塑等语言、图像和符号话语乃至于日常语言中对花卉植物及其相应人类情感的各类描写与诉说。这是脱离具体植物实体，指用虚拟的、想象的、象征的、符号化植物形象，包含着更多心理想象、艺术创造和话语符号的活动及成果，统称"花卉审美文化"中的"艺术美"内容。

我们所说的"花卉审美文化"是上述人类主体、生物客体六个层面的有机构成，是一种立体有机、丰富复杂的社会历史文化体系，包含着自然资源、生物机体与人类社会生活、精神活动等广泛方面有机交融的历史文化图景。因此，相关研究无疑是一个跨学科、综合性的工作，需要生物学、园艺学、地理学、历史学、社会学、经济学、美学、文学、艺术学、文化学等众多学科的积极参与。遗憾的是，近数十年相关的正面研究多只局限在园艺、园林等科技专业，着力的主要是园艺园林技术的研发，视角是较为单一和孤立的。相对而言，来自社会、人文学科的专业关注不多，虽然也有偶然的、零星的个案或专题涉及，但远没有足够的重视，更没有专门的、用心的投入，也就缺乏全面、系统、深入的研究成果，相关的认识不免零散和薄弱。这种多科技少人文的研究格局，海内海外大致相同。

我国幅员辽阔、气候多样、地貌复杂，花卉植物资源极为丰富，有"世界园林之母"的美誉，也有着悠久、深厚的观赏园艺传统。我国又是一个文明古国和世界人口、传统农业大国，有着辉煌的历史文化。这些都决定我国的花卉审美文化有着无比繁盛的历史和深厚博大的传统。植物资源较之其他生物资源有更强烈的地域性，我国花卉资源具有温带季风气候主导的东亚大陆鲜明的地域特色。我国传统农耕社会和宗法伦理为核心的历史文化形态引发人们对花卉植物有着独特的审美倾向和文化情趣，形成花卉审美文化鲜明的民族特色。我国花卉审美文化是我国历史文化的有机组成部分，是我国文化传统最为优美、生动的载体，是深入解读我国传统文化的独特视角。而花卉植物又是丰富、生动的生物资源，带给人们生生不息、与时俱新的感官体验和精神享受，相应的社会文化活动是永恒的"现在进行时"，其丰富的历史经验、人文情趣有着直接的现实借鉴和融入意义。正是基于这些历史信念、学术经验和现实感受，我们认为，对中国花卉审美文化的研究不仅是一项十分重要的文化任务，而且是一个前景广阔的学术课题，需要众多学科尤其是社会、人文学科的积极参与和大力投入。

我们团队从事这项工作是从 1998 年开始的。最初是我本人对宋代咏梅文学的探讨，后来发现这远不是一个咏物题材的问题，也不是一个时代文化符号的问题，而是一个关乎民族经典文化象征酝酿、发展历程的大课题。于是由文学而绘画、音乐等逐步展开，陆续完成了《宋代咏梅文学研究》《梅文化论丛》《中国梅花审美文化研究》《中国梅花名胜考》《梅谱》（校注）等论著，对我国深厚的梅文化进行了较为全面、系统的阐发。从1999年开始，我指导研究生从事类似的花卉审美文化专题研究，俞香顺、石志鸟、渠红岩、张荣东、王三毛、王颖等相继完成了荷、杨柳、桃、菊、竹、松柏等专题的博士学位论文，丁小兵、董丽娜、朱明明、张俊峰、雷铭等近20多位学生相继完成了杏花、桂花、水仙、蘋、梨花、海棠、蓬蒿、山茶、芍药、牡丹、芭蕉、荔枝、石榴、芦苇、花朝、落花、蔬菜等专题的硕士学位论文。他们都以此获得相应的学位，在学位论文完成前后，也都发表了不少相关的单篇论文。与此同时，博士生纪永贵从民俗文化的角度，任群从宋代文学的角度参与和支持这项工作，也发表了一些花卉植物文学和文化方面的论文。俞香顺在博士论文之外，发表了不少梧桐和唐代文学、《红楼梦》花卉意象方面的论著。我与王三毛合作点校了古代大型花卉专题类书《全芳备祖》，并正继续从事该书的全面校正工作。目前在读的博士生张晓蕾、硕士生高尚杰、王珏等也都选择花卉植物作为学位论文选题。

以往我们所做的主要是花卉个案的专题研究，这方面的工作仍有许多空白等待填补。而如宗教用花、花事民俗、民间花市，不同品类植物景观的欣赏认识、各时期各地区花卉植物审美文化的不同历史情景，以及我国花卉审美文化的自然基础、历史背景、形态结构、发展规律、民族特色、人文意义、国际交流等中观、宏观问题的研究，花卉植物文献的调查整理等更是涉及无多，这些都有待今后逐步展开，不断深入。

"阴阴曲径人稀到，一一名花手自栽"（陆游诗），我们在这一领域寂寞耕耘已近 20 年了。也许我们每一个人的实际工作及所获都十分有限，但如此络绎走来，随心点检，也踏出一路足迹，种得半畦芬芳。2005 年，四川巴蜀书社为我们专辟《中国花卉审美文化研究书系》，陆续出版了我们的荷花、梅花、杨柳、菊花和杏花审美文化研究五种，引起了一定的社会关注。此番由同事曹辛华教授热情倡议、积极联系，北京采薇阁文化公司王强先生鼎力相助，继续操作这一主题学术成果的出版工作。除已经出版的五种和另行单独出版的桃花专题外，我们将其余所有花卉植物主题的学位论文和散见的各类论著一并汇集整理，编为 20 种，统称《中国花卉审美文化研究丛书》，分别是：

1. 《中国牡丹审美文化研究》（付梅）；

2. 《梅文化论集》（程杰、程宇静、胥树婷）；

3. 《梅文学论集》（程杰）；

4. 《杏花文学与文化研究》（纪永贵、丁小兵）；

5. 《桃文化论集》（渠红岩）；

6. 《水仙、梨花、茉莉文学与文化研究》（朱明明、雷铭、程杰、程宇静、任群、王珏）；

7. 《芍药、海棠、茶花文学与文化研究》（王功绢、赵云双、孙培华、付振华）；

8. 《芭蕉、石榴文学与文化研究》（徐波、郭慧珍）；

9. 《兰、桂、菊的文化研究》（张晓蕾、张荣东、董丽娜）；

10. 《花朝节与落花意象的文学研究》（凌帆、周正悦）；

11. 《花卉植物的实用情景与文学书写》（胥树婷、王存恒、钟晓璐）；

12. 《〈红楼梦〉花卉文化及其他》（俞香顺）；

13. 《古代竹文化研究》（王三毛）；

14.《古代文学竹意象研究》（王三毛）；

15.《蘋、蓬蒿、芦苇等草类文学意象研究》（张俊峰、张余、李倩、高尚杰、姚梅）；

16.《槐桑樟枫民俗与文化研究》（纪永贵）；

17.《松柏、杨柳文学与文化论丛》（石志鸟、王颖）；

18.《中国梧桐审美文化研究》（俞香顺）；

19.《唐宋植物文学与文化研究》（石润宏、陈星）；

20.《岭南植物文学与文化研究》（陈灿彬、赵军伟）。

我们如此刈禾聚把，集中摊晒，敛物自是快心，乱花或能迷眼，想必读者诸君总能从中发现自己喜欢的一枝一叶。希望我们的系列成果能为花卉植物文化的学术研究事业增薪助火，为全社会的花卉文化活动加油添彩。

程　杰

2018 年 5 月 10 日

于南京师范大学随园

自　序

　　这本论文集收录了我 15 年来花卉审美文化研究的 26 篇论文。2000 年，我以"中国文学中的梧桐意象研究"为题，申请到了南京师范大学文科青年基金项目，撰写发表了《红叶辨》《中国文学中的梧桐意象》等论文；这是我初涉花卉审美文化研究领域。后来，我就投入到了博士论文的写作中。2005 年，拙著《中国荷花审美文化研究》在巴蜀书社出版，这是根据我的博士论文增饰而成。2015 年，我开始尝试《〈红楼梦〉花卉文化研究》，撰写了系列论文。15 年的时间，不可谓短；可是由于我资质驽钝，加之不能"用志不分"，所得甚微。程杰教授一直是我学术之途的"燃灯者"，鼓励我将这些小文裒辑为一册；我也借此机会，重新点检、校订文字，回顾来时之路。莎士比亚有云："凡是过去，皆为序章。"所谓的"序言"，其实是总结。

　　本论文集不是"编年"安排，依照内容，主要分为四个版块、两篇专论。《〈红楼梦〉花卉文化》收录了 6 篇论文，这是我正在致力探索的领域，略微多缀几笔介绍。《红楼梦》中的大观园是植物王国，出现的植物超过 200 种，曹雪芹有着极为丰富的植物知识。然而截至目前，除了一些类似于《红楼梦植物图鉴》之类的普及读物之外，尚乏系统严肃的人文、文学研究。台湾金恒镳在《红楼梦植物图鉴》的序言中说道："研究大观园园林内花草树木之论文并不多见，几乎尚无深入探讨园中栽植物种的选择要件、物种隐喻及意涵……以曹雪芹之文化修养与园林艺术方面的造诣，其所描写的庭园植物之栽植上，可能有更深入的意涵，这方面是值得红学学者去接触的新领域，我姑且以'红学尚未开发的新领域'称之。"我将花卉审美文化研究的视角与方法引入"红学"，探讨《红楼梦》中的植物世界，略有所得。根据目前探索阶段的成果来看，最起码有以下研究意义：（一）《红楼梦》与明清文化的关系。明清以来，日常生活的审美化是一个趋势，一个突出的表征即是花卉、园艺著作的大量涌现，如高濂《瓶花三说》、袁宏道《瓶史》、清代的《广群芳谱》等等。《红楼梦》中的植物世界就是出现于这样一个背景之下。（二）《红楼梦》与曹寅、《闲情偶寄》《金瓶梅》等之间的关系。曹雪芹的植物观念往往和曹寅、李渔相似；《红楼梦》大观园中的植物配置和《金瓶梅》中的植物配置也颇多巧合。通过《红楼梦》中的植物研究，我们可以去认识曹雪芹的艺术渊源。（三）《红楼梦》与地域文化间的关系。《红楼梦》中的植物往往具有南方印迹；如《红楼梦》中常称桂花为"木樨"，这是一个典型的南方称呼，明代以来，苏州的桂花极为繁盛。此外，《红楼梦》中的植物也同时有北京特色。明清以来，北京的丰台是重要的产花区，尤以芍药著名；此外，北京的海棠也频频见诸记载。芍药、海棠都是《红楼梦》中的重要花卉。《红楼梦》中的植物配置体现了南北文化的汇通融合。（四）《红楼梦》的隐喻系统。如《红楼梦》第六十三回《寿怡红群芳开夜宴，死金丹独艳理亲丧》，群芳抽花签喝酒；曹雪芹在这一回中不是"乱点鸳鸯谱"，每人所抽到的花签都与其地位相匹配，也预示其命运。研究《红楼梦》中的植物，对于把握认识《红楼梦》中的人物命运、情节走向都有着重要的意义。

《〈红楼梦〉花卉文化》系列中的第一篇是《林黛玉"芙蓉"花签考辨》，这可以看作我荷花研究的"衍生品"。关于林黛玉的"芙蓉"花签，研究者们有两种意见，一种认为是木芙蓉，一种认为是"水芙蓉"（荷花）。我从花卉文化的角度切入之后，发现问题应该不复杂。既然曹雪芹"以花喻人"，那么应该从花卉文化的角度去解读"芙蓉"，考量木芙蓉与荷花，这样才可能另有所获。从历史"长时段"综合考察，木芙蓉与荷花的地位不可同日而语。中国传统名花中，荷花与牡丹相比，水花、陆花各擅胜场，地位虽"不及"，却亦"不远"；这也符合《红楼梦》中林黛玉与薛宝钗的比量。一般认为，薛宝钗和林黛玉是《红楼梦》中"两峰并峙"的人物。《红楼梦》中薛宝钗抽到的是牡丹花签，而林黛玉抽的是木芙蓉花签，两人实在是无法作比。

"荷文化"收录了 6 篇论文，主要论述了荷花的思想内涵。荷花是"三个代表"，是佛家、道家、儒家共同的象征。《封神演义》中有两句诗，非常形象地揭示了佛（释）、道、儒三者之间的关系："红花白藕青莲叶，三教原来是一家。"莲花是佛教圣物，但其实佛教中的莲花是睡莲。佛教理论在中国有一个本土化的过程，相应的，佛教的一些圣物在中国也有一个"入乡随俗"的替代、置换过程。在中国，睡莲的分布远不及同科不同属的"近亲"荷花分布普遍，中国荷花顺理成章地替代了印度睡莲的圣物地位。道教是本土宗教，荷花在道教中并不是独一无二的圣物，也缺乏明确的宗教寓意。我们考察道教的发展历程，它也从未产生过类似于佛教莲花那样具备宗教寓意的圣物。然而，倘若要寻找出一种与道教关系最为密切的花卉，却非荷花莫属。在六朝时期，荷花作为道教祥瑞象征的属性已经形成。荷花还象征着儒家士大夫的人格。早在《楚辞》中，荷花就是出现频率颇高的楚国地方"香花"；屈原开创了"善鸟香花，以比忠贞"的比兴传统，用荷花来比喻士大夫的芳洁。唐代皮日休作品中的高洁之志、陆龟蒙作品中的孤寂之感、齐己作品中的清白之心等多重情感交织，成为白莲人格化内涵的基本内容。荷花作为儒家士大夫人格象征的最高表现形态，当推宋代周敦颐在《爱莲说》这篇名作中所标举的"君子花"。此外，"采莲"一文则论述了中国文化中"采莲"的多重象征功能。

"中唐植物审美"收录了4篇论文，论述白居易、元稹、韩愈、柳宗元的植物审美。"诗到元和体变新"，中唐时期，无论是诗歌题材或是风格，都产生了新变。日本学者市川桃子发现了诗坛风气、题材的一个动向，"中唐诗……更关心具象的事物""自白居易、韩愈以降……普遍流行欣赏植物的风气""这个时期，许多植物都被人欣赏，它们的姿态描绘在诗中。爱花而至于自己种植，自然会观察得更加细致，描写得更加具体，而且感情会随之移入到作为描写对象的植物中去"（《中唐诗在唐诗之流中的位置——由樱桃的描写方式来分析》，《古典文学知识》1995年第5期）。可以说，中唐是承上启下的一个时期，正如陈寅恪先生在《论韩愈》一文中所指出的："唐代之史可分前后两期，前期结束南北朝相承之旧局面，后期开启赵宋以降之新局面，关于政治社会经济如此，关于文化学术者亦莫不如此。""中唐植物审美"这一系列的研究意义正在于此。

"花木名物考辨"共8篇。"名物"虽小，却是我们理解作品、认识时代的一把"钥匙"；然而由于古代植物分类比较粗糙、加之时代变化，名物的"名"与"实"之间已经错位或者晦蒙。这系列所做的就是辨章、发隐的工作，比如《"郁金"考辨——兼论李白"兰陵美酒郁金香"》一文，有人想当然地认为李白诗中的"郁金香"就是荷兰国花郁金香，其实不然。中国古代典籍中的"郁金"有两义：本指姜科姜黄属植物，其块根主要用为药材，亦可浸酒、染色，先秦即已见诸记载；后也指鸢尾科番红花属植物，其柱头可以提炼香料，汉代见诸记载，唐代随着域外商路的畅通而流通。简而言之，唐诗中的"郁金"如果与颜色有关的话，则应该是指姜黄属的郁金；如果与香气有关的话，则应该是指番红花属的植物。两者和我们今天所熟知的百合科观赏花卉"郁金香"均无关。李白"兰陵美酒郁金香"中的"美酒"应当是用姜黄属"郁金"浸泡的，散发出一种"香"味。《"豆蔻"小考——兼论杜牧"豆蔻梢头二月初"》或可谈一点"花絮"。去年网上有一篇文章"杜牧你个老流氓"被广为转发，认为绽放的豆蔻形如女性生殖器；于是，有人就为杜牧辩护，为豆蔻"正名"。辩护文章中的材料、观点与我的文章常有"暗合"之处，叫谓"所见略同"。

论文集最后是梧桐、栀子两篇专论。梧桐是中国民间种植最广的树种之一，与日常生活，如爱情、乡情等都发生了联系。可以这么说，梧桐是"雅俗兼赏"的，而非像梅、兰、菊、竹等更多是文人雅士的"清供"。对中国文学中的梧桐意象进行梳理、研究，可以由此窥见文人的心理、心态，又具有文学、宗教、民俗等方面的价值，有着重要的意义。栀子是中国传统名花，经历了从实用功能到审美价值，再到象征意义的演进。这种演进是"层累"式的，而并非是"替换"式的；经过不断抉发、丰富，栀子最终完成了实用、审美、象征的功能整合。栀子从实用到象征、从民间到文人，从而成为一种"有意味的形式"；这也是中国文化中很多花卉的共同走向。

需要说明一点，我在写作论文的时候是"无征不信"，所引用材料大多来自于常见典籍；这次结集，为避免引文过于繁复、造成阅读不畅，所以注释从简。如不做特殊说明，所引先唐诗多出自逯钦立《先秦汉魏晋南北朝诗》、所引先唐文多出自严可均《全上古三代秦汉三国六朝文》、所引唐诗多出自《全唐诗》、所引宋词多出自《全宋词》、所引宋诗多出自《全宋诗》。在电子数据资源便利的时代，这些诗文稍事检索即得。

值此论文结集之际，我要感谢扶植、支持我的老师、同行们，另一方面也是激励、鞭策自己，所谓"不忘初心"。是为序。

目　录

《红楼梦》花卉文化

荷　文　化

中　唐　植　物　审　美

林黛玉“芙蓉”花签考辨

　　《红楼梦》第六十三回群芳夜宴怡红院时，林黛玉抽到了一枝芙蓉花签，上面有诗句“莫怨春风当自嗟”①，花签诗句出自欧阳修《和王介甫明妃曲二首》。蔡义江《红楼梦诗词曲赋评注》和冯其庸主编《红楼梦大辞典》均认为“莫怨春风当自嗟”脱胎自高蟾《下第后上永崇高侍郎》：“芙蓉生在秋江上，不向东风怨未开。”

　　一般认为，高蟾诗中的“芙蓉”指的是木芙蓉，林黛玉的“芙蓉”花签指的也是木芙蓉。笔者结合唐代文化语境考察，认为高蟾诗中的“芙蓉”应该是荷花；联系林黛玉在《红楼梦》中的地位、荷花在中国花卉谱系中的地位，认为“芙蓉”花签也应该是荷花。

一、“芙蓉生在秋江上”之“芙蓉”非木芙蓉：唐代秋荷人格象征意义生成；木芙蓉并不常见且不具人格象征意义

　　中国文学中，芙蓉既指睡莲科草本水生花卉荷花，又名莲花、藕花、菡萏、芙蕖等，亦指锦葵科陆生木本花卉木芙蓉；一为夏花之代表，一为秋花之代表。林维纯《古典诗歌中的“芙蓉”辨析》：

---

① 本文所依据的《红楼梦》版本为中国艺术研究院红楼梦研究所校注、人民文学出版社 1982 年 3 月第 1 版；以下诸篇所依据版本相同。

至于《乐府诗集》的《碧玉歌》"芙蓉凌霜发，秋容故尚好"以及高蟾的"芙蓉生在秋江上，不向东风怨未开"（《上高侍郎》）中的芙蓉，均指木芙蓉。"芙蓉生在秋江上"一句，乍看似是水芙蓉，其实也是木芙蓉，因为有"秋"字限制了它。从季节来判断，这是最准确的区别方法。①

林维纯先生的观点非常具有代表性，看似简单明了、易于操作，但其实失之于武断，割裂、磨灭了荷花与秋天的关系。荷花的花期从夏季延伸到秋季，并不是"一刀切"似的斩截，叶期则更长，秋荷在唐诗中并不鲜见。秋荷与早荷、新荷一样是清新之景，体现了唐人对于"清美"的追求，如：

秋水藕花明。（朱庆余《送盛长史》）

新秋菡萏发红英。（刘兼《莲塘霁望》）

秋风新菡萏。（齐己《宿舒湖希上人房》）

船到南湖风浪静，可怜秋水照莲花。（刘商《送僧往湖南》）

荷花是"夏芳"之花，这与争奇斗艳、红紫满眼的春花时令不同，如陈羽《夏日宴九华池赠主人》："池上凉台五月凉，百花开尽水芝香。"齐己《题东林白莲》："色后群芳坼，香殊百和燃。""水芝"是荷花的别称，"坼"是开放的意思。在和春花的比量中，荷花具有特立清高、超然自得的人格象征意蕴；"夏芳"之荷花如此，"秋曜"之荷花更是如此，如贾𦗕《赋得涉江采芙蓉》"独披千浪浅，不竞百花春"、李绅《重台莲》"自含秋露贞姿洁，不竞春妖冶态秾"贾𦗕、李绅不约而同用了"不竞""自含"之类主观色彩强烈的词语，取舍之间，颇有掉臂独行之趣。

---

① 林维纯《古典诗歌中的"芙蓉"辨析》，《暨南学报》（哲学社会科学版）1981 年 1 期。

杨巨源《和卢谏议朝回书情即事寄两省阁老兼呈二起居谏院诸院长》："……晚迹识麒麟，秋英见芙蕖。危言直且庄，旷报郁以摅。志业耿冰雪，光容粲璠玙。时贤俨仙掖，气谢心何如。"芙蕖（"秋英"）与麒麟、冰雪、璠玙等对举，都是象征超迈高标的士大夫人格，称颂诸位"时贤"。

和木芙蓉等众多木本花卉不一样，荷花不是丛生；即便有变异，绝大多数的荷花还是"守一茎一花"之节。荷花叶大而茎细，当单株荷花独自在风中袅娜摇曳时，颇有一种孤芳自赏、落落不群的意味。唐诗中出现多处"独芙蓉""孤莲""一枝莲"，各举两例：

> 仲言多丽藻，晚水独芙蓉。（耿沣《晚秋宿裴员外寺院得逢字》）
>
> 方塘清晓镜，独照玉容秋。（王贞白《独芙蓉》）
>
> 幽禽转新竹，孤莲落静池。（刘禹锡《酬乐天小台晚坐见忆》）
>
> 孤莲泊晚香。（李商隐《崇让宅东亭醉后沔然有作》）
>
> 瑶水一枝莲。（白居易《玉真张观主下小女冠阿容》）
>
> "何物把来堪比并，野塘初绽一枝莲。"罗虬《比红儿诗》

总之，唐朝时期，秋荷孤高超迈而又夹杂清苦的人格化内涵已经形成并且流行。正是在秋荷人格化内涵形成的社会文化心理基础之上，高蟾《下第后上永崇高侍郎》才应运而生，乃至引起广泛共鸣。我们先看高蟾全诗，然后再看相关评论。《下第后上永崇高侍郎》："天上碧桃和露种，日边红杏倚云栽。芙蓉生在秋江上，不向东风怨未开。"这是一首托物言志的作品。题目当中有"下第"两字，应该结合唐代的科举考试制度来考察。唐代特别重视进士科考试，"碧桃""红杏"指的是春风得意的新科及第者；"天上""日边"指的是京城、朝廷；"露""云"比喻皇帝的恩泽、庇佑。碧桃、红杏都是在春风的吹拂之下应时开放的。

一、二两句是铺垫，作为对比，为了引出第三句的"芙蓉"。从地点来看，芙蓉是生长在野外的"江上"，这和"天上""日边"形成对比；从季节来看，芙蓉是开放在秋天，这和碧桃、红杏两种春花形成对比。很显然，"秋江芙蓉"是下第之后的高蟾的自况，然而他并没有"怨"东风，而是淡然自适。

孙光宪《北梦琐言》卷七："（高）蟾《落第诗》……盖守寒素之分，无躁竞之心，公卿间许之。"蔡正孙《诗林广记》"前集"卷七："熊勿轩云：东野之诗，不如高蟾《下第》一绝，为知时守分，无所怨慕，斯可贵也。""东野"是指唐代著名诗人孟郊，他在四十六岁那年考中进士，写下了《登科后》诗："昔日龌龊不足夸，今朝放荡思无涯。春风得意马蹄疾，一日看尽长安花。"考中之前，是自感"龌龊"、自轻自贱；考中之后，则是"放荡""得意"。这种情绪、器量和高蟾诗歌当中所流露的释然、平静不可同日而语；难怪熊勿轩认为孟东野"不如"高蟾。

"芙蓉生在秋江上"的"芙蓉"只可能是指荷花，而不可能是指木芙蓉；除了上文笔者对秋荷意象展开的正面论述外，我们还可以从另一个角度寻求"反证"。首先，木芙蓉的人格化内涵是后发的，直到宋朝才相对明确；其次，唐朝的文化中心是在北方，木芙蓉是典型的南国之花，并不为人所熟知。李德裕曾经在"平泉山庄"中引种的木芙蓉分别来自浙江、江西，《广群芳谱》卷三十九引《平泉草木记》："己未岁得会稽之百叶木芙蓉，又得钟陵之同心木芙蓉。"直到北宋时期，司马光《和秉国芙蓉五章》仍然感叹："北方稀见诚奇物，……楚蜀可怜人不赏。"木芙蓉在"北方"是稀见；在南方地位却又是"司空见惯浑闲事"，未必为人所赏。《唐才子传》记载高蟾是"河朔间人"，即便他曾亲见木芙蓉，然而在托物明志的时候，也不大可能取譬于人所陌生的木芙蓉。

图 01　荷花。（网友提供）（本书为追求更好的视觉呈现，体现图文并茂、图文互释，采用了一定数量的图片。笔者拙于摄影，所采用的大多是来自网络的高清图片。从某种意义上来说，本书的写作借助了网友的"众筹"之力。本书是非营利的学术研究专著，无力提供图片稿酬，在此谨致谢忱。后文若无特殊说明，来自于网络的图片均以"网友提供"或"图片来自网络"标示）

二、关于林黛玉"芙蓉"花签的讨论与问题

《红楼梦》中的林黛玉、晴雯均被喻作"芙蓉"。《红楼梦》第六十三回，林黛玉掣得一枝芙蓉花签："莫怨春风当自嗟"，在座诸人均赞只有林黛玉配称"芙蓉"。《红楼梦》第七十八回，晴雯去世后，贾宝玉作《芙蓉女儿诔》。根据《芙蓉女儿诔》一文的季节、物性描写，晴雯被比成木芙蓉未有异议；林黛玉抽到的芙蓉花签却是莫衷一是，综观已有研究，倾向于"木芙蓉"之喻者居多。

"红学"权威俞平伯先生倾向于"木芙蓉"，并于"细微处见精神"，认为曹雪芹有扬薛抑林之意：

> 就真的花说，无论色、香、品种，牡丹都远胜于芙蓉，此人所共见者，像《红楼梦》这样的写法，不免出于我们的意外了。[1]

> 对黛玉似抑，对宝钗反扬。[2]

陈平《"红楼"芙蓉辨》则断言：

> 事实上，大观园（乃至《红楼梦》全书）中，凡提到"芙蓉"处皆为木芙蓉；只有在明确写为"莲""荷""菱荷"时才指的是荷花。在授予"植物学家"称号也当之无愧的曹翁笔下，决没有将此两种花卉混为一谈的情况。[3]

---

[1] 俞平伯《俞平伯论红楼梦》第994页，上海古籍出版社1994年版。
[2] 俞平伯《俞平伯论红楼梦》第997页，上海古籍出版社1994年版。
[3] 陈平《"红楼"芙蓉辨》，《红楼梦学刊》1983年第1期。

作者持木芙蓉之说。张若兰《"嘉名偶自同"——〈红楼梦〉"芙蓉"辨疑》一文则全面疏证，力持木芙蓉①。文章旁征博引，阐明荷花与木芙蓉季节之异，一为夏，一为秋，判然有别。然而，"秋江"并不是木芙蓉的专属，前文已经论述了唐诗中秋荷的人格象征意义。在《红楼梦学刊》的讨论中，只有张庆善的《说芙蓉》持水芙蓉，亦即荷花之说，并且以林黛玉《葬花吟》"质本洁来还洁去"和周敦颐《爱莲说》"出淤泥而不染"参证，并且引用了清代无名氏之语："莲乃花中君子，唯君子能爱之。芙蓉，即莲也，为黛玉所主。"②

笔者以为，既然林黛玉"芙蓉"花签的诗句可以追本溯源到高蟾的"芙蓉生在秋江上"，那么对于"芙蓉"花签的考辨也不应该与高蟾诗句的考辨脱钩。而正如上文所述，在唐代文化语境之下，"芙蓉生在秋江上"的"芙蓉"只可能指荷花。另外一个问题是，既然曹雪芹"以花喻人"，那么我们应该从花卉文化的角度去解读"芙蓉"，考量木芙蓉与荷花，这样才可能另有所获。从历史"长时段"综合考察，木芙蓉与荷花的地位不可同日而语；中国传统名花中，荷花与牡丹相比，水花、陆花各擅胜场，地位虽然"不及"，却亦"不远"；这也符合《红楼梦》中林黛玉与薛宝钗的比量。一般认为，薛宝钗和林黛玉是《红楼梦》中"两峰并峙"的人物。《红楼梦》中薛宝钗抽到的是"牡丹"花签，而如果林黛玉抽的是木芙蓉花签，两人实在是无法作比。

① 张若兰《"嘉名偶自同"——〈红楼梦〉"芙蓉"辨疑》，《红楼梦学刊》2005 年第 1 期。
② 张庆善《说芙蓉》，《红楼梦学刊》1984 年第 4 期。

三、木芙蓉与荷花以及牡丹之比量：中国花卉文化中木芙蓉位于底层，荷花、牡丹则在顶端

荷花与牡丹都是中国传统名花,拙著《中国荷花审美文化研究》(巴蜀书社,2005 年版) 曾系统探讨荷花文化内涵;牡丹更是盛唐文化的"形象代言人"。荷花与牡丹的地位是伯仲之间，木芙蓉与二者相比，确实不是一个"级别"的。唐代罗虬《花九锡》:

> 花九锡亦须兰、蕙、梅、莲辈，乃可披襟。若芙蓉、踯躅、望仙，山木野草，直惟阿耳，尚锡之云乎!

"锡"是通假字，同"赐";"九锡"是中国古代皇帝赐给诸侯、大臣有殊勋者的九种礼器，是最高礼遇的表示。"莲"即荷花，"芙蓉"即木芙蓉。罗虬将荷花与梅、兰相提并论，而指斥木芙蓉为"野草";荷花与木芙蓉不可相提并论。

即使是在木芙蓉地位最隆的宋朝,也有人对它颇有微词,周必大《二老堂诗话》"木芙蓉诗"条:

> 花如人面映秋波，拒傲清霜色更和。能共馀容争几许?
> 得人轻处之缘多。[1]

"拒霜"是木芙蓉的别名，木芙蓉凌霜而开，故有此别名。宋代人根据木芙蓉的这一物候特点寄托了气节象征，这也是木芙蓉在宋代地位上升的重要原因，如苏轼《和陈述古拒霜花》:"千林扫作一番黄,

---

[1] 何文焕《历代诗话》第 660 页，中华书局 1981 年版。

只有芙蓉独自芳。唤作拒霜知未称，细思却是最宜霜。""馀容"则是芍药的别名。周必大认为，木芙蓉一丛一丛地怒放，开得不太"矜持"、为人所"轻"，所以还是无法和芍药相"争"。

中国古人在花卉品评时，引入了魏晋时期的九品制。《清异录》"百花门"引蜀汉张翊《花经》："翊……尝戏造《花经》，以九品九命升降次第之，时服其允当。"《花经》中，牡丹为"一品九命"、荷花为"三品七命"、木芙蓉为"九品一命"。我们可能会有一点疑问，木芙蓉是蜀地最有名的花卉，《花经》中的排名为何如此之后？这极可能与张翊的生平、经历有关。据《清异录》记载："张翊者，世本长安，因乱南来，先主擢置上列，特拜西平昌令，卒。"张翊来自北方，在创作《花经》之时，仍有根深蒂固的成见，未能完全"入乡随俗"，所以木芙蓉的排名靠后；而且，即便如此，当时人也是认为"允当"的。

图 02　芙蓉花。（网友提供）

9

明代张谦德的《瓶花谱》沿用了九品制，牡丹、荷花的地位一仍旧贯，木芙蓉则略有提高，为"六品四命"；这应该与宋朝以后木芙蓉地位的提升有关。

中国古人又为"卉植叙彝伦，乃古修辞中一法"[1]，不仅有兄弟之序，更有主奴之分。明代袁宏道《瓶史·使令》：

> 牡丹以玫瑰、蔷薇、木香为婢……莲花以山矾、玉簪为婢……木樨以芙蓉为婢。

牡丹、荷花都是主子身份，而木芙蓉却只能充当桂花的婢女。

综上，中国花卉文化中，牡丹、荷花相去不远，木芙蓉则身份卑微。《红楼梦》第六十三回，薛宝钗抽牡丹花签在前，林黛玉抽芙蓉花签在后。林黛玉在抽之前，心里念叨："不知道还有什么好的被我掣着方好。"林黛玉是隐隐将薛宝钗作为自己的"假想敌"的，所以有点惴惴；抽之后，"黛玉也自笑了"。可见，林黛玉对自己的花签还是满意的。设若林黛玉抽的是木芙蓉，以林黛玉的多学、敏感，加之她无父无母、寄人篱下的身世，怎会不怅然触怀，又怎会"笑"得出来？

《红楼梦》之后的《镜花缘》假上官婉儿之口有"十二师""十二友""十二婢"之目，可以补证中国古人对于牡丹、荷花、木芙蓉的认识。荷花、牡丹贵为师，而木芙蓉贱为婢；与袁宏道《瓶史》相比，《镜花缘》更为详细。而且有一个细节描写，即便是公主为"木芙蓉"分辨，上官婉儿仍然"立场"坚定，不稍稍假以辞色。

《镜花缘》第五回《俏宫娥戏夸金盏草　武太后怒贬牡丹花》：

> 上官婉儿道："牡丹、兰花、梅花、菊花、桂花、莲花、芍药、海棠、水仙、腊梅、杜鹃、玉兰之类，或古香自异，或国色无双。

---

[1] 钱钟书《谈艺录》（补订本）第315页，中华书局1984年版。

此十二种，品列上等。当其开时，虽亦玩赏，然对此态浓意远，骨重香严，每觉肃然起敬，不啻事之如师，因而叫作'十二师'。他如珠兰、茉莉、瑞香、紫薇、山茶、碧桃、玫瑰、丁香、桃花、杏花、石榴、月季之类，或风流自赏，或清芬宜人，此十二种，品列中等。当其开时，凭栏拈韵，相顾把杯，不独蔼然可亲，真可把袂共话，亚似投契良朋，因此呼之为'友'。如凤仙、蔷薇、梨花、李花、木香、芙蓉、蓝菊、栀子、绣球、罂粟、秋海棠、夜来香之类，或嫣红腻翠，或送媚含情，此十二种，品列下等。当其开时，不但心存爱憎，并且意涉亵狎，消闲娱目，宛如解事小鬟一般，故呼之为'婢'……"公主道："……据我看来，芙蓉应列于友，反列于婢；月季应列于婢，反列于友，岂不教芙蓉抱屈么？"上官婉儿道："芙蓉生成媚态娇姿，外虽好看，奈朝开暮落，其性无常。如此之类，岂可与友？至月季之色虽稍逊芙蓉，但四时常开，其性最长，如何不是好友？"

可见，木芙蓉在古人心目中常卑处"婢女"之位，用来比喻晴雯则恰如其分，若用来比喻林黛玉则不伦不类。

四、荷花与"阆苑仙葩""绛珠仙子"：荷花的"堕""降"人间与绛珠仙子的"下世为人"

学者们在争论林黛玉是木芙蓉还是水芙蓉时普遍忽略了《红楼梦》第五回的《枉凝眉》："一个是阆苑仙葩，一个是美玉无瑕。"虽然学界有一些异议，但是大致还是倾向于"阆苑仙葩"是指林黛玉，"美玉无瑕"

是指贾宝玉。"阆苑"典出《集仙录》:"西王母所居宫阙,在阆风之苑,有城千里,玉楼十二。"阆苑是仙境的代名词。

文献记载与考古发掘均已证明,荷花是原产于中国的古老花卉。中国的神话传说在描写仙境时,也出现了荷花意象:

> 神芝发其异色,灵苗擢其嘉颖。陆地丹蕖,骈生如盖,香露滴地,下流成池,因为蓥龙之圃。(《拾遗记》卷一"炎帝神农")

> 有石蕖青色,坚而甚轻。从风靡靡,覆其波上。一茎百叶,千年一花……故宁先生游沙海七言颂云:"青蕖灼烁千载舒。"(《拾遗记》卷一"轩辕黄帝")

> 三十六年,王东巡大骑兵之谷……又有冰荷者,出冰壑之中,取此花以覆灯八尺,不欲使光明远也……又进洞渊红花……昆流素莲……千常碧藕……素莲者,一房百子,凌冬而茂……扶桑国东五万里,有磅唐山……郁水在磅唐山东,其水小流,在大陂之下,所谓"沉流",亦名"重泉"。生碧藕,长千常,七尺为常也。(《拾遗记》卷三"周穆王")

上引诸例中的"丹蕖""青蕖"等,从物种的角度来看,未必就是荷花;但是,对灵异之草、无名之花均冠之以荷花之名,本身就足以说明,在心目中,荷花已成为仙境的表征[①]。虽然在后代诗文当中,吟咏花卉动辄陷入"此花只应天上有"的窠臼,但若论仙境的"形象代言",仍非荷花莫属。

"瑶池"与"阆苑"并称,亦为仙境的代名词;荷花应是长于瑶池,而"堕""降"于人间的。陆龟蒙《和袭美木兰后池三咏·白莲》:

---

① 俞香顺《中国荷花审美文化研究》第61—67页,巴蜀书社2005年版。

12

"素花多蒙别艳欺，此花端合在瑶池。无情有恨何人见，月晓风清欲堕时。""堕"就是贬谪、降落的意思；陆龟蒙不入时流的心态、处境全赖以发之。李德裕《白芙蓉赋》："且谓降元实于瑶池，徙灵根于天汉。怅霄路兮永绝，与时芳兮共玩"中的"降"字已启其端；这里的"天汉"与"瑶池"同义，都是指天界，"时芳"就是"别艳"。陆龟蒙的个性、经历使得他对"堕"产生了认同感，其《白芙蓉》"澹然相对却成劳，月染风裁个个高。似说玉皇亲谪堕，至今犹著水霜袍"，无独有偶，也出现了"堕"。吴融《高侍御话及皮博士池中白莲，因成一章寄博士兼奉呈》"看来应是云中堕，偷去须从月下移"，也是这种心态的展示；"皮博士"即皮日休。朱熹《莲花峰次敬夫韵》"月晓风清堕白莲，世间无物敢争妍"中的"堕"字明显借鉴陆作。

可见，中国古人在描写荷花，尤其是白莲时，有一种习惯思路，那就是认为荷花是从天上到人间的。《红楼梦》第一回绛珠仙子言道"我也去下世为人"，林黛玉即是绛珠仙子的世间之相。"下"与"堕""降"如出一辙。《红楼梦》中林黛玉的孤芳自赏、幽怨清苦的描写件件皆是，都可以和前面提到的作品互相印证。

综观中国文学作品，"阆苑仙葩"非荷花莫属，"绛珠仙子"也非荷花不能比；木芙蓉不具备这种"资格"。

结　语

高蟾的"芙蓉生在秋江上，不向东风怨未开"是《红楼梦》中林黛玉的芙蓉花签诗句"莫怨春风当自嗟"所本。若将"芙蓉生在秋江上"

置于唐代文化语境之下去考察，芙蓉非荷花莫属。《红楼梦》中林黛玉的"芙蓉"之比也只可能是比成荷花，而不可能是木芙蓉。中国花卉文化中，木芙蓉与荷花的地位悬隔，根本无法和牡丹作比；这不符合《红楼梦》中对于林黛玉、薛宝钗的定位，也与《红楼梦》中的"阆苑仙葩""绛珠仙子"逻辑矛盾。

（原载《明清小说研究》2011 年第 1 期，此处有补订。）

《红楼梦》中的"荼蘼、木香、蔷薇"意象抉微

　　荼蘼、木香、蔷薇三者都是蔷薇科蔷薇属植物，均具有花繁、枝长、攀援的特点；中国古人往往辅之以支架，设置成园林景观。大观园中有荼蘼架、木香棚、蔷薇架，这折射了当时的社会生活习俗。本文的重点不是花卉学、园艺学研究，而是深入分析这三个意象的文学文化内涵；借此我们可以烛幽显微，从一个特殊的角度去观照曹雪芹的艺术渊源及《红楼梦》的艺术特色。

　　贾宝玉所撰的"睡足荼蘼梦亦香"脱胎自宋人的"酴醾香梦怯春寒"，这首作品入选《千家诗》;《千家诗》是曹寅在任期间刊刻，曹雪芹在《红楼梦》中大量引用《千家诗》中的作品。麝月抽到的诗句"开到荼蘼花事了"乃是"诗谶"。"荼蘼架"是明代以来通俗文学中常见的意象，《金瓶梅》中即有，是男女幽会之所。"木香棚"也是男女幽会之所，《金瓶梅》中也是频繁出现。"蔷薇架"的作用类似于屏风，起源于扬州，流行于市井之间;曹雪芹与扬州也有着深厚的渊源。本文即围绕以上问题展开。

一、荼　蘼

　　荼蘼，又作酴醾、酴釄，是蔷薇科蔷薇属落叶或半常绿蔓生小灌木，攀缘茎，茎绿色;初夏开花，花白色，有香味。大观园中有荼蘼景致，《红楼梦》第十七至十八回《大观园试才题对额　荣国府归省庆元宵》:"(贾

政等人）转过山坡，穿花度柳，抚石依泉，过了荼蘼架，再入木香棚……"《红楼梦》中的对联、曲子、诗句中三次出现了"荼蘼"，我们逐一探讨。

贾政测试贾宝玉才情，命宝玉为景点撰联，宝玉撰得一联：

吟成豆蔻才尤艳，睡足荼蘼梦亦香。

联语不脱香艳气息，"荼蘼"之句应是切景，不纯为虚造；荼蘼清香悠远，熏染梦境，所以有"梦亦香"之语。上联用的是杜牧《赠别》"豆蔻梢头二月初"之典，而下联将"荼蘼"和"梦""香"绾合则与郑会《题邸间壁》"酴醿香梦怯春寒"相似。郑会在诗歌史上寂寂无名，这一首诗收录于古代流传极广的蒙学读物《千家诗》。康熙四十五年，曹雪芹的祖父曹寅刊行的《楝亭十二种》中收有《分门纂类唐宋时贤千家诗选》，署名"后村先生编集"；"后村先生"即南宋刘克庄，字潜夫，自称后村居士。正是因为这种特殊因缘，曹雪芹对《千家诗》情有独钟。蔡义江先生发现《红楼梦》第六十三回夜宴中，行酒令时所抽的花签诗句，极大部分均可在《千家诗》中找到。《红楼梦》对《千家诗》的摘引、化用非常普遍，曹雪芹有意识地把《千家诗》罗织到自己的小说中，包涵着一种含蓄的家族文化认同[①]。以曹雪芹对《千家诗》的稔熟来看，"荼蘼梦亦香"之语源极有可能来自"酴醿香梦"。《红楼梦》第六十二回《憨湘云醉眠芍药裀 呆香菱情解石榴裙》，宝玉在"射覆"时引用的诗句"敲断玉钗红烛冷"，也是出自《题邸间壁》，可见曹雪芹对于这一首诗是熟悉的，全诗为："酴醿香梦怯春寒，翠掩重门燕子闲。敲断玉钗红烛冷，计程应说到常山。"

中国古人往往根据花卉的自然属性，寄托情志；这样，花卉不再是纯粹客体，而是主客交融，"着我之色彩"。这是中国花卉文化的一

---

① 孔令彬《〈千家诗〉与〈红楼梦〉》，《红楼梦学刊》2008 年第 6 期。

个重要特点。荼蘼是晚春芳卉，在传统的"二十四番花信风"中，荼蘼是"谷雨"的第二候："一候牡丹，二候荼蘼，三候楝花。"①当荼蘼开放的时候，春天即将结束、夏天即将来临。宋代王淇的《暮春游小园》描写了小园花事的递变："一丛梅粉褪残妆，涂抹新红上海棠。开到荼蘼花事了，丝丝天棘出莓墙。"正是因为独特的花期，古人赋予了"开到荼蘼花事了"以盛时不再的喻意；这一首诗也是入选《千家诗》的。李渔《闲情偶寄》"种植部·藤本第二"云：

> 荼蘼之品，亚于蔷薇、木香，然亦屏间必须之物，以其花候稍迟，可续二种之不继也。"开到荼蘼花事了"，每忆此句，情兴为之索然。

《红楼梦》第六十三回《寿怡红群芳开夜宴　死金丹独艳理亲丧》，群芳抽花签喝酒；曹雪芹在这一回中不是"乱点鸳鸯谱"，每人所抽到的花签都与其地位相匹配，也预示其命运。麝月抽到的是"韶华胜极"的荼蘼花签，上面有"开到荼蘼花事了"的诗句。这句诗类似于古人所说的"谶言"，所谓"盛极而衰"。我们看这一回中的细节描写："麝月问：'怎么讲？'宝玉皱皱眉儿，忙将签藏了。"贾宝玉的"皱皱眉儿"和李渔的"情兴索然"如出一辙。

《红楼梦》第二十八回《蒋玉菡情赠茜香罗　薛宝钗羞笼红麝串》，云儿所唱的曲子中出现了"荼蘼架"：

> 想昨宵幽期私订在荼蘼架，一个偷情，一个寻拿，拿住

---

① "花信风"，是指应花期而来的风。自小寒至谷雨，总共八个节气（小寒、大寒、立春、雨水、惊蛰、春分、清明、谷雨）；十五日为一节气，五日为一候，一节气含三候。八节气共计一百二十天，二十四候，每候应一种花信。这期间，会有二十四种花在"信风"的吹拂下相继开放，这就是所谓的"二十四番花信风"。详见程杰《"二十四番花信风"考》，《阅江学刊》2010 年第 1 期。

了三曹对案，我也无回话。

这只曲子和冯梦龙《挂枝儿》《山歌》中所收录的明代民歌风神毕肖。荼蘼必须要以架子作为支撑，才能攀援而上成为景致；否则只会匍匐乱生，乱糟糟一堆，殊不雅致。宋代诗歌当中颇多"荼蘼架"之例，如司马光《南园杂诗六首》"修荼蘼架"、王安石《池上看金沙花数枝过酴醾架盛开二首》。宋代诗歌中的"荼蘼架"意象多与文人雅趣有关，除了司马光、王安石的作品外，我们再看一例，朱弁《曲洧旧闻》卷三：

> 蜀公（范镇）居许下，于所居造大堂，以"长啸"名之。
> 前有荼蘼架，高广可容数十客，每春季，花繁盛时，燕客于其下。
> 约曰："有飞花堕酒中者，为余浮一大白。"或语笑喧哗之际，
> 微风过之，则满座无遗者。当时号为"飞英会"，传之四远，
> 无不以为美谈也。

《全宋词》中收录了张先的《望江南》："一点芳心无托处，荼蘼架上月迟迟"；元明清时期的戏剧、小说、时调中，"荼蘼架"成为经典的意象，是男女幽期密会之所。"荼蘼架"意象之定型首先当在于其"空间性"，"荼蘼架"一般不甚高，花叶繁盛，相对隐蔽；架子上方可以透进月色。这样不大不小、不疏不密、不明不暗的空间无疑是适合约会的场所。"荼蘼架"意象之定型，其次在于其花香，荼蘼花香能否"催情"尚无科学证明，但最起码应该可以"助情"，氤氲的花香酝酿出浪漫的氛围。周玉波《明清民歌时调小曲中涉及荼蘼架的篇什》云："明清时调小曲中，涉及荼蘼架的篇什更是多多，它几乎成了男欢女爱的一个陪衬物了。"文章中记录了十三首有关"荼蘼架"的小曲[1]。后来，他在《月

---

[1] 周玉波《明清民歌时调小曲中涉及荼蘼架的篇什》，《文教资料》1994 年第
1 期。

上荼蘼架》中又增补数例，如《徽州雅调》之《急催玉歌》有云：

> 俏冤家，昨对奴，亲把佳期许下。许今夜黄昏后，来会奴家。到如今更儿阑，人儿静，为甚的不见来，看看月上荼蘼架……①

元代散曲中，"荼蘼架"就已经常见，如：

> 春残豆蔻花，情寄鸳鸯帕，香冷荼蘼架。（张可久《双调·殿前欢·离思》）

> 带月披星担惊怕，久立纱窗下，等候他。蓦听得门外地皮儿踏，则道是冤家，原来风动荼蘼架。（商挺《潘妃曲》）

与王安石、司马光、《曲洧旧闻》中的"雅趣"相比，上面所引的作品基本呈现出"俗趣"，也多是出现于民歌、散曲等俗文学作品中。

我们再看小说中的例子，《清平山堂话本》卷二《风月相思》：

> 一日，生问曰："连日不见琼娘子，固无恙乎？"答曰："娘子近日偶疾如疟，神思不宁，倚床作《望江南》词。"生曰："愿闻。"韶华云："香闺内，空自想佳期。独步花阴情绪乱，谩将珠泪两行垂，胜会在何时？恹恹病，此夕最难持。一点芳心无托处，荼蘼架上月迟迟，惆怅有谁知？"韶华别去。知琼有意于己，潜然下泪。

韶华所吟咏的这首词和《全宋词》中所收录的张先《望江南》一模一样；所以，笔者颇怀疑题名张先的《望江南》实是"荼蘼架"意

---

① 周玉波《月上荼蘼架》第42—43页，南京师范大学出版社2009年版。

象流行时期的元明作品，待考^①。《金瓶梅》第二十回《傻帮闲趋奉闹华筵，痴子弟争锋毁花院》也出现了"荼蘼架"意象："步花径，阑干狭。防人觑，常惊吓。荆刺抓裙钗，倒闪在荼蘼架。"

图 03 荼蘼花。（网友提供）

---

① 《清平山堂话本》源自明刊《六十家小说》；原刊者洪楩，明嘉靖时期钱塘人。该书所收作品大半为元明时期作品，至晚也作于明嘉靖之前。详见谭正璧校点《清平山堂话本》"出版说明"，上海古籍出版社，1987 年版。《全宋词》中的张先《望江南》辑自《花草粹编》卷五。《花草粹编》是明代陈耀文所编，刊刻于明万历十一年（1583）。《花草粹编》是明代最大的词选，但"从笔记小说中采录的大量虚构人物和神仙鬼怪之词，使《花草粹编》既有淆杂之感，又有荒诞不经的色彩"。详见张仲谋《文献价值与选本价值的悖离——读陈耀文〈花草粹编〉》，《文学遗产》2012 年第 2 期。《花草粹编》成书于《清平山堂话本》之后，所以笔者怀疑《花草粹编》卷五中的《望江南》实出自《清平山堂话本》，拟托于张先。当然，目前还只是"大胆假设"，有待"小心求证"。

简而言之,《红楼梦》中云儿所唱的这一支曲子中的"荼蘼架"是明代以来俗文学作品中所流行的一个意象,这也显示了曹雪芹熔铸百家、汇通雅俗的艺术渊源和创作功力。

二、木香棚

木香亦是蔷薇科蔷薇属花卉,是半常绿攀援灌木,树皮红褐色。荼蘼与木香同科同属,株型、花期、花形都颇多相似之处;古代的植物分类学比较粗疏,有时虽强为分辨,却仍是无法使人昭昭,如张邦基《墨庄漫录》卷九:

> 荼蘼花……一名木香,有二品,一种花大而棘,长条而紫心者为荼蘼;一种花小而繁,小枝而檀心者为木香。

这段文字就颇让人费解。因为一般来说,"长条"者为木香、"小枝"者为荼蘼才是。我们看《广群芳谱》卷四十三:

> 木香,灌生条长,有刺如蔷薇,有三种花,开于四月,惟紫心白花者为最,香馥清远,高架万条,望若香雪。

从这段文字中,我们大略可以看出木香的三个特点:条长、色白、花香。《全唐诗》尚无明确之蔷薇科蔷薇属木香题材作品,《全宋诗》中木香始现芳踪,如徐集孙《檐上木香》:"无奈声声杜宇频,木香犹有一分春。檐头分得清香到,却谢寻常过路人。"杜宇即杜鹃,古人认为它的啼鸣具有物候意义,标志着春天结束、夏天到来;"檐头""清香"则点出了木香攀援、花香的特点。再如方回《治圃杂书二十首》其八:"十载前初种,酴醾间木香",荼蘼、木香如兄如弟,往往结伴而种。

大观园中也栽种有木香，《红楼梦》第十七回至第十八回《大观园试才题对额 荣国府归省庆元宵》："（贾政等人）转过山坡，穿花度柳，抚石依泉，过了荼蘼架，再入木香棚……"与荼蘼一样，木香的生长最好有人工扶植，不同的是，荼蘼一般只需要支"架"，而木香则需要搭"棚"，这是因为其枝条长短不同。"木香棚"成为常见的生活景致与文学意象也是明代以后，如孙承恩《东园记》"西有木香棚"[①]、曹伯启《与孙大方真人对酌木香棚下》"棚上雪香棚下客"[②]、刘鹗《夜阑再用前韵》"风光翻盛木香棚"[③]、张英《芙蓉溪记》"稍东为木香棚"[④]、田雯《方氏园亭杂诗》"上有木香棚，无数蜂蝶喧"[⑤]。曹伯启诗中的"雪香"两个字就体现了木香的色、香特点。

木香和荼蘼、蔷薇均是近亲，未尝厚此薄彼；除了与荼蘼"搭档"外，它还经常与蔷薇相依。明清时期，"木香棚"几乎成为园林中不可或缺的雅居，文震亨《长物志》卷二"蔷薇木香"条用了一个"必"字：

> 尝见人家园林中必以竹为屏，牵五色蔷薇于上；架木为轩，名"木香棚"。花时杂坐其下，此何异酒食肆中。然二种非屏架不堪植。

比起市井酒肆，"木香棚"更有雅趣。李渔《闲情偶寄》"种植部"

① ［明］孙承恩《文简集》（《影印文渊阁四库全书》）卷三十二，上海古籍出版社 1987 年版。
② ［元］曹伯启《曹文贞公诗集》（《影印文渊阁四库全书》）卷九，上海古籍出版社 1987 年版。
③ ［元］刘鹗《惟实集》（《影印文渊阁四库全书》）卷六，上海古籍出版社，1987 年版。
④ ［清］张英《文端集》（《影印文渊阁四库全书》）卷四十二，上海古籍出版社 1987 年版。
⑤ ［清］田雯《古欢堂集》（《影印文渊阁四库全书》）卷三，上海古籍出版社 1987 年版。

则更加细致地指出蔷薇适合为屋墙，而木香适合作屋顶，因为木香的枝条更长，两者互补：

> 木香花密而香浓，此其稍胜蔷薇者也。然结屏单靠此种，未免冷落，势必依傍蔷薇。蔷薇宜架，木香宜棚者，以蔷薇条干之所及，不及木香之远也。木香作屋，蔷薇作垣，二者各尽其长，主人亦均收其利矣。

图04　木香花。（网友提供）

与"荼蘼架"一样，"木香棚"也往往是幽期密会之所，《金瓶梅》书中有多处关于木香棚的描写，多有情色暗示，如：

> 这个香囊葫芦儿，你不在家，奴那日同孟三姐在花园里做生活，因从木香棚下过，带儿系不牢，就抓落在地，我那里没寻，谁知这奴才拾了。（第十二回《潘金莲私仆受辱，刘

理星魇胜求财》）

话说西门庆起盖花园卷棚，约有半年光阴……里面花木庭台，一望无际，端的好座花园，只见……木香棚与荼蘼架相连""见楼前牡丹花畔，芍药圃、海棠轩、蔷薇架、木香棚，又有耐寒君子竹、欺雪大夫松。（第十九回《草里蛇逻打蒋竹山，李瓶儿情感西门庆》）

敬济得手，走来花园中，只见花筛月影，参差互映。走到荼蘼架下，远望见妇人摘去冠儿，乱挽乌云，悄悄在木香棚下独立。（第八十二回《陈敬济弄一得双，潘金莲热心冷面》）

《金瓶梅》与《红楼梦》均是中国古代长篇白话小说的杰作，后者受到了前者的影响，相关研究成果已经相当丰硕、足资借鉴。从"荼蘼架""木香棚"这两个名物，我们或也可窥见此中消息。

三、蔷　薇

与荼蘼、木香一样，蔷薇也是蔷薇科蔷薇属，匍匐状小灌木。蔷薇需要架子扶植生长，唐诗中即多"蔷薇架"诗例，如元稹有《蔷薇架》之诗；白居易《裴常侍以题蔷薇架十八韵见示……》有"托质依高架，攒花对小堂"之句。

虽然蔷薇木架早已有之，但是以蔷薇为宽幅屏风，则还是明清以来的流行现象。李渔《闲情偶寄》中详细论述以蔷薇结成屏风的优势、方法、效果、起源等。蔷薇屏风的优势在于花色丰富、争奇斗艳，《闲情偶寄》"种植部·藤本第二"：

图05　蔷薇花。（网友提供）

　　结屏之花，蔷薇居首。其可爱者，则在富于种而不一其色。大约屏间之花，贵在五彩缤纷，若上下四旁皆一其色，则是佳人忌作之绣、庸工不绘之图，列于亭斋，有何意致……蔷薇之苗裔极繁，其色有赤、有红、有黄、有紫，甚至有黑；即红之一色，又判数等，有大红、深红、浅红、肉红、粉红之异。屏之宽者，尽其种类所有而植之，使条梗蔓延相错，

花时斗丽，可傲步障于石崇。然征名考实，则皆蔷薇也。是

屏花之富者，莫过于蔷薇。

这里提到的"步障"是古代遮挡灰尘或作间隔之用的幕布；西晋时期石崇和王恺斗富，制作了精美的步障，《晋书·石崇传》："崇与贵戚王恺、羊琇之徒，以奢靡相尚；恺作紫丝步障四十里，崇作锦步障五十里以敌之。"

蔷薇屏风的支架则用竹子编成竹网，网眼可方、可斜；隔屏透视，对面景致不即不离。蔷薇屏风起源于扬州，逐渐风行，市井之间的茶坊酒肆纷纷效仿，对此李渔似有微词。《闲情偶寄》"种植部·藤本第二"：

藤本之花，必须扶植。扶植之具，莫妙于从前成法之用

竹屏。或方其眼，或斜其槅，因作葳蕤柱石，遂成锦绣墙垣，

使内外之人，隔花阻叶，碍紫间红，可望而不可亲，此善制也。

无奈近日茶坊酒肆，无一不然，有花即以植花，无花则以代壁。

此习始于维扬，今日渐近他处矣。

蔷薇屏风未必如李渔所说专始于扬州，但是扬州的花架颇负盛名却是事实。清代李斗的《扬州画舫录》卷十七记载了花架的材质、用途，以及计价：

花架有一面夹堂之分，方罫象眼诸式。盖以围护花树之用，

诸园皆有之。多种宝相、蔷薇、月季之属，谓之"架花"。价

以见方计工。料用杉槁、杨柳木条、薰竹竿、黄竹竿、荆笆、

箍竹片、花竹片、棕绳……

"方罫象眼"均是围棋术语，形容花架洞眼的形状。棋盘上的方格称为"方罫"；两个棋子下在"田"字形的斜对角上，其中央的交叉点称为"象眼"，"象眼"所交汇的两条对角线将一个方格分割成了四个

三角形。这和《闲情偶寄》中的"或方其眼，或斜其楄"相符。花架的主要材料还是竹子，是按照平方（"见方"）来计价的；清代扬州的花架制作已经颇具规模，贩运四方。

大观园中有蔷薇花架，《红楼梦》第十七回至十八回《大观园试才题对额 荣国府归省庆元宵》："院中满架蔷薇，宝相。转过花障，则见青溪前阻。"第三十回《宝钗借扇机带双敲，龄官划蔷痴及局外》：

> 只见赤日当空，树阴合地，满耳蝉声，静无人语。刚到了蔷薇花架，只听有人哽噎之声。宝玉心中疑惑，便站住细听，果然架下那边有人。如今五月之际，那蔷薇正是花叶茂盛之际，宝玉便悄悄的隔着篱笆洞儿一看，只见一个女孩子蹲在花下，手里拿着根绾头的簪子在地下抠土，一面悄悄的流泪。

《红楼梦》中的蔷薇花架也有屏障作用，也可以隔屏探望；这和李渔《闲情偶寄》中的记载非常吻合。我们可以发现，曹雪芹关于花卉的许多看法在《闲情偶寄》中都是有迹可循的；笔者在其他论文中还会论及。上文已经提到，花架是扬州的名产；《红楼梦》中出现蔷薇架也颇耐人寻味，应该不完全是无因。康熙四十二年，曹雪芹的祖父曹寅奉旨兼任两淮巡盐御史，与苏州织造李煦轮管两淮盐政。从此，扬州成为曹寅重要的仕宦、交游之地；他曾经在扬州接驾，也曾在扬州主持刊刻《全唐诗》。可以说，曹雪芹家族与扬州渊源甚深；《红楼梦》中关于扬州的记述也不止一处。

《红楼梦》中尚有蔷薇药用价值的记载，第五十九回《柳叶渚边嗔莺咤燕，绛云轩里召将飞符》："一日清晓，宝钗春困已醒……于是唤起湘云等人来，一面梳洗，湘云因说两腮作痒，恐又犯了杏斑癣，因问宝钗要些蔷薇硝来。""蔷薇硝"是一种药用化妆品，其成分可能由蔷薇露和银硝合成。野生灌木蔷薇的根枝叶花均可入药；"硝"，是某些矿物盐的总称，一般具有消散、祛腐的功效。"蔷薇硝"可能是以蔷薇露调制银硝而成①。花露采用蒸馏法制成，清代顾禄《桐桥倚棹录》卷十所列举的苏州所产花露中就有"野蔷薇露"之名。《红楼梦》第六十回《茉莉粉替去蔷薇硝，玫瑰露引出茯苓霜》中，贾环向彩云说道："你常说蔷薇硝擦癣比外头买的银硝强。"除却蔷薇露，《红楼梦》中出现的"玫瑰花露""木樨清露"等花露，这些都是苏州名产。《红楼梦》中所出现的花卉制品与苏州往往有密切的关系；笔者在其他论文中还有论及，这里就不展开了。

结 语

本文较为深入地探讨了《红楼梦》中的荼蘼架、木香棚、蔷薇架，有助于认识《红楼梦》所处时代的社会生活、审美风尚。更重要的是，通过精研、细读《红楼梦》中的荼蘼、木香、蔷薇，我们可以"于细微处见精神"，去破译曹雪芹创作时的"密码"，如曹雪芹与《千家诗》的关系、《红楼梦》与《金瓶梅》的关系、《红楼梦》与《闲情偶寄》的关系、曹雪芹与扬州的关系等。所谓"一花一世界""以小见大"，深入细致地研究《红楼梦》中的植物文化，或许可以成为"红学""曹学"研究的一个新视角、新思路。

（原载《明清小说研究》2015 年第 3 期）

---

① 孟晖《蔷薇露》《蔷薇硝》，收录于《贵妃的红汗》，南京大学出版社 2011 年版。

《红楼梦》中的"玫瑰、月季"考覆发微

　　玫瑰、月季、蔷薇三者都是蔷薇科植物，现代园艺学、花卉学称之为"蔷薇三杰"。蔷薇有丛生攀援的特点，玫瑰、月季则是单株直立；蔷薇花密生朵小，玫瑰、月季则花形较大。《红楼梦》中的大观园栽植有玫瑰、月季、蔷薇；笔者已另有他文讨论蔷薇，本篇则是关于玫瑰、月季。本文旨在通过《红楼梦》中玫瑰、月季的钩沉、考覆，去认识明清时期的花卉文化、饮食习俗、物质生活、社会经济以及曹雪芹的艺术渊源、创作特点。

　　《红楼梦》中的玫瑰可以蒸馏制成花露，也可以入馔、入茶、填充枕头。明清时期文人、市民的日常生活趋于精致化、审美化，花卉制品的大量出现即是一例。《红楼梦》中的月季可以插瓶，也可以和牡丹花组成"富贵长春"的图案。

一、玫瑰花

　　玫瑰是落叶灌木，枝杆多刺，别名刺玫花、徘徊花等；玫瑰有三个鲜明的特点：鲜艳、多刺、芳香。

　　《红楼梦》中以植物形态正面出现的玫瑰其实只有一处，六十一回《投鼠忌器宝玉瞒赃，判冤决狱平儿行权》："（柳五儿）一径到了怡红院门前，不好进去，只在一簇玫瑰花前站立，远远的望着。"怡红院中

的玫瑰数量应该不少，所以第五十六回《敏探春兴利除宿弊，时宝钗小惠全大体》中探春有"怡红院别说别的，单只说春夏天一季的玫瑰，共下多少花儿"之言。怡红院的"红"之名来自于海棠，可是玫瑰也是怡红院红色的重要组成部分。《红楼梦》中的玫瑰主要是以喻体、用品的形式出现的。

图 06　玫瑰花。（网友提供）

我们现在常以"带刺的玫瑰"形容美丽而泼辣的女子，这个比喻建立在玫瑰的自然属性基础之上；玫瑰多刺，宋代姚宽《西溪丛语》卷上即称玫瑰为"刺客"。《红楼梦》中有两个女子被比成了玫瑰，即探春和尤三姐：

> 三姑娘的诨名是"玫瑰花儿"，又红又香，无人不爱的，只是刺扎手，可惜不是太太养的，"老鸹窝里出凤凰"！（第六十六回《情小妹耻情归地府 冷二郎一冷入空门》）

> 是块肥羊肉，只是烫的慌；玫瑰花儿可爱，刺大扎手。咱们未必降的住，正经拣个人聘了罢。（第六十五回《贾二舍偷娶尤二姨 尤三姐思嫁柳二郎》）

《红楼梦》中的玫瑰用品非止一处，本文将作钩沉，并以明清时期的笔记材料来参伍互证。玫瑰可以制成玫瑰花露、玫瑰酱。第三十四回《情中情因情感妹妹，错里错以错劝哥哥》：

> 彩云听说，去了半日，果然拿了两瓶来，付与袭人。袭人看时，只见两个玻璃小瓶，却有三寸大小，上面螺丝银盖，鹅黄笺上写着"木樨清露"，那一个写着"玫瑰清露"。袭人笑道："好金贵东西！这么个小瓶子，能有多少？"王夫人道："那是进上的，你没看见鹅黄笺子？你好生替他收着，别糟踏了。"

这里的"玫瑰清露"是贡品，弥足珍贵；曹雪芹的祖父曹寅曾经向康熙进贡江南特产"玫瑰露"，周汝昌《红楼梦新证》第七章"史事稽年"："康熙三十六年四月二十九日，又有内务府总管海拉逊转奏寅进腌鲥、蛋及两种玫瑰露八罐。"《红楼梦》中的"玫瑰清露"是否隐藏了曹雪芹的幽约心事？明清时期，天然花露在医药、饮食中常见应用；中国的"本草"应用之学更趋精致，蒸制花露的过程简直具有艺术化的特点。清代苏州人顾禄《桐桥倚棹录》卷十云：

> 花露，以沙甑蒸者为贵，吴市多以锡甑。虎丘仰苏楼、
> 静月轩，多释氏制卖，驰名四远，开瓶香冽，治肝胃气，则
> 有玫瑰花露……

这里介绍了苏州花露的制作方法、知名商铺。花露是采用蒸馏法制造；"甑"是古代的蒸饭器具，底部有孔格以透蒸汽，原理略同于现代的蒸锅。顾禄列举了数十种香露之名，而名列首位的即是玫瑰花露。据《桐桥倚棹录》记载，玫瑰花露具有"治肝胃气"的功效。顾禄《清嘉录》卷六"珠兰茉莉花市"亦云："至于春之玫瑰、膏子花，夏之白荷花，秋之木樨米，为居人和糖、舂膏、酿酒、钓露诸般之需。"玫瑰花露可以如"灵丹一粒"，入汤、入酒、入水。第六十回《茉莉粉替去蔷薇硝，玫瑰露引来茯苓霜》，宝玉将玫瑰露送给芳官，芳官转赠给柳五儿：

> 芳官拿了一个五寸来高的小玻璃瓶来，迎亮照看，里面
> 小半瓶胭脂一般的汁子，还道是宝玉吃的西洋葡萄酒。母女
> 两个忙说："快拿旋子烫滚水，你且坐下。"芳官笑道："就剩
> 了这些，连瓶子都给你们罢。"五儿听了，方知是玫瑰露，忙
> 接了，谢了又谢。

玫瑰花露可以增味，富察敦崇《燕京岁时记》"酸梅汤"："酸梅汤以酸梅合冰糖煮之，调以玫瑰木樨冰水，其凉振齿。"这里的"玫瑰冰水"可能不是纯粹的玫瑰花露，而是经过了勾兑。

玫瑰还可以制酱。第三十四回《情中情因情感妹妹，错里错以错劝哥哥》，袭人道："只拿那糖腌的玫瑰卤子和了吃，吃了半碗，又嫌吃絮了，不香甜。"这里的"玫瑰卤子"很可能就是玫瑰酱的卤汁。明

代高濂《遵生八笺》卷十六"玫瑰花二种"："紫者……以糖霜同捣收藏，谓之'玫瑰酱'，各用俱可"；清代沈自南《艺林汇考》"饮食篇"卷二亦云："今富家有枸杞酱、玫瑰酱。"玫瑰酱当然是既香且甜，但是如果单用来拌饭则很容易腻味；玫瑰酱应该更适合作为调味品、添加剂。明清时期，苏州有玫瑰酱的专卖店。《豆棚闲话·虎丘山贾清客联盟》："若要买玫瑰酱、梅花酱、虾子鲞、橄榄脯，俱在城里清街坊戈家铺子里有。"夏仁虎《岁华忆语》则记载了南京市民制作、食用玫瑰酱的方法：

> 四月间人家妇女，采取鲜玫瑰花，细杵捣烂，和以糖霜渍之，为玫瑰酱。夏秋间，沸水冲饮，色香味均绝。

可见明清以迄民国时期，玫瑰酱在苏州、南京等南方一带颇为常见。

玫瑰具有药用价值，前面关于花露的介绍已有提及，《本草纲目》中也有记载。第五十六回《敏探春兴利除宿弊，时宝钗小惠全大体》：

> 怡红院别说别的，单只说春夏天一季的玫瑰，共下多少花儿？还有那一带篱笆上的蔷薇、月季、宝相、金银藤，单这些没要紧的草花干了，卖到茶叶铺和药铺去，也值不少钱呢。

玫瑰花还可以拌茶。清代陆廷灿《续茶经》"卷上之三"详细介绍了花茶的种类、花与茶的比例、花与茶的间隔、花茶的焙制工序等：

> 以花拌茶，颇有别致。凡梅花、木樨、茉莉、蔷薇、兰蕙、金橘、栀子、木香之属，皆与茶宜。当于诸花香气全时摘拌。
> 三停茶，一停花，收于磁罐中。一层茶，一层花，相间填满……

《遵生八笺》卷十一的记载相似；《续茶经》应该是在《遵生八笺》的基础之上踵事增华。花茶的出现也是明清文人日常生活追求风雅的一个表征。

干燥的玫瑰花瓣可以作为香囊的填充物，《遵生八笺》卷十六"玫瑰花二种"："紫者，干可作囊……"《金瓶梅》中出现了装有玫瑰花的兜肚，第八回《盼情郎佳人占鬼卦，烧夫灵和尚听淫声》：

> 妇人向箱中取出与西门庆上寿的物事，用盘盛着，摆在面前，与西门庆观看。却是一双玄色缎子鞋；一双挑线香草边阑、松竹梅花岁寒三友酱色缎子护膝；一条纱绿潞绸、水光绢里儿紫线带儿，里面装着排草玫瑰花兜肚；一根并头莲瓣簪儿。

"排草"是一年生草本香草。《红楼梦》中未出现玫瑰香囊、兜肚，却出现了原理相同的玫瑰枕头，第六十三回《寿怡红群芳开夜宴，死金丹独艳理亲丧》，宝玉"靠着一个各色玫瑰芍药花瓣装的玉色夹纱新枕头"。

新鲜的玫瑰花可以作为女子饰物，《红楼梦》中没有明确的插戴玫瑰花的例子；但我们援引清代一南一北两条文献，可以看出当时的闺阁女子是对玫瑰花青眼有加的；以情度之，大观园中的女子也当有戴花之习。富察敦崇《燕京岁时记》"玫瑰花、芍药花"：

> 玫瑰，其色紫润，甜香可人，闺阁多爱之。四月花开时，沿街叫卖，其韵悠扬。晨起听之，最为有味。

这是北方的风俗。顾禄《桐桥倚棹录》卷十二：

> 鬓边香，俗呼"戴花"……吴城大家小户妇女，多喜簪花，特歌伎船娘尤一日不可缺耳。

在所列的戴花品种中即有玫瑰，这是南方的风俗。

综上，玫瑰花"可食"(玫瑰花露 / 玫瑰酱 / 玫瑰茶)、"可囊""可佩"(香囊 / 枕头)、"可戴"(鬓边簪花)，用途广泛。明清时期的文人对于玫瑰的"价值判断"或有微词，有以为"微俗"者、有以为"非奇卉"者；

但是对于玫瑰用途广泛这一"事实判断"则并无出入，如：

"玫瑰非奇卉也。然色媚而香，甚旖旎，可食可佩，园林中宜多种。"（《广群芳谱》卷七十三引《学圃余疏》）

"四月百花已阑，玫瑰始发，浓香艳紫，可食可佩。"（高士奇《北墅抱瓮录》"玫瑰"）

"玫瑰，一名'徘徊花'，以结为香囊，芬氲不绝，然实非幽人所宜佩。嫩条丛刺，花色亦微俗，宜充食品，不宜簪带。吴中有以亩计者，花时获利甚夥。"（文震亨《长物志》卷二"花木"）

正是因为玫瑰有巨大的需求市场，明代时在江南已经发展成为产业；也正因如此，具有经济头脑的探春能够看出"商机"，建议将多余的玫瑰等花卉发卖到茶叶铺和药铺。

李渔对于玫瑰花的"能事"推崇备至，将之与荷花（"芰荷"）相提并论；我们以他的论述作为小结，《闲情偶寄》"种植部·藤本第二"：

花之有利于人，而无一不为我用者，芰荷是也；花之有利于人，而我无一不为所奉者，玫瑰是也……玫瑰之利，同于芰荷，而令人可亲可溺，不忍暂离，则又过之。群花止能娱目，此则口眼鼻舌以至肌体毛发，无一不在所奉之中。可囊可食，可嗅可观，可插可戴，是能忠臣其身，而又能媚子其术者也。花之能事，毕于此矣。

有趣的是，探春也可以称得上《红楼梦》中的"能事"者，或者用今天的话来说是"全才""全科"；文采风流、品德见识兼备，更为难得的是有经济才具，曾经代王熙凤"摄政"大观园，有"忠"而且有"术"。

二、月季花（长春花）

图07 月季花。（网友提供）

月季又名月月红，四季开花、花色红艳，是中国的传统名花；1986—1987 年，上海园林学会等单位联合举办"十大名花"评选，月季名列第五。月季既有观赏价值，也具有应用价值，是中国园艺中最常见的花卉之一。大观园中有月季花，《红楼梦》第六十二回《憨湘云醉眠芍药裀，呆香菱情解石榴裙》："这个又说：'我有星星翠。'那个又说：'我有月月红。'"月季可入茶，也可入药，前面已经引述了五十六回《敏探春兴利除宿弊时，时宝钗小惠全大体》中的一段文字，这里不重复。

《红楼梦》中月季的记载仅此两处，似无引申论述空间。但笔者在文本细读中发现，《红楼梦》中有两处提及的"长春"当为月季，"长春花"是月季的别名之一。月季可以作为插花，也可以作为吉祥图案。

第十七回至十八回《大观园试才题对额，荣国府归省庆元宵》：

鼎焚百合之香，瓶插长春之蕊。

焚香、插花均是庄敬之举，"百合""长春"寓意和合、绵长。王波《红楼名物考释》一文认为"长春花"为"金盏花"[①]。"长春花"为"金盏花"之别名，即金盏菊，为菊科金盏菊属植物。金盏菊植株矮生，花朵密集，花色鲜艳夺目，花期很长；适合盆栽与花坛布置。明清时期的《本草纲目》《小山画谱》《广群芳谱》等文献描述记载了金盏花的花形、花期以及别名。《本草纲目》卷十六"长春花"：

时珍曰：金盏，其花形也；长春，言耐久也。

邹一桂《小山画谱》卷上"金盏花"条：

草本花，金黄色，形如金盏，绿叶，柔厚而长，结实如拳爪，花陆续开，四季不绝，又谓之长春花。

《广群芳谱》卷四十六：

金盏花，一名长春花，一名杏叶草，高四五寸，嫩时颇肥泽，

---

① 王波《红楼名物考释》，《青海师专学报》1994 年 02 期。

叶似柳叶，厚而狭，抱茎而生，甚柔脆，花大如指顶，金黄色瓣，狭长而顶圆，开时团团，状如盏子，生茎端，相续不绝。

《广群芳谱》又引《学圃杂疏》：

花之四季开者，兰桂之外有长春菊，即金盏花也。

金盏花的花期很长（"四季不绝""相续不绝""四季开者"），这一点毋庸置疑；问题的关键在于：金盏菊草本矮生密集，适合盆栽、花坛，但很少见诸插瓶。而且文人在吟咏金盏花的时候，更多的是注意其与"酒盏"有关的花形，而鲜有注意其"长春"的花期，也很少用"长春"之别名。《广群芳谱》卷四十六："金盏花，一名醒酒花。"诗歌中的金盏花往往与醒酒有关，如宋代梅尧臣《金盏子》"钟令昔醒酒，豫章留此花"、《御制诗集》四集卷十一《金盏花》"贮酒能醒酒，非金却是金"。

更享有"长春"之名、更适合插瓶者是月季。《广群芳谱》卷四十三"月季，一名长春花"；李渔《闲情偶寄》"种植部·藤本第二"："月月红……此花又名'长春'。"宋代，月季就有长春花之名，如朱淑真《长春花》"一枝才谢一枝殷，自是春工不与闲。纵使牡丹称绝艳，到头荣瘁片时间"、徐积《长春花》五首其一"谁言造物无偏处，独遣春光住此中。叶里深藏云外碧，枝头常借日边红"。金盏花的颜色是金黄色，这两首诗中的长春花是殷红色的，当然是月季花。清代，长春花一般是指月季花，如《御制诗集》二集卷三十八、《御制诗集》二集卷四十、三集卷六十一、三集卷六十五、五集卷六十六均有咏长春花之作；从诗歌描写来判断，都是月季。月季是最常见的"切花"花材，适合插瓶；明代高濂《遵生八笺》"燕闲清赏笺"卷下"瓶花三说"中即有"月季"："俗名月月红。凡花开后，即去其蒂，勿令长大，则花随发无已。二种虽雪中亦花，有粉白色者，甚奇……按月发花，色相妙甚。"

最有价值的材料应该是曹雪芹的祖父曹寅《楝亭诗钞》卷七《瓶中月季花戏题》八首。第四首有"独留金盏劝长春"之句；原注云："此花火迫则焦，金盏亦名长春花。""劝"就是劝酒的意思，取拟于金盏花"酒盏"之形状。从"金盏亦名长春花"之"亦名"不难看出畸轻畸重；月季花、金盏花均有长春花之别名，①但长春花一般则是指月季花。再看第五首："文思院里千丝绣，羞入金瓶伴牡丹。"原注云："宋绣有长春富贵图。"牡丹被称之为"富贵"之花、月季被称之为"长春"之花，月季与牡丹的组合就有"长春富贵"的寓意。

这就引出了《红楼梦》中的第二处"长春"。《大观园试才题对额，荣国府归省庆元宵》，元妃省亲之后赏赐贾府：

> 原来贾母的是金、玉如意各一柄，沉香拐拄一根，伽楠念珠一串，"富贵长春"宫缎四匹。

笔者目前还未看过关于《红楼梦》中"富贵长春"宫缎的考释。这里的"富贵长春"不是字，而是图；确切地说，应该是牡丹与月季的组合，传达"富贵长春"的寓意。前面所引的曹寅"宋绣有长春富贵图"的小注是证据之一；再看一则，《石渠宝笈》卷十八著录"富贵长春图"一轴，小记："宋本五色织牡丹。"

牡丹花是中国传统的吉祥图案，有多种组合、多种寓意，水润廷《牡丹花与吉祥图案》中列举了35种图案，其中有："牡丹与月季、常春草组合，寓意富贵长春。"②宗凤英《清代的牡丹吉祥图案》一文则考

---

① 正是因为金盏花、月季花都有"长春花"的别名，又有将金盏花作为月季花之别名的现象。《镜花缘》第五回《俏娇娥戏夸金盏草　武太后怒贬牡丹花》中"俏娇娥"上官婉儿夸的其实是月季花："月季之色虽稍逊芙蓉，但四时常开，其性最长，如何不是好友？"
② 水润廷《牡丹花与吉祥图案》，《中国果菜》2013年第11期。

察了丝织物品中的牡丹图案，"从现存的实物看，出土的宋元时期丝织物中，用牡丹组成的吉祥图案并不多见。明代才逐渐多起来。进入清代，用牡丹组成吉祥图案的风气尤为盛行"，在这些图案中就有"牡丹配月季花，寓意富贵长春"①。

综上，元春赏赐给贾母的"富贵长春"宫缎应该是牡丹、月季图案，这是清代流行的装饰图案。此外，从曹寅的小注"宋绣有长春富贵图"到《红楼梦》中的"富贵长春"宫缎，此中应有草蛇灰线。

结　语

本文较为深入地探讨了《红楼梦》中的玫瑰、月季，有助于认识《红楼梦》所处时代的社会生活、审美风尚。更重要的是，通过精研、细读《红楼梦》中的玫瑰、月季，我们可以"于细微处见精神"，去破译曹雪芹创作时的"密码"，如曹雪芹的创作与曹寅之间的关系等。所谓"一花一世界""以小见大"，深入细致地研究《红楼梦》中的植物文化，或许可以成为"红学""曹学"研究的一个新视角、新思路。

（原载《红楼梦学刊》2015 年第 4 期，此处有补订。）

---

① 宗凤英《清代的牡丹吉祥图案》，《紫禁城》1987 年第 1 期。

论《红楼梦》中的桂花文化

桂花又名木犀、木樨、岩桂等，是中国的传统名花。李清照《鹧鸪天》"暗淡轻黄体性柔，情疏迹远只香留"，把握住了桂花审美价值的两个要素：色与香，推许桂花是"花中第一流"。现实生活中，桂花的用途广泛；人文意义上，桂花是儒家"比德"之物。中国古典诗词中，桂花意象与题材的作品数量丰富。《红楼梦》中桂花也多次出现，本文将作钩沉、考覆。

图 08 桂花一。（网友提供）

《红楼梦》中以"似桂如兰"比喻袭人,兰、桂"联袂"有地理、物性、象征的共同基础。贾府有两次集体赏桂活动,各有特点,其趣相异;《红楼梦》中的桂花有常见之秋桂,亦有少见之春桂。《红楼梦》中的桂花制品既体现了贵族的生活品位,也呈现出南方的生活特色。明清时期,桂花产业已经形成,"桂花夏家"的原型不可能在北京,极有可能在苏州,清代苏州的桂花甲于天下;曹雪芹有直接或间接的苏州生活经验。本文主要围绕以上问题展开。

一、《红楼梦》中的"桂事"以及桂花原型、典故

《红楼梦》继承沿用了桂花的原型、典故。第五回《游幻境指迷十二钗,饮仙醪曲演红楼梦》,袭人判词:"枉自温柔和顺,空云似桂如兰。""桂""兰"是"温柔和顺"的拟喻,这沿袭了中国花卉文化中的"比德"传统。兰、桂并称,肇自《楚辞》,《离骚》"杂申椒与兰桂兮",《九歌·湘君》"桂棹兮兰枻",《九歌·湘夫人》"桂栋兮兰橑,辛夷楣兮药房"。不过,《楚辞》中作为建筑、舟船材料的兰、桂与后代之兰花、桂花名同而实异,当指木兰树、玉桂树①。兰、桂主要都是产自南方,二者并称乃地缘组合,如权德舆《祗役江西路上以诗代书寄内》:"南方多兰桂,归日自分付。"兰、桂又都原产山中,象征幽隐,无争

---

① 王逸《楚辞章句》注释"桂栋兮兰橑":"以木兰为橑也";另可参考殷光熹《楚辞桂花考——李清照、陈与义错怪了屈原》,《职大学报》2007年第3期,第26页、第57页。"兰""桂"作为典故,用以形容建筑、舟船之精美,这在《红楼梦》中也有运用,第十八回《隔珠帘父女勉忠勤,搦湘管姊弟裁题咏》:"船上亦系各种精致盆景诸灯,珠帘绣幕,桂楫兰桡,自不必说……金门玉户神仙府,桂殿兰宫妃子家。"

之品格，如淮南小山《招隐士》"桂树丛兮山之幽"、《孔子家语·在厄》"芝兰生于幽谷，不以无人而不芳"、护国《山中寄王员外》"为问幽兰桂，山中复若何"。再者，与其他名花相比，兰、桂有一个共同的特点，其花较隐藏，掩映于叶中，而其香却弥远。宋代赵善括《沁园春》一词中形容兰、桂的花、香特点："闵香兰桂"，"闵"同"闭"，封闭、掩藏的意思，真是"善于概括"。兰、桂喻人，多有"内敛"之质。

《红楼梦》中怡红院地位最高的两位丫鬟，一位是袭人，另一位则是晴雯。两人性格差异比较大，袭人内敛，而晴雯张扬。袭人被比成桂花，晴雯则被比成木芙蓉。第七十八回《老学士闲征姽婳词，痴公子杜撰芙蓉诔》一回中，贾宝玉撰写《芙蓉女儿诔》悼念晴雯，开头有这样的句子："太平不易之元，蓉桂竞芳之月。"这里的"蓉桂"可能就不仅仅是指月令了，而是有所指代。

中国传统文化中，关于桂花最有名的典故当属"蟾桂"与"折桂"，两者缀连则是"蟾宫折桂"。第二十三回《西厢记妙词通戏语，牡丹亭艳曲警芳心》，贾宝玉作《夏夜即事》诗："绛芸轩里绝喧哗，桂魄流光浸茜纱。""桂魄"指月亮，段成式《酉阳杂俎·天咫》：

> 旧言月中有桂，有蟾蜍，故异书言：月桂高五百丈，下有一人常斫之，树创随合。人姓吴名刚，西河人，学仙有过，谪令伐树。

中国古代诗文中，常以"蟾宫""桂华""蟾桂"等代指月亮。再看"折桂"，《晋书·郤诜传》：

> 累迁雍州刺史。武帝于东堂会送，问诜曰："卿自以为何如？"诜对曰："臣举贤良对策，为天下第一，犹桂林之一枝，昆山之片玉。"

郤诜的应对颇为得体、自谦，将国家比成"桂林""昆山"之美林、良玉，而自己只不过是其中的一枝、一片而已。之后，"折桂"即指在朝廷人才选拔中脱颖而出。第九回《恋风流情友入家塾，起嫌疑顽童闹学堂》，林黛玉听说贾宝玉要上学了，就笑道："好！这一去，可定是要'蟾宫折桂'去了。"

图09　[清]"蟾宫折桂图"特大青花折沿洗。（图片来自网络）

除了"比德"、典故之外，《红楼梦》中当然也有实物形态的桂花。《红楼梦》中的桂花主要是秋桂，但有一则特殊的春桂之例。第二十八回《蒋玉菡情赠茜香罗，薛宝钗羞笼红麝串》，蒋玉菡在行酒令时，拿起一朵木樨："昨日幸而看到一副对子，遂念道：'花气袭人知昼暖。'"袭人的名字正是来自于这一句诗；蒋玉菡的见物起兴、无心巧合恰是曹雪芹创作时的细针密缝，为蒋玉菡、袭人的姻缘埋下了伏笔。我们回顾这一回的开头："（黛玉）至次日又可巧遇见饯花之期，正是一腔无明正未发泄，又勾起伤春愁思，因把些残花落瓣去掩埋，由不得感花伤己……"可见，这一回的故事是发生在暮春之时，这里的"木樨"当然是春桂。诗歌中的春桂之例甚少，如陆龟蒙《奉和袭美茶具十咏·茶灶》："奇香袭春桂。"桂花一般是秋天开放，但有一种变种却是长年开花，称为"四季桂"，蒋玉菡拿起的木樨当是"四季桂"；"四季桂"产于长江以南、台湾地区以及西南各省。从这个细节，我们也可以看出《红楼梦》的南方印迹。木樨一般是南方人对桂花的别称，这一点后文还会论及。

图10　桂花二。（网友提供）

大观园里种植有桂花，薛宝钗、林黛玉等人的诗社雅集即在桂花树之下，第三十八回《林潇湘魁夺菊花诗，薛蘅芜讽和螃蟹咏》，"持螯更喜桂阴凉""桂霭桐阴坐举觞"；宝钗沉浸构思的时候，"手里拿着一枝桂花玩了一回，俯在窗槛上掐了桂蕊掷向水面，引的游鱼浮上来唼喋。"贾母等人在"击鼓传花"时，也以桂花为道具，第七十五回《开夜宴异兆发悲音，赏中秋新词得佳谶》："贾琏、宝玉等一齐出坐，先尽他姊妹坐了，然后在下方依次坐定。贾母便命折一枝桂花来，命一媳妇在屏后击鼓传花，若花在手中，饮酒一杯，罚说笑话一个。"

《红楼梦》里有两次秋天集体赏桂的活动。第三十八回《林潇湘魁夺菊花诗，薛蘅芜讽和螃蟹咏》，凤姐道：

> 藕香榭已经摆下了。那山坡下两棵桂花开的又好，河里的水又碧清，坐在河当中亭子上岂不敞亮？看着水，眼也清亮。

这是白天赏桂，远观，色香并收。第七十六回《凸碧堂品笛感凄清，凹晶馆联诗悲寂寞》：

> 这里贾母仍带着众人赏了一回桂花，又入席换暖酒来。
> 正说着闲话，猛不防听那厢桂花树下，呜呜咽咽，悠悠扬扬，吹出笛声来。

这是晚上赏桂，近观，重在其香。两次赏桂迥异其趣，赏桂的氛围、贾府的势态也发生了变化，这里不作细论①。贾府之外也有赏桂活动，第七十七回《俏丫鬟抱屈夭风流，美优伶斩情归水月》："及至天亮时，就有王夫人房里小丫头立等叫开前角门传王夫人的话：'即时叫起宝玉，快洗脸，换了衣裳快来，因今儿有人请老爷寻秋赏桂花，老爷因喜欢

---

① 李渔《闲情偶寄》"种植部"对于桂花的评价发前人之所未发，简直可以作为贾府命运之"谶言"："秋花之香者，莫能如桂……但其缺陷处，则在满树齐开，不留余地……盛极必衰，乃盈虚一定之理，凡有荣华富贵一蹴而至者，皆玉兰之为春光，丹桂之为秋色。"

他前儿作的诗好，故此要带了他们去。'"

《红楼梦》中还有折桂枝插瓶之例，第三十七回《秋爽斋偶结海棠社，蘅芜苑夜拟菊花题》，秋纹笑道：

> 提起瓶来，我又想起笑话。我们宝二爷说声孝心一动，也孝敬到二十分。因那日见园里桂花，折了两枝，原是自己要插瓶的，忽然想起来说，这是自己园里的才开的新鲜花，不敢自己先顽，巴巴的把那一对瓶拿下来，亲自灌水插好了，叫个人拿着，亲自送一瓶进老太太，又进一瓶与太太……

桂花是重要的插花花材，明代袁宏道的《瓶史》中不止一次出现，不烦赘引。有意思的是，曹雪芹的祖父曹寅在担任康熙侍卫时，曾奉命赴北京潭柘寺送桂花，《楝亭诗别集》卷一有《奉使送桂花置潭柘寺竹亭下二首》；诗中有"明朝期驻跸"之句，可见"送桂花"是为了预迎皇帝驾临。《红楼梦》中的这处细节有可能受到曹寅的影响。

二、《红楼梦》中的桂花制品

桂花用途广泛，《红楼梦》中的桂花可以药用、食用，也可以作为天然的芳香"添加剂"。钩沉《红楼梦》中的桂花制品，有助于我们认识明清时期的物质生活场景。从这些细节我们可以看出，贾府的日常生活既有贵族之品位，也染有南方之影响。

第三十四回《情中情因情感妹妹，错里错以错劝哥哥》，宝玉挨打之后：

> 彩云听了果然拿了两瓶来付与袭人，袭人看时，只见两

个玻璃小瓶,却有三寸大小,上面螺丝银盖,鹅黄笺上写着"木樨清露",那一个写着"玫瑰清露"。

"木樨清露"即桂花香露,为桂花蒸馏所得香液,是"上用"的,亦即贡品;木樨是桂花在南方的别名,"木樨清露"很可能来自南方。康熙三十七年十月某日,苏州织造李煦请安折,折后附一贡单,除大批水果、干果、水仙、泉酒外,还有"桂花露""玫瑰露""蔷薇露"等①。清代苏州人顾禄《桐桥倚棹录》卷十云:

> 花露,以沙甑蒸者为贵,吴市多以锡甑。虎丘仰苏楼、静月轩,多释氏制卖,驰名四远,开瓶香冽。治肝胃气,则有玫瑰花露;疏肝牙痛,早桂花露……

这里介绍了苏州花露的制作方法、知名商铺。花露是采用蒸馏法制造;"甑"是古代的蒸饭器具,底部有孔格以透蒸汽,原理略同于现代的蒸锅。顾禄列举了数十种香露之名,而首当一二的正好是玫瑰露和桂花露;这是苏州香露中的"名牌"。②贾宝玉挨打之后,热毒淤积,"木樨清露"有发散之功。清人顾仲《养小录》也有花露记载:"凡诸花及诸叶香者,俱可蒸露。入汤代茶,种种益人。入酒增味,调汁制饵,无所不宜。"

桂花可以入酒。第七十八回《老学士闲征姽婳词,痴公子杜撰芙蓉诔》,贾宝玉撰《芙蓉女儿诔》:"文瓟匏以为觯斝兮,漉醽醁以浮桂醑耶?""桂醑"即桂酒。《芙蓉女儿诔》文辞古奥,大量运用典故,正如《南齐书·文学传论》中所说的:"全用古语,用申今情。"所以,

---

① 周绍良《红楼论集——周绍良论红楼梦》第 236 页,文化艺术出版社 2006 年版。

② 关于"玫瑰露",可以参考俞香顺《〈红楼梦〉中的"玫瑰·月季"考覆发微》,《红楼梦学刊》2015 年第 4 期。

这里的"桂醑"乃美酒之代称，未便坐实。"桂醑"典故可溯源至《楚辞》，如《九歌·东君》"援北斗兮酌桂浆"、《九歌·东皇太一》"蕙肴蒸兮兰藉，奠桂酒兮椒浆"。王逸注："桂酒，切桂置酒中也；椒浆，以椒置浆中也。言己供待弥敬，乃以蕙草蒸肴，芳兰为藉，进桂酒椒浆，以备五味也。"①明代宋诩《竹屿山房杂部》卷一"桂花酒"：

> 摘半含桂花浸生酒浆中，密封，用时量多寡滴酒内。

这是比较严格意义上的桂花酒。清代，桂花新熟的季节，北方就有"桂酒"上市；《帝京岁华纪胜》十月"时品"："南来之木瓜惠泉，绍兴苦露，桂酒橘酒，一包四瓶，三白五加皮。"如今，重庆、广西等地均产"桂花酒"；江苏常熟"王四酒家"精选上等糯米，采集秋后虞山北麓山民种植的晚桂花，以优质山泉酿造，形成了独特的民间酿酒工艺。

《红楼梦》中两次出现了"桂花油"，这是闺阁之物。第二十八回《蒋玉菡情赠茜香罗，薛宝钗羞笼红麝串》，蒋玉菡说道："女儿愁，无钱去打桂花油。"第六十二回《憨湘云醉眠芍药裀，呆香菱情解石榴裙》：

> 湘云说道："这鸭头不是那丫头，头上哪讨桂花油。"引得晴雯、小螺、莺儿等一干人都走过来说："云姑娘会开心儿，拿着我们取笑儿，怎见得我们就该擦桂花油的？倒得每人给一瓶子桂花油擦擦。"黛玉笑道："他倒是有心给你们一瓶子油，又怕挂误着打盗窃的官司。"

---

① 殷光熹《楚辞桂花考——李清照、陈与义错怪了屈原》一文中认为这里的"桂酒"就是以桂花入酒，《职大学报》2007年第3期。不过，从"切"这个动词判断，笔者更加倾向于这里的"桂"很可能是"肉桂"。肉桂，又名玉桂，是樟科植物，其树皮芳香，可作香料。中国古代的植物分类中，常常将桂花和肉桂混淆。

从蒋玉菡的"无钱"以及湘云、黛玉和丫头们的对话中，大约可以看出"桂花油"可能还不是普通消费，略显昂贵。清代有沿街叫卖桂花油者，潘荣陛《帝京岁时纪胜》正月"元旦"："卖桂花头油摇唤娇娘声，卖合菜细粉声，与爆竹之声，相为上下，良可听也。"桂花油不仅可以护发，还可以护肤，宋代陈敬《新纂香谱》卷三"香发木犀油"介绍其制法、用途：

> 凌晨摘木犀花半开者，拣去茎蒂，令净，高量一斗，取清麻油一斤，轻手拌匀，捺瓷器中，厚以油纸密封罐口，坐于釜内，以重汤煮一饷久，取出安顿稳燥处，十日后倾出，以手沘其清液，收之，最要封闭最密，久而愈香。如此油匀入黄蜡，为面脂，馨香也。

"桂花油"之桂花，主要是取其芳香。

桂花可以入馔。第三十七回《秋爽斋偶结海棠社，蘅芜苑夜拟菊花题》，袭人遣老宋妈妈给史湘云送去两个小掐丝盒子：

> 先揭开一个，里面装的是红菱与鸡头两样鲜果；又那一个，
是一碟子桂花糖蒸新栗粉糕。

栗糕见于南宋《武林旧事》一书，足见以栗子制糕为时甚早。清袁枚《随园食单》也有"栗糕"条云："煮栗极烂，以纯糯粉加糖为糕蒸之，上加瓜仁、松子，此重阳小食也。"又云："新出之栗烂煮之，有松子香。厨人不肯煨烂，故金陵人有终身不知其味者。"贾府用"桂花糖"蒸新栗制糕，极其讲究，也可以看出，贾府的点心、糕点有南

方特色①。再如，第四十一回《栊翠庵茶品梅花雪，怡红院劫遇母蝗虫》："这盒内一样是藕粉桂糖糕，一样是松穰鹅油卷。""藕粉桂糖糕"与"桂花糖蒸新栗粉糕"的制作工艺应该相似；"藕粉"也主要产自南方。我们再看一则材料以旁证贾府点心的南方特色，《帝京岁华纪胜》十二月："皇都品汇"："聚三斋之糖点，糕蒸桂蕊，分自松江。""松江"即现在的上海市一带，与苏州为邻。

图 11　桂花三。（网友提供）

---

① 《清嘉录》卷九"重阳糕"、《吴郡岁华纪丽》卷九"重阳糕"都有重阳吃糕的民俗，糕上经常嵌入枣、栗，这可以和袁枚《随园食单》的记载相印证。《红楼梦》中的送"桂花糖蒸新栗粉糕"也当在重阳前后。这一回的开头："这年贾政又点了学差，择于八月二十日起身。是日拜过宗祠及贾母起身，宝玉诸子弟等送至洒泪亭。"贾政走了之后，才有探春倡议诗社雅集；之后，袭人派宋嬷嬷给湘云送糕点。所以，从前、后文推定，这次送糕很有可能也是在重阳节。

无论是桂花露、桂花油还是桂花糖，主要都是产自南方，袁景澜《吴郡岁华纪丽》卷三"虎丘花市"条云：

> 至于春之玫瑰，夏之珠兰、茉莉，秋之木樨，所在成市，
> 为居人和糖、熬膏、点茶、酿酒、煮露之用，色香味三者兼备，
> 不独供盆玩之娱，尤足珍也。

此外，第三十八回《林潇湘魁夺菊花诗，薛蘅芜讽和螃蟹咏》，贾母等人吃完螃蟹之后，"（王熙凤）又命小丫头们去取菊花叶儿桂花蕊熏的绿豆面子来，预备洗手。"绿豆粉有清洁功能，现代护肤品中有"绿豆粉面膜"，应该是"古方"之改良；"桂花蕊熏"则是增加芬芳，可看出贾府日常生活的精致与讲究。

三、《红楼梦》中的桂花与苏州、扬州、南京

《红楼梦》有一恶妇、妒妇形象，即薛蟠之妻夏金桂。夏家与薛家同在户部挂名行商。第七十九回《薛文龙悔娶河东狮，贾迎春误嫁中山狼》，香菱在介绍夏金桂的家世背景时说道：

> 合长安城中，上至王侯，下至买卖人，都称他家是"桂
> 花夏家"……他家本姓夏，非常的富贵。其余田地不用说，
> 单有几十顷地独种桂花，凡这长安城里城外桂花全是他家的，
> 连宫里一应陈设盆景亦是他家贡奉，因此才有这个浑号。

桂花可以制作盆景，上文引用的《吴郡岁华纪丽》卷三"虎丘花市"中亦有记载；桂花应用很广，明清时期已经出现了桂花产业，连锁经营。

小说不是方志、史乘，"桂花夏家"之所在地殊难断定，但是可以

有原型依据，而原型之来源又与创作者的生活经验、经历有密切关系。何亚斌《从桂花夏家看产权市场生态》："北京丰台素有'花乡'之称。元、明、清三代，这里都是皇宫花卉盆景的供应基地。这'桂花夏家'必定是位于丰台花乡无疑。"①北京丰台确实盛植花卉，《春明梦余录》卷六十四即云："今右安门外西南，泉源涌出为草桥河，接连丰台，为京师养花之所。"但是，"桂花夏家"之原型不可能是在北京。明清时期，丰台之芍药、牡丹、菊花均有名，桂花却不在其列。桂花是典型的南方花卉，北方少见，很难规模化种植。王士祯《居易续谈》云：

> 京师鬻花者，以丰台芍药为最。南中所产惟梅、桂、建兰、茉莉、栀子之属。

丰台芍药至今仍有盛名，清代丰台的桂花却是来自"南中"。《帝京景物略》卷三"草桥"的记载更为详细，描述了草桥的位置、地形、民俗，铺陈列举了诸多的花名：

> 右安门外，南十里草桥，方十里，皆泉也。会桥下，伏流十里，道玉河以出，四十里达于潞。故李唐万福寺，寺废而桥存，泉不减而荇荷盛。天启间，建碧霞元君庙其北。岁四月，游人集酿且博，旬日乃罢。土以泉，故宜花，居人遂花为业。都人卖花担，每晨千百，散入都门……木樨，南种也，最少。菊北种也，最繁。

桂花是南方之花，在北方"水土不服"，所以"最少"。

"桂花夏家"的原型必不在北京，而应该是在南方。南方何地桂花最有名？根据明清时期的文献记载，首推苏州。当然，南方更多以木樨称呼桂花，高鹗续《红楼梦》中有一条材料可以看出桂花之南北异名，

---

① 何亚斌《从桂花夏家看产权市场生态》，《上海国资》2007 年第 3 期。

第八十七回《感深秋抚琴悲往事，坐禅寂走火入邪魔》：“黛玉道：‘好像木樨香。’探春笑道：‘林姐姐终不脱南边人的话。这大九月里的，哪里还有桂花呢？’”林黛玉原籍姑苏，五岁时因父做官迁居扬州。

苏州之桂花种植大概可以溯源至唐代，而到了明清时期就蔚为极盛。清代袁景澜《吴郡岁华纪丽》卷三“虎丘花市”中有一小段文字，似乎专门和《帝京景物略》卷三“草桥”花市唱对台戏。《帝京景物略》云：

木樨，南种也，最少。菊，北种也，最繁。

《吴郡岁华纪丽》则云：

木樨，南种也，其用最繁。菊，北种也，其品最繁。

两者相反相成，可以证明南方，尤其是苏州，是桂花的主产地，桂花的用途最为繁复。我们再以清代顾禄的《清嘉录》《桐桥倚棹录》为例。《清嘉录》卷八“木犀蒸”：

俗呼岩桂为木犀，有早、晚二种，在秋分节开者，曰“早桂”；寒露节开者，曰“晚桂”。将花之时，必有数日鏖热如溽暑，谓之“木犀蒸”，言蒸郁而始花叶。自是金风催蕊，雨露零香，男女耆稚，极意纵游，兼旬始歇，号为“木犀市”。

这段文字介绍了桂花的俗名、品种以及花期天气，最有价值的是保存了民俗材料。明清时期，苏州市民就有自发的“木犀市”，[①]纵赏桂花。“木犀蒸”条目下的按语引用了张邦基《墨庄漫录》，介绍“木犀”之名的由来：“浙人呼岩桂曰木犀，以木之纹理如犀也”；又引用明代莫旦《苏州赋》：“周虎家有古桂数千本，号凌霜。”《桐桥倚棹录》卷

① 《桐桥倚棹录》中也提到了“木犀市”，卷十二“舟楫”：“虎丘游船，有市有会……春为牡丹市，秋为木犀市。”

八 "园圃"：

> 花树店，自桐桥迤西，凡十有余家，皆有园圃数亩，为养花之地，谓之园场。种植之人俗呼"花园子"，营工于圃，月受其值……大抵产于虎丘本山及郡西支硎、光福、洞庭诸山者居半。其有来自南路者，多售于北客，有来自北省者，多售于南人。

虎丘花市在明清小说、笔记中多有记载，是南北花木的集散地；"园圃"条目下列举的花木品种就有桂花。再如《桐桥倚棹录》卷七"场巷"：

> 木犀径，在花园巷内。其地多艺花人所居，遍地种桂，高下林立。花时，人至其间，香沁肺腑，如行天香深处。

《吴郡岁华纪丽》卷八"木犀蒸""山塘桂花节"与《清嘉录》《桐桥倚棹录》有相似记载。可见，明清时期苏州的桂花种植、经营颇具规模，可以说是甲于天下。因此，"桂花夏家"之原型来自苏州的可能性极大。

行笔至此，有一关键问题：曹雪芹有无苏州生活经验？曹雪芹与苏州缔结因缘在其出生之前。曹雪芹的祖父曹寅于康熙二十九年任苏州织造，三年后移任江宁织造。李煦接替曹寅而出任苏州织造，前后凡 30 年，其间曾四次迎驾；曹雪芹的祖母乃李煦的妹妹。周汝昌曾"大胆假设"，曹雪芹出生在苏州："由于某种特殊缘故，雪芹的母亲正赶在苏州至亲李家而生下雪芹来，亦未可知……我不敢说绝对没有这一可能性。"[1] 崔川荣《曹雪芹生于苏州之我见——重读〈曹家档案史料〉有感》一文则"小心求证"，从《曹家档案史料》所刊曹頫、李煦等的奏折中考证出曹雪芹的出生地是在苏州。[2] 退一步说，即便曹雪芹本

---

[1] 周汝昌《曹雪芹小传》第 338 页，百花文艺出版社 1980 年版。

[2] 崔川荣《曹雪芹生于苏州之我见——重读〈曹家档案史料〉有感》，《铜仁师范高等专科学校学报》(综合版) 2003 年第 2 期。

人不是出生在苏州或者未曾在苏州生活过，他的家族与苏州渊源深厚则毋庸置疑，对于苏州的物产、风土、人情，他应该不会陌生。《红楼梦》中的细节显示，曹雪芹熟稔苏州特产，姑举一例。第六十七回《见土仪颦卿思故里，闻秘事凤姐讯家童》，薛蟠从南方带来了苏州土仪，其中有产自虎丘的"自行人"，林黛玉睹物思乡。《桐桥倚棹录》卷十"市廛"有"自走洋人"："自走洋人，机轴如自鸣钟，不过一发条为关键，其店俱在山塘。"曹雪芹创作《红楼梦》时身在北方，可神思飞越，南方生活经验频萦心怀、屡见笔端，苏州桂花当为其一。

上文提到，林黛玉原籍苏州。《红楼梦》中还有一女子也是出生于苏州，那就是香菱，她原名甄英莲。第一回《甄士隐梦幻识通灵，贾雨村风尘怀闺秀》："当日地陷东南，这东南一隅有处曰姑苏，有城曰阊门者，最是红尘中一二等富贵风流之地。"甄士隐居住于阊门之外，年已半百，膝下只有一女英莲；英莲在元宵节观灯时被拐走，从此离开故乡。第五回"金陵十二钗"副册，香菱判词：

> 画着一枝桂花，下面有一池沼，其中水涸泥干，莲枯藕败，
> 后面书云：根并荷花一茎香，平生遭际实堪伤。自从两地生
> 孤木，致使香魂返故乡。

"自从两地生孤木"采用拆字法，即"桂"，判词预示着香菱的最终结局是被夏金桂折磨致死。"香魂返故乡"是去世之曲说，而"桂"恰恰是香菱"故乡"苏州的"市花"①、标志。香菱幼龄离乡，兜兜转转，最后遭遇"金桂"，正是宿命。

"桂花夏家"的原型应该是在南方，苏州的可能性极大。但是文学创作与现实生活并非"一一映射"的关系，而是现实生活经验的综合、

---

① "市花"是现代的产物与说法，苏州的市花确定为桂花，实为渊源有自。

杂糅。南方有三座城市，即南京、扬州、苏州，与曹雪芹及曹氏家族有着深厚的关系，这在《红楼梦》中多有显现，"红学"研究成果也颇多，兹不赘述。扬州、南京的"桂事"也颇盛。清代钱陆灿《秦淮竹枝词》："满城秋意桂花开，卖遍河房不用栽。五百舍人今不见，拣花打饼阿谁来？"小注："前朝桂花开时，有拣花舍人五百名。"从"满城"可以看出，南京的桂花分布极为广泛；从"五百"来看，宫廷捡拾桂花人员之多、桂花用量之大。扬州的桂花栽植也普遍、桂花制品也多样。我们仅以《扬州画舫录》为例，卷八："（影园）岩上植桂"、卷十有"桂花书屋"、卷十四有"桂屿"、卷十五有"桂坪""青桂山房""桂露山房"、卷十六："（平山堂）门内植老桂百余株。"扬州也有"桂花节"，卷十一："画舫有市有会，春为梅花、桃花二市，夏为牡丹、芍药、荷花三市，秋为桂花、芙蓉二市。"扬州的桂花制品种类之多与苏州相比，不遑多让，卷十二云：

> 轩前有丛桂……是地桂花极盛，花时园丁结花市，每夜地上落子盈尺，以彩线穿成，谓之桂球；以子熬膏，味尖气恶，谓之桂油；夏初取蜂蜜，不露风雨，合煎十二时，火候细熟，食之清馥甘美，谓之桂膏；贮酒瓶中，待饭熟时稍蒸之，即神仙酒造法，谓之桂酒；夜深人定，溪水初沉，子落如茵，浮于水面，以竹筒吸取池底水，贮土缶中，谓之桂水。

结　语

本文梳理了《红楼梦》的桂花典故、桂花制品、赏桂活动，既可以"具体而微"地去了解中国的桂花文化，也有助于认识《红楼梦》所处时代的社会生活、审美风尚。更重要的是，通过精研、细读《红楼梦》中的桂花，我们可以"于细微处见精神"，破译曹雪芹创作时的"密码"，如《红楼梦》与南方文化的关系、曹雪芹与苏州的关系、香菱的命运隐喻等。

（原载《阅江学刊》2016 年第 1 期，此处有补订。）

《红楼梦》中的"芭蕉"考索

芭蕉多产于亚热带地区,绿叶扶疏,是著名的观叶植物。芭蕉的叶、花、姿态具有丰富的物色美感;芭蕉可以引发文人凄苦愁怨、清雅闲适、佛性禅性等情感、情趣①。《红楼梦》中有植物形态的芭蕉,也有与芭蕉有关的典故、名物。本文拟探讨《红楼梦》中芭蕉的栽种方式、意象内涵,兼及芭蕉典故与名物。

图 12　芭蕉。(网友提供)

---

① 徐波、王永波《论中国古代文学中的芭蕉意象》,《阅江学刊》2011 年第 1 期。

《红楼梦》中的"芭蕉坞"之名可能受到蕉园的影响。曹雪芹的祖父曹寅曾经僦居于蕉园附近；他喜爱芭蕉，在旧居有栽种。潇湘馆、怡红院、秋爽斋三处均栽种有芭蕉。芭蕉常常与竹子、梧桐组合，也常常与石头配置。大观园中的芭蕉体现了古人对于芭蕉的审美认识，契合于居所主人的性格。《红楼梦》中的芭蕉典故亦有三处，这对于认识曹雪芹的艺术渊源、友朋切磋以及《红楼梦》的主题内涵也有帮助。《红楼梦》中的芭蕉名物有三种，这对于认识当时的社会风尚亦有一定意义。

一、芭蕉景物

芭蕉是《红楼梦》中最先出场的植物之一，第一回《甄士隐梦幻识通灵，贾雨村风尘怀闺秀》："士隐大叫一声，定睛一看，只见烈日炎炎，芭蕉冉冉，所梦之事便忘了大半。""冉冉"采用叠字状写芭蕉叶阔大舒展之貌。芭蕉是大观园中比较常见的一种植物，既有"专区"，也有散栽；曹雪芹对芭蕉可能别有心期。

（一）芭蕉坞

大观园中有成片的芭蕉，第十七—十八回《大观园试才题对额，荣国府归省庆元宵》："入蔷薇院，出芭蕉坞。"蔷薇是园林中的常见花卉，明清典籍中关于蔷薇景点的记载所在多是；芭蕉虽然不算"冷门"，可是专以芭蕉命名的景点却非常稀少。笔者认为，"芭蕉坞"之设置可能受到"蕉园"之名的影响，曹雪芹祖父曹寅的旧居位于蕉园附近。曹寅本人也喜爱芭蕉，在旧居窗前栽有芭蕉，营造清幽之境、自得其乐。《红楼梦》中的芭蕉坞可能寄托了曹雪芹对于故宅、祖父的情愫。

曹寅《楝亭诗别集》卷一有《种蕉》，诗云：

晨兴课僮仆，移蕉自南林。栽培得疏雨，清响如不禁。

主人何所为，散发开胸襟。静玩绿叶展，不知庭户深。

胡绍棠对于这一首诗的"题解"为："此诗为曹寅在京为侍卫时作，当时其家住在中南海蕉园附近。"[①]曹寅的京城故居中有以"蕉庵"命名的书房或建筑，田家英的"小莽苍苍斋"所收集的书画作品中，有曹寅书写的条幅，末尾自署："冲谷寄诗，索《拥臂图》，嘉余解天竺书。奉和旧作。已巳孟夏蕉庵纳凉，承教属书并求斧正。"[②]

胡文彬在《末路相看有敝庐——从"贡院"到崇文门外十七间半》一文中认为，曹寅担任侍卫时，僦居于"紫禁城西筒子河的西边，中海蕉园附近、广储司一带"。[③]蕉园是中海的一处重要景点，《钦定日下旧闻》、乾隆《御制诗集》等清代文献中

图13　［清］曹寅书法。（现藏故宫博物院）

多次出现，却未见有芭蕉种植的记载。明代廖道南《乙未讲官扈游西苑纪胜十一章》之《芭蕉园》有"旖旎芭蕉树，缤纷满御园……绿借

① ［清］曹寅著、胡绍棠笺注《楝亭集笺注》第386页，北京图书馆出版社2007年版。

② ［清］曹寅著、胡绍棠笺注《楝亭集笺注》第58页。

③ 胡文彬《红楼梦与北京》第78页，陕西人民出版社2008年版。

芙蕖润，青交薜荔翻"的诗句①，描写芭蕉的色泽、姿态；廖道南主要生活于嘉靖年间，曾为明世宗作《楚纪》六十卷。结合同一组诗的《涵碧亭》《临漪亭》等作品来看，廖道南应该是得之于目验。可是大致同时代的马汝骥描述却不同，认为"芭蕉园"是"徒有虚名"，不知何故；《芭蕉园》诗序："有亭八面，内外皆水，云'钓鱼台'。殿前有牡丹数十株，园名芭蕉，岂昔有而今独存其名耶？"②有一种可能就是，嘉靖初年芭蕉园中尚有芭蕉；廖道南犹及见之，马汝骥则未之见。

或许有读者会质疑，芭蕉是典型的亚热带植物，北京能否生长？邓云乡先生结合自己的生活经验，给出了肯定的回答："北京过去东西庙各厂中，养芭蕉的不知有多少。"③北京种植芭蕉的文献记载更是不乏其例，我们仅看一例，《御制诗集》三集卷五十六《夜雨》："芭蕉惜未植。"句下有小注："北方寒，夏月始移芭蕉于庭院间。"芭蕉多采用分株繁殖，南方多在春天分株；北方则因为气候原因延宕至夏月，但也由此可证北方并非不能生长芭蕉。大观园"芭蕉坞"这一处景点的名称有可能受到皇家园林中"蕉园"之名的影响。我们看一例旁证。邓云乡先生认为："曹雪芹写大观园，必然要设计一座'稻香村'，这是皇家体制，非写不可。"④他引了圆明园"多稼如云"的农村风景设计为证。中海中即有稻田，《康熙几暇格物篇》云："丰泽园中有水田数区。"康熙亲自视察田间，发现了红色稻种，并且悉心育种、培植，下旨推广。《红楼梦》中的"红稻米"可能就是产自丰泽园的"御稻

---

① ［明］廖道南《楚纪》卷五十六，明嘉靖二十五年何城李桂刻本。
② ［明］马汝骥《西玄诗集》，明嘉靖年间刻本。
③ 邓云乡《红楼识小录》第262页，河北教育出版社2009年版。
④ 邓云乡《红楼梦风俗谭》第489页，河北教育出版社2009年版。

米"①。芭蕉坞、稻香村的设置或许均受到中海景点蕉园、丰泽园的启发；蕉园有"芭蕉"之名、无"芭蕉"之实，丰泽园则是有"稻香"之实、而无"稻香"之名。

曹寅对京城居所的芭蕉充满感情，《楝亭诗别集》卷二《微雨窗蕉绿甚漫成二首》：

> 一日不闻车毂响，世间何物绿如蕉。

> 万卉看来红尽假，离披大叶好遮身。

《楝亭诗钞》卷二《和芷园消夏十首·蕉窗》云：

> 昔年筑室类吴舲，曾有微言托绿蕉。

中国古人常在窗前种植芭蕉，芭蕉绿色映照于窗纱之上，如计成《园冶》"相地"："窗虚蕉影玲珑，岩曲松根盘礴"；文震亨《长物志》卷二"花木"："(芭蕉) 绿窗分映，但取短者为佳，盖高则叶为风所碎耳。"笔者在"中国基本古籍库"中以"蕉窗"为检索项，共有 516 个结果。曹寅诗歌中关于"窗蕉""蕉窗"的描写符合古人的栽种习惯。

曹寅在《蕉窗》诗中自言，他曾经借"绿蕉"寄托"微言"；"万卉看来红尽假"应该就是"微言"之一。"万卉看来红尽假"的措辞与思想不免让我们产生《红楼梦》与贾府、"空空""假语"、"千红""万艳"等联想。《楝亭诗钞》卷七《题徐文长墨芭蕉图》："男儿蓻名究何用，云山一角空奇邪"；"蓻"同"艺"，种植的意思，"蓻名"，博取功名。这一首题画诗中的"空"幻思想与《蕉窗》诗也是相似。或许，曹寅的"万卉看来红尽假"已经埋下了一粒种子，而在曹雪芹的《红楼梦》中生根发芽。若是如此，曹雪芹设计在大观园中多处栽种芭蕉就是"伤

---

① 详参陈诏《红楼梦小考》第 216 页"玉田胭脂米、红稻米粥"条，上海书店出版社 1999 年版。

心人别有怀抱"了。

（二）潇湘馆 · 怡红院 · 秋爽斋

图 14 ［清］蔡嘉《蕉窗
夜语图》。（现藏故宫博物院）

除了芭蕉坞之外，大观园中的芭蕉还散栽于潇湘馆、怡红院、秋爽斋三处；芭蕉的栽种方式、景物组合体现了中国古人对于芭蕉的审美认识，也切合居所主人的性格。

忽抬头看见前面一带粉垣，里面数楹修舍，有千百竿翠竹遮映……从里间房内又得一小门，出去则是后院，有大株梨花兼着芭蕉。

这里后来命名为"潇湘馆"。潇湘馆中竹子为主、芭蕉为宾。竹子与芭蕉均有清韵，张潮《幽梦影》云："蕉与竹令人韵。"不过，历来未免厚竹薄蕉，李渔在《闲情偶寄》中为芭蕉争取"平等权"，"种植部 · 众卉第四"：

幽斋但有隙地，即宜种蕉。蕉能韵人而免于俗，与竹同功，王子猷偏厚此君，未免挂一漏一。蕉之易栽，十倍于竹，一二月即可成荫。坐其下者，男女皆入画图，且能使台榭轩窗尽染碧色，"绿天"之号，洵不诬也。

64

潇湘馆景物清幽、林黛玉品格脱俗，这有得于竹子与芭蕉的"双清"组合①。

> 院中点衬几块山石，一边种着数本芭蕉，那一边乃是一棵西府海棠，其势若伞，丝垂翠缕，葩吐丹砂……宝玉道："此处蕉棠两植，其意暗蓄'红''绿'二字在内。若只说蕉，则棠无着落；若只说棠，蕉亦无着落。固有蕉无棠不可，有棠无蕉更不可。"……贾政道："依你如何？"宝玉道："依我，题'红香绿玉'四字，方两全其妙。"

图 15　[明]吕纪《蕉岩鹤立图》。（现藏故宫博物院）

这里后来命名为"怡红院"。怡红院中的芭蕉是种于山石之旁，宝玉所作《怡红快绿》诗即有"倚石护青烟"之句；这在后文中还有呼应，第二十六回《蜂腰桥设言传心事，潇湘馆春困发幽情》：

> 这里贾芸随着坠儿，逶迤来至怡红院中……贾芸看时，只见院内略略有几点山石，种着芭蕉。

---

① 《红楼梦》第四十五回《金兰契互剖金兰语，风雨夕闷制风雨词》："（黛玉）又听见窗外竹梢焦叶之上，雨声渐沥，清寒透幕，不觉又滴下泪来。"笔者怀疑，这里的"焦叶"是传抄中的讹误，当作"蕉叶"。"芭蕉雨声"是中国古代文学中的一个常见意象，可以参考徐波《论中国古代文学中的"雨打芭蕉"意象》，《南京师范大学文学院学报》2011 年第 3 期。

芭蕉与石头映衬，这是中国古代园林中常见的布景方式。明代高濂《遵生八笺》"起居安乐笺"上卷即云："蕉傍立石，非他树可比。此须择非常之石，方惬心赏。"芭蕉叶大婀娜、迎风舒展，石头质地坚硬、岿然不动。芭蕉色泽碧绿，乃"秀容"；石头则一般灰褐、灰白，乃"苍颜"。两者组合造景一柔一刚、一动一静、一嫩一老，相济相生。当然，园林庭院中用于置景的石头是有讲究的，不是徒具体积的"笨石"，而是如高濂所说的"非常之石"，太湖石比较常用。太湖石是地质时期的石灰石在酸性红壤的历久侵蚀下而形成的，具有"皱、漏、瘦、透"之美，有很高的观赏价值。

明清诗文中，关于石或太湖石与芭蕉组合的记载甚多，我们看诗例：

丛蕉倚孤石，绿映闲庭宇。（《广群芳谱》卷八十九引用高启《题芭蕉》）

看太湖石畔，疏雨芭蕉。（文征仲《水龙吟》"题情"①）

池中宜菡萏，还须石畔种芭蕉。（冯景《春日同吴中山嵩沈雷臣数饮赵公子，闲闲轩时新筑成，杂咏六首》其五②）

古代园林中以蕉、石命名的建筑、景点颇多，如《石仓历代诗选》"明诗次集"卷一百三十四《蕉石轩》："太湖石畔种芭蕉，色映轩窗碧雾摇。"曹雪芹的朋友敦诚的族兄即筑有"蕉石庵"，《四松堂集》卷一《集蕉石庵赏花饮酒次韵》："松间曲径扫残红，同送春归蕉石东。"从这条材料也可以看出，清代初年北京文人有种植芭蕉之雅习。明清绘画中以蕉、石为题材者亦甚多，明代凌云翰有《蕉石图》题画诗、③明代刘溥有《湖

---

① ［明］钱允治编《国朝诗余》卷五，明万历四十二年刻本。
② ［清］冯景《解春集诗文钞》诗钞卷三，清乾隆卢氏刻抱经堂本。
③ ［明］凌云翰《柘轩集》卷一，清代武林往哲遗著本。

石芭蕉画》题画诗。[①]

怡红院中海棠、芭蕉红绿映衬，有"怡红快绿"之妙；李斗《扬州画舫录》卷八"城西录"有一处私家园林"影园"，其中的花木配置与大观园颇多相似，如："窗外大石数块，芭蕉三四本，娑罗树一株，以鹅卵石布地，石隙皆海棠。"敦诚的诗中也有蕉、棠同植的记载，《四松堂集》卷三《宜闲堂记》："壬午春，构小室于四松之南。榆柳荫其阳，蕉棠芳其阴。"

芭蕉也是秋爽斋的景观植物之一，《红楼梦》第三十七回《秋爽斋偶结海棠社，蘅芜苑夜拟菊花题》：

> 宝玉道："居士、主人到底不恰，且又累赘。这里梧桐芭蕉尽有，或指梧桐芭蕉起个倒好。"探春笑道："有了，我最喜芭蕉，就称'蕉下客'罢。"

梧桐和芭蕉都是颜色青翠，有着潇洒之姿、出尘之韵。如果效仿松竹梅"岁寒三友"之例，梧桐、竹子、芭蕉也堪称"三友"，三者都是通体碧绿；古代园林中，三者之间的组合很常见[②]。我们看"蕉桐"之例，余怀《三吴游览志》："蕉桐聚绿，输于一庵。"[③]明代的计成《园冶》"借景"亦云："南轩寄傲，北牖虚阴；半窗碧隐蕉桐，环堵翠延萝薜。"古人常以蕉桐命名书屋、或以之为艺术创作题材，如鲁之裕《跋蕉桐书屋诗》[④]、曹寅《题陈体斋太守蕉桐涤砚图》。一般来说，梧桐

---

① 〔明〕刘溥《草窗集》卷下，明成化十六年刘氏刻本。
② 笔者有专文论述梧桐与竹子之间的关系，参看《碧梧翠竹，以类相从——桐竹关系考论》，《北京林业大学学报》（社会科学版）2011年第3期。
③ 余怀《板桥杂记》（外一种）第123页，上海古籍出版社2000年版。这里的"输"是输送的意思，其用法和王安石《北山》"北山输绿涨横陂"之"输"相同。
④ 〔清〕鲁之裕《式馨堂诗文集》"文集"卷十一，清康熙乾隆间刻本。

适合栽种于屋前，而竹子、芭蕉则适合栽种于后院；我们看《小窗幽记》中的记载：

> 卷九："芭蕉，近日则易枯，迎风则易破。小院背阴，半掩竹窗，分外青翠。"

> 卷六："凡静室，须前栽碧梧，后种翠竹，前檐放步，北用暗窗，春冬闭之，以避风雨。夏秋可开，以通凉爽。然碧梧之趣，春冬落叶，以舒负暄融和之乐，夏秋交荫，以蔽炎烁蒸烈之气，四时得宜，莫此为胜。"

前文提到的潇湘馆中的芭蕉就是种植在"后院"的。

芭蕉与梧桐有一个共同的特点：叶大；①唐代韩愈《山石》中有名句"芭蕉叶大栀子肥"。秋爽斋中梧桐、芭蕉的组合符合探春"阔朗"的性格。秋爽斋中的器具、陈设不类寻常闺阁，第四十回《史太君两宴大观园，金鸳鸯三宣牙牌令》：

> 探春素喜阔朗，这三间屋子并不曾隔断。当地放着一张花梨大理石大案……那一边设着斗大的一个汝窑花囊，插着满满的一囊水晶球儿的白菊。西墙上当中挂着一大幅米襄阳《烟雨图》……案上设着大鼎。左边紫檀架上放着一个大观窑的大盘，盘内盛着数十个娇黄玲珑大佛手。

这段文字中的"文眼"为"大"字；屋内与屋外风格统一。

---

① 笔者有专文论述桐叶，参看《桐叶意象考论》，《江苏教育学院学报》（社会科学版）2011年第3期。

二、芭蕉典故

《红楼梦》中除了芭蕉景点、景物之外，在吟诗作对、人物名号中尚数次运用了与芭蕉有关的典故，如"书成蕉叶文犹绿""绿蜡""蕉叶覆鹿"。解读这些典故对于认识曹雪芹的审美趣味、素材来源与《红楼梦》的主题思想等都不无裨益。

（一）"书成蕉叶文犹绿"

第十七至十八回《大观园试才题对额，荣国府归省庆元宵》，贾宝玉撰写的联语中有"吟成豆蔻才尤艳"之句，贾政笑道："这是套的'书成蕉叶文犹绿'，不足为奇。"

题叶是一种富有诗意的书写方式，由来已久。举凡叶形阔大者，无不成为诗人信手拈来的书写工具，如芭蕉叶、菖蒲叶、梧桐叶、荷叶、柿叶等；唐诗中关于芭蕉题诗的例子甚多，姑举一例，韦应物《闲居寄诸弟》："尽日高斋无一事，芭蕉叶上独题诗。"五代陶谷《清异录》记载了唐代草书大家怀素"蕉叶学书"的雅事："怀素居零陵，庵之东植芭蕉数亩，取蕉叶代纸学书。名所居曰'绿天庵'。"芭蕉叶的表面有一层蜡质，并不吸水或吸墨；怀素采取何种工艺去除蜡质，不得而知。当然，对于这种沿传的雅事我们也无需胶柱鼓瑟，否则即是"煞风景"。蕉叶是纸张诗意的替代品，李斗《扬州画舫录》卷十四"岗东录"："堂后小屋数折，屋旁地连后山，植蕉百余本，额曰'种纸山房'。"

李渔《闲情偶寄》则对蕉叶的题字功能相当推崇，"种植部·众卉第四"：

> 竹可镌诗，蕉可作字，皆文士近身之简牍。乃竹上止可一书，不能削去再刻；蕉叶则随书随换，可以日变数题。尚有时不烦自洗，雨师代拭者，此天授名笺，不当供怀素一人之用。予有题蕉绝句云："万花题遍示无私，费尽春来笔墨资。独喜芭蕉容我俭，自舒晴叶待题诗。"此芭蕉实录也。

李渔更是别具匠心，设计了蕉叶联，"居室部·联匾第四"：

> 蕉叶题诗，韵事也；状蕉叶为联，其事更韵。但可置于平坦贴服之处，壁间门上皆可用之，以之悬柱则不宜，阔大难掩故也。其法先画蕉叶一张于纸上，授木工以板为之，一样二扇，一正一反，即不雷同。后付漆工，令其满灰密布，以防碎裂。漆成后，始书联句，并画筋纹。蕉色宜绿，筋色宜黑，字则宜填石黄，始觉陆离可爱，他色皆不称也。用石黄乳金更妙，全用金字则太俗矣。此匾悬之粉壁，其色更显，可称"雪里芭蕉"。

"芭蕉联"是一种"象形"联，李渔详细介绍了芭蕉联的制作程序，叶、筋、字的颜色以及悬挂场所等。

"书成蕉叶文犹绿"是清代的习见联语，象征着文人风雅之举，全联为："书成蕉叶文犹绿，吟到梅花句亦香。"[1]清代的《品花宝鉴》中也出现了"书成蕉叶文犹绿"，第五十回《改戏文林春喜正谱，娶妓女魏聘才收场》：

> 文泽见……后面一带北窗墙子内，种四五棵芭蕉，叶上两面皆写满了字，有真有行，大小不一，问春喜道："这是你

---

[1] 杨曦《"书成蕉叶文犹绿"补注》，《红楼梦学刊》2014年第3期。

写的么？悬空着倒也难写。"春喜道："我想'书成蕉叶文犹绿'之句，自然这蕉叶可以写字。我若折了下来，那有这许多蕉叶呢？我写了这一面，又写那一面。写满了，又擦去了再写。横竖他也闲着。"

这段文字也可以看出《闲情偶寄》中"芭蕉"一段的痕迹。

（二）绿蜡

第十七至十八回《大观园试才题对额，荣国府归省庆元宵》，宝钗笑道："……唐钱翊咏芭蕉诗头一句：'冷烛无烟绿蜡干'，你都忘了不成？"在宝钗的提示之下，宝玉做成《怡红快绿》诗："深庭长日静，两两出婵娟。绿蜡春犹卷，红妆夜未眠……""绿蜡"之典出自唐代钱翊《未展芭蕉》，全诗为："冷烛无烟绿蜡干，芳心犹卷怯春寒。一缄书札藏何事，会被东风暗拆看。"

中国艺术研究院1982年校注本注释贾宝玉"绿蜡"一联："上句说春天蕉叶卷而未舒，犹如翠烛。"蔡义江《红楼梦诗词曲赋鉴赏》的注释与之基本相同。"绿蜡"二字颇为传神写照，"绿"是色彩，而"蜡"是光泽。

巧合的是，曹雪芹的诗友敦敏、敦诚在诗歌中均用过"绿蜡"之典。《懋斋诗钞·芭蕉》："绿蜡烟犹冷，芳心春未残。"敦诚《四松堂集·未放芭蕉》："七尺当轩绿蜡森。"[1]

（三）蕉叶覆鹿

第三十七回《秋爽斋偶结海棠社，蘅芜苑夜拟菊花题》，探春自称"蕉下客"。黛玉笑道："你们快牵了他去，炖了脯子吃酒。"众人不解。黛玉笑道："古人曾云'蕉叶覆鹿'。他自称'蕉下客'，可不是一只鹿了？

---

[1] 陈诏《红楼梦小考》第198页，上海书店出版社1999年版。

快做了鹿脯来。"

"蕉鹿"出自于《列子》卷三：

> 郑人有薪于野者，偶骇鹿，御而击之，毙之。恐人见之
> 也，遽而藏诸隍中，覆之以蕉。不胜其喜。俄而遗其所藏之处，
> 遂以为梦焉。顺涂而咏其事。傍人有闻者，用其言而取之。既归，
> 告其室人曰："向薪者梦得鹿而不知其处；吾今得之，彼直真
> 梦矣。"

不过，《列子》中的"蕉"应该不是芭蕉，而是通假"樵"，草芥、柴薪之意。[①]寓言的主人公是郑国樵夫，郑国不是芭蕉的产地，他用自己砍的柴随手覆盖在鹿上。蕉鹿之梦比喻梦境、现实的难以分辨，终为一场空。然而"久假不还"，后代遂"积非成是"地将"蕉"理解为芭蕉之蕉；所以林黛玉有此戏谑之语。

明清时期，蕉鹿是文学中常见的典故，明代陈继儒《小窗幽记》中就有两例："得失梦中蕉鹿，两脚空忙""梦中蕉鹿犹真，觉后莼鲈一幻"。明杂剧有《蕉鹿梦》，有名利富贵皆如梦、不应过分追逐的主题思想。有学者认为，《红楼梦》中的"蕉叶覆鹿"很有可能来源于明杂剧《蕉鹿梦》。[②]曹寅的《水调歌头》中亦有"蕉鹿"之典："几个鹿蕉生活，几个鸡虫得失，混了好林泉。休夸人物志，且作悟真篇。"作品中的梦幻、虚无思想和《红楼梦》中的《好了歌》颇为相近。

---

① 黄生《字诂义府》曰："'蕉''樵'古字通用。取薪曰樵,谓覆之以薪也。《庄子·人间世》：'死者以国量乎泽若蕉'，字与此同,谓死人骨如积薪也。今以'蕉'字为'芭蕉'用,而相如《子虚赋》但作'巴且'。"《经典释文》云："'蕉'与'樵'同。"

② 张珍《论〈红楼梦〉中的"蕉叶覆鹿"来源于明杂剧〈蕉鹿梦〉》,《红楼梦学刊》2015 年第 2 期。

三、芭蕉名物

如果说"芭蕉景物"是本文"内篇"、"芭蕉典故"是本文"外篇"的话，"芭蕉名物"则是本文的"杂篇"。《红楼梦》中与芭蕉相关的名物有三样，即芭蕉扇、蕉叶杯、蕉叶槅；但与前面提到的李渔创制的蕉叶联一样，这都是有取于蕉叶之"象"，并非真正的蕉叶制品。

（一）芭蕉扇

第三十四回《情中情因情感妹妹，错里错以错劝哥哥》："王夫人正坐在凉榻上摇着芭蕉扇子。"

这里的芭蕉扇其实是蒲葵扇。蒲葵产于中国南方，是常绿高大的乔木，叶大如扇。以蒲葵叶制扇应该起源甚早，方以智《通雅》卷四十四：

> 蒲葵为扇，从广中来。王导捉中宿令之蒲葵扇，俗呼芭
>
> 蕉扇，似其大叶耳。蒲葵与棕皆蕉本，而非一物。

这里的"王导"应该是错用谢安之典，后文还有提及。蒲葵、棕榈、芭蕉三种植物均是叶形阔大。按照现代植物分类学，蒲葵为棕榈科蒲葵属，棕榈为棕榈科棕榈属；而芭蕉则是芭蕉科芭蕉属。

广东新会是著名的"葵扇之乡"，清代苏州市肆已有葵扇贩卖，顾禄《桐桥倚棹录》卷六：

> 葵扇，俗呼"芭蕉扇"，山塘扇肆，多贩于粤东之客，其
>
> 叶产粤东新会城，乃葵叶，非蕉叶也。上等之葵叶，都贮诸

箱篚来吴，故谓之箱叶，粗者谓之包叶。以细白嫩叶无夹缝者为上选。

苏州的芭蕉扇"专卖店"集中在山塘，此外还有小贩沿街贩卖者，顾禄《清嘉录》卷八：

> 街坊叫卖……什物有蕉扇、苎巾、麻布、蒲鞋、草席、竹夫人、藤枕之类，沿门担供不绝。

芭蕉扇是苏州市民过夏的常用物品。

明代的《金瓶梅》中已有芭蕉扇,第二十九回《吴神仙冰鉴定终身,潘金莲兰汤邀午战》：

> 西门庆手拿芭蕉扇儿，信步闲游……春梅泮上梅汤，走来扶着椅儿，取过西门庆手中芭蕉扇儿替他打扇。

清代北京也流行芭蕉扇，得硕亭《草珠一串》：

> 三伏炎蒸暑气饶，如山朵朵火云烧。亏他行者偷来扇，个个芭蕉手上摇。"诗后小注:"如今此扇盛行,无贵无贱俱用。"

这首诗又见于李静山《增补都门杂咏》。[①]"无贵无贱"这四个字可以移注于王夫人所用的芭蕉扇。贾府的器具大多精良，芭蕉扇却是寻常市井用品；王夫人手摇芭蕉扇体现了居家生活的随意。

有意思的是，曹寅亦有葵扇题材作品，《楝亭诗钞》卷二《和芷园消夏十首·葵扇》：

> 束带那容不受尘，放衙天许作闲身。老槐门巷风犹昔，来捉蒲葵得几人。

在官衙之中必须正冠"束带"、注意官仪，而"放衙"之后则不妨

---

① ［清］杨米人等著、路工编选《清代北京竹枝词》（十三种）第54、100页，北京古籍出版社1982年版。

闲散。这里的"捉"应该是用谢安之典，《晋书》卷七十九《谢安传》：

> 安少有盛名，时多爱慕。乡人有罢中宿县者，还诣安。
>
> 安问其归资，答曰："有蒲葵扇五万。"安乃取其中者捉之，
>
> 京师士庶竞市，价增数倍。

谢安是魏晋风度的代表人物，其日常用品也成为效仿对象。曹寅手摇蒲葵、心驰魏晋，颇为惬意。

（二）蕉叶杯

第三十八回《林潇湘魁夺菊花诗，薛蘅芜讽和螃蟹咏》："黛玉放下钓竿，走至座间，拿起那乌银梅花自斟壶来，拣了一个小小的海棠冻石蕉叶杯。"林黛玉体弱量浅，所以选择了小小的"蕉叶杯"。

《〈红楼梦〉中的酒具与酒文化》一文对"海棠冻石蕉叶杯"的形状、质地、容积、颜色有着比较详细的描述：

> 海棠，指酒杯的式样形如四瓣状的海棠花；冻石，是一
>
> 种半透明的石料，晶莹润泽，透明如冻……蕉叶杯，古代的
>
> 一种杯子，形似蕉叶，常常饰之以金，又名金蕉。[①]

不过，《红楼梦》中有真古董、假古董，[②]"假作真时真亦假"；这里的"蕉叶杯"是真是假，暂难判断。

蕉叶杯或金蕉叶可能起源于唐代，但其流行应该是在宋代。柳永《金蕉叶》："金蕉叶泛金波齐"，金蕉叶据传是李适之的酒器；唐代冯贽《云仙杂记》记载了"酒器九品"：

> 李适之有酒器九品：蓬莱盏、海川螺、舞仙盏、瓠子卮、
>
> 慢卷荷、金蕉叶、玉蟾儿、醉刘伶、东溟样。

[①] 林莉、付磊、黄莉《〈红楼梦〉中的酒具与酒文化》，《酿酒科技》2012年12期。

[②] 邓云乡《红楼梦风俗谭》第425页"假古董"、第427页"真古董"，河北教育出版社2004年版。

薛瑞生《乐章集校注》援引郑獬《觥记注》，与《云仙杂记》大同小异：

李适之《七品》曰蓬莱盛、海山螺、舞仙螺、匏子卮、慢卷荷、金蕉叶、玉蟾儿，皆因象为名。[①]

李适之是唐朝宗室、宰相，是著名的"饮中八仙"之一，杜甫《饮中八仙歌》："左相日兴费万钱，饮如长鲸吸百川，衔杯乐圣称避贤。"无论是"九品"或者"七品"，"金蕉叶"都是其中之一；但是检索《全唐诗》，却无"蕉叶杯"或"金蕉叶"之酒器，可见唐代这一酒器名并不常见。宋代窦苹《酒谱》表述平允：

今世豪饮，多以蕉叶、梨花相强，未知出于谁氏。[②]

既然说"今世"，可见其流行乃是在宋代，"梨花"是和蕉叶杯并称的小酒器；又云"未知出于谁氏"，亦可见未必就是肇始于李适之。

宋代诗词中，蕉叶杯或金蕉叶很常见，如张良臣《采桑子》"佳人满劝金蕉叶"、无名氏《贺新郎》"指点金蕉叶。倩双成、十分为注，九天琼液"。蕉叶杯是一种小杯子，明代彭大翼《山堂肆考》卷一百八十三"蕉叶杯"：

苏东坡曰："吾兄子明饮酒三蕉叶，吾少时望见酒杯而醉，至今亦能饮三蕉叶矣。"

苏轼与陶渊明一样，"饮少辄醉"；"三蕉叶"是很浅的量。曹寅《楝亭词钞》中也有蕉叶杯之典，《古倾杯》："蕉叶微酣。"

我们再看一例蕉叶杯。《遵生八笺》卷八：

湖州东林沈东老能酿十八仙白酒，一日有客自号"回道人"，长揖于门曰："知公白酒新熟，远来相访，愿求一醉……"

① 薛瑞生《乐章集校注》第 56 页，中华书局 1994 年版。
② 薛瑞生《乐章集校注》第 56 页，中华书局 1994 年版。

因出酒器十数于席间曰："闻道人善饮，欲以鼎先为寿，如何？"

公曰："饮器中钟鼎为大，屈卮、螺杯次之，梨花、蕉叶最小。

请戒侍者次第速斟，当为公自小至大以饮之。"笑曰："有如

顾恺之食蔗，渐入佳境也。"

这是用"套杯"喝酒，从小杯喝到大杯。这段另人发噱的对话让人不免让人联想起王熙凤开涮刘姥姥一段。第四十一回《栊翠庵茶品梅花雪，怡红院劫遇母蝗虫》：

凤姐乃命丰儿："到前面里间屋，书架子上有十个竹根套

杯取来。"……刘姥姥一看，又惊又喜：惊的是一连十个挨次

大小分下来……凤姐儿笑道："这个杯没有喝一个的理。我们

家因没有这大量的，所以没人敢使他。姥姥既要，好容易寻

了出来，必定要挨次吃一遍才使得。"

蕉叶杯可能是蕉叶形状的杯子，但也可能是有蕉叶纹的杯子；蕉叶纹起源于宋代，明清瓷器中很常见："瓷器上的蕉叶纹始见于宋代，故宫博物院收藏的宋定窑白釉刻花梅瓶，下腹装饰一周写实性很强的双层蕉叶纹。"[①]

（三）蕉叶槅

蕉叶是古代建筑中常见的装饰图案，前面提到的李渔创制的"蕉叶联"即是一种。"槅"又称槅扇，带有格眼，古代建筑中房屋之间的隔板，其形制有点类似于今天的落地窗。"槅"也常常象形蕉叶。《大观园试才题对额，荣国府归省庆元宵》：

原来四面皆是雕空玲珑木板，或"流云百蝠"，或"岁寒

三友"，或山水人物，或翎毛花卉，或集锦，或博古，或万福

---

① 穆青《元明青花瓷器边饰研究》，《文物春秋》1994 年第 4 期。

万寿各种花样，皆是名手雕镂，五彩销金嵌宝的。一槅一槅，或有贮书处，或有设鼎处，或安置笔砚处，或供花设瓶，安放盆景处。其槅各式各样，或天圆地方，或葵花蕉叶，或连环半璧。真是花团锦簇，剔透玲珑。

清末民初的《孽海花》中也出现了"蕉叶窗"，可以和《红楼梦》中的"蕉叶槅"差堪印证，第七回《宝玉明珠弹章成艳史，红牙檀板画舫识花魁》：

看着那船很宽敞，一个中舱，方方一丈来大，两面短栏，一排六扇玻璃蕉叶窗，炕床桌椅，铺设得很为整齐洁净，里面三个房舱。

结　语

本文探讨了《红楼梦》中的芭蕉景物、芭蕉典故、芭蕉名物；芭蕉"其物虽小"，我们却可"以小见大"。《红楼梦》中的芭蕉坞可能受到蕉园之名的启发，寄托了曹雪芹对于故宅、祖父的情愫；曹寅的"万物看来红尽假"亦可能影响了《红楼梦》的主题。《红楼梦》中的芭蕉栽种方式、景物配组体现了古人的审美认识，亦有助于烘托、塑造人物形象。从芭蕉典故的运用我们则可看出：曹雪芹的植物观念和李渔颇多相似之处；曹雪芹和诗友不约而同使用了同样的语言材料；"蕉鹿"之梦则与《红楼梦》之梦有相通之处。芭蕉名物对于我们认识清代的社会生活、曹雪芹的艺术渊源、《红楼梦》的艺术特点均具有一定的价值。

（原载《红楼梦学刊》2016 年第 3 期，此处有补订。）

《红楼梦》中的"通草"考释

　　《红楼梦》中除了活色生香的各类"真花"之外，尚有人工制造、惟妙惟肖的"假花"，也就是古人所说的"像生花"。像生花的取材非常丰富，如纸张、缣帛等；①《红楼梦》第七回《送宫花贾琏戏熙凤，宴宁府宝玉会秦钟》，薛姨妈道："这是宫里头的新鲜样法，拿纱堆的花儿十二支。"这里的"纱堆的花儿"就是像生花。第十七至十八回《大观园试才题对额，荣国府归省庆元宵》，为了迎接贵妃省亲，贾府刻意经营，巧夺天工、"偷春"有术：

　　　　上面柳杏诸树虽无花叶，然皆用通草绸绫纸绢依势作成，
粘于枝上的，每一株悬灯数盏。

　　这里的"通草"是古人制造像生花的另一种常用材质。

　　通草花大约起源于唐代，流行于宋代，清代达到极盛。清代有三个通草花制作中心：苏州、扬州、北京；曹雪芹与这三地均有密切的关系。《红楼梦》中出现"通草"并非偶然，这是当时的社会习俗与曹雪芹个人的生活经历共同的投射。此外,19世纪的广州还兴起了通草画，这是通草的另一用途；通草画反映了19世纪广州社会生活的方方面面。本文即围绕上述问题展开。

---

① 陆锡兴《像生花与簪花、供花》,《南方文物》2011年第4期。

一、通草花的起源：唐代

通草又名通脱木，为五加科植物，灌木或小乔木，主要分布于长江以南各省区。通脱木的茎髓卷削成片可以入药，临床用药名为"通草"；通草花所采用的通草片材料，是将通草的内茎趁湿时取出，截成段，理直晒干，切成纸片状。通草质地柔软，细腻洁白，纹路清晰，富有韧性，具有极强的可塑性。

通草花的确切起源无法断定；最起码在唐代，女子就已经以通草为饰物。《广群芳谱》卷九十三"通脱木"条引用陈藏器之言：

> 通脱木生山侧，叶似蓖麻。其茎空心，中有白瓢，轻白可爱，女人取以饰物。俗名通草。

陈藏器是唐代药物学家，主要生活于唐玄宗时期，著有《本草拾遗》；这段文字描述了通草的习性、叶形、茎干、异名、用途等。"取以饰物"是通草的附属价值，其主要价值乃是药用。晚唐段成式《酉阳杂俎》卷十九有类似的记载：

> 通脱木……心空，中有瓢，轻白可爱，女工取以饰物。

通草饰品最大的两个特点，一为"轻"，二为"白"。

五代时期的马缟《中华古今注》卷中"冠子朵子扇子"将通草花追溯至秦代："冠子者，秦始皇之制也。令三妃九嫔当暑戴芙蓉冠子，以碧罗为之，插五色通草苏朵子，披浅黄丛罗衫……"然而这只是马缟"一家之言"，尚无其他佐证；这里所提到的通草饰品是"五色"，是经过染色处理的。此外，尚有晋惠帝宫人、陈后主贵妃插戴通草饰品的记载，但这些都是后世传闻，而非当时实录；接近"小说家言"，不可尽信。①

二、通草花的流行：宋代

五代以迄两宋，通草饰品渐渐风行。南宋罗愿《尔雅翼》卷七云：

（通脱木）茎中有瓢，轻白可爱，女工取以饰物。按：此物为饰不知起自何世。汉王符《潜夫论》固已讥花采之费；至梁宗懔记荆楚之俗，四月八日有染绢为芙蓉、捻蜡为菱藕，亦未有用此物者。今通行于世矣。

这段文字抄述了《本草拾遗》《酉阳杂俎》的记载。罗愿的按语比较平允务实，颇有价值。通草饰品在汉魏六朝的典籍中无可稽考；唐代笔记、医书中才开始有通草饰品的记载，但无具体例证。五代时期，马缟《中华古今注》则记录了后周时期宫中的装扮方式"花子"："至后周，又诏宫人帖五色云母花子，作碎妆，以侍宴。如供奉者，帖胜花子，作桃花妆，插通草朵子，著短袖衫子。"这是当时流行风尚的实录，可信度较高。宋代时期，通草制品渐多。

宋代的民俗活动中，通草应用广泛，如孟元老《东京梦华录》卷五"育子"："凡孕妇入月，于初一日，父母家以银盆或镜或彩画盆，盛粟秆一束，上以锦绣或生色帕覆盖之，上插花朵及通草帖罗五男二

---

① 《说郛》卷七十七下录唐代宇文氏《妆台记》："晋惠帝令宫人梳芙蓉髻，插通草五色花。"《说郛》卷六十六下录唐代冯贽《南部烟花记》："陈后主为张丽华造桂宫……丽华被素褂裳、梳凌云髻、插白通草苏朵子。"

女花样，用盘合装送馒头，谓之'分痛'"①；吴自牧《梦粱录》卷三："初五日，重午节……以菖蒲或通草雕刻天师驭虎像于中……"可见，宋代的通草制品不仅仅是饰品，还可以绘制、剪裁为人物肖像，甚至可以联缀、演绎故事。南宋时期，随着商品经济的繁荣、市民阶层的形成，"说话"这一新兴的艺术形式也开始在瓦肆之间流行；"说话"乃是"耳听为虚"，通草制品则使之变为具象，如周密《武林旧事》卷三："以通草罗帛雕饰为楼台故事之类，饰以珠翠，极其精致。"

当然，宋代通草制品中最常见的还是通草花，雅俗共赏；不仅流行于市井之间，而且应用于朝廷礼仪，吴自牧《梦粱录》卷九："遇圣节朝会，赐群臣通草花。"宋代男子尚有簪花的习俗，这一点多见于宋代诗词等文献。通草花"惠而不费"，北宋朝廷曾经颁布过诏书，制定"国家标准"、提倡节俭之德，这也促成了通草花的流行，王栐《燕翼诒谋录》卷二：

> 咸平、景德以后，粉饰太平，服用浸侈。不惟士大夫之家崇尚不已，市井闾里以华靡相胜，议者病之。大中祥符元年二月诏……诸般花用通草，不得用缯帛。

宋代应该已经出现了多种像生花，以至于苏东坡曾经以像生花为喻体，描摹自然花卉，《四花相似说》云："荼蘼花似通草花，桃花似蜡花，海棠花似绢花，罂粟花似纸花。"惠洪《冷斋夜话》卷五的记载稍有不同："东坡……又曰：'无物不可比类。如蜡花似石榴花、纸花似罂宿花、

---

① "五男二女"是宋代流行的吉祥图案；伊永文先生按语："'通草'为通脱树，其皮化纸，可粘贴纱罗上图案。"这条按语值得商榷，这里的"通草"应该不是通脱木树皮化制而成的纸张，而是通脱木内芯切削而成的薄片。[宋]孟元老撰、伊永文笺注《东京梦华录笺注》第504页，中华书局2006年版。

通草花似梨花、罗绢花似海棠花。'"①无论荼蘼花或是梨花，共同的特点是花色素白、花瓣轻薄；这符合通草的天然质地。

宋代已经出现了以制作通草花为业的手工业者，南宋洪迈《夷坚支志》癸集卷八《李大哥》："饶州天庆观后居民李小一，以制造通草花为业。"

三、通草花的极盛：清代

清代是通草花的极盛时期，见于各种小说、笔记、政书、稗史、诗文、正史的记载之中。小说往往能够再现当时的物质生活场景，吴敬梓《儒林外史》第二十一回《冒姓字小子求名，念亲戚老夫卧病》中出现了装饰用的通草花："到晚上，店里拿了一对长枝的红蜡烛点在房里，每枝上插了一朵通草花。"文康《儿女英雄传》第十五回、第三十八回中也多次出现了通草花。通草花是平民化的装饰，内宫之中也可见之，以示俭朴。《清史稿》卷二百十四："高宗孝贤纯皇后……平居以通草、绒花为饰，不御珠翠。"

吴敬梓为南方人、文康为北方人，清朝时期无论南北，通草花均通行。南方通草花的制作中心是苏州与扬州，北方通草花的制作中心是北京；南方中心先有，北方中心后起。

明末清初的周亮工《因树屋书影》卷五云：

> 予阅《古今注》："冠子者，秦始皇之制也。令三妃九嫔

---

① 明代顾起元与苏轼暗合，以绉纱花、绢花、通草花、蜡花、角花等像生花比喻自然真花，但又扩大了"阵营"，《客座赘语》卷三"评花"："玉兰花、栀子花、秋海棠花、百合花、玉簪花、西番莲花似通草花。"

当暑戴芙蓉冠子,插五色通草苏朵子"……乃知三吴通草花朵,
秦时已有。

周亮工考述了通草花的起源，结论失之于草率。这里的《古今注》
不是西晋崔豹的同名著作，而应该是五代马缟的《中华古今注》；马缟
在崔豹的基础之上踵事增华，这条材料见于马缟《中华古今注》，而不
见于崔豹《古今注》。不过周亮工的考述也可以从侧面说明，清代"三
吴"亦即苏州地区已经是通草花制作中心。李渔则对苏州的通草花制
作工艺、价格备加推崇，且为之鸣不平，更借通草花的遭遇以讽世;《闲
情偶寄》"声容部·冶服第三":

> 近日吴门所制像生花，穷精极巧，与树头摘下者无异，
> 纯用通草，每朵不过数文，可备月余之用。绒绢所制者，价
> 常倍之，反不若此物之精雅，又能肖真。而时人所好，偏在
> 彼而不在此，岂物不论美恶，止论贵贱乎？噫，相士用人者，
> 亦复如此，奚止于物！

苏州的像生花制作业聚集在山塘、虎丘一带；工人"流水作业"、
各有分工，提高了工作效率；产品则远销外地。顾禄《桐桥倚棹录》
卷十一云：

> 像生绒花，山塘亦一聚处，其店不下十余家，拈花作叶，
> 各有专工，散在虎丘附近一带并城中北寺、桃坞等处。多女
> 红为之，专做夹瓣、旋绒……等对花，并通草、蜡花。千筐
> 百筥，悉售于外府州县，尤多浙闽及江西诸省之客，郡人间
> 有过而问者。

扬州的通草等像生花制作则集中在辕门桥的坊肆，李斗《扬州画
舫录》卷四：

四边饰金玉沉香为罩，芝兰涂壁，菌屑藻井，上垂百花

苞蒂，皆辕门桥像生肆中所制通草花、绢蜡花、纸花之类，

象散花道场。

康熙二十五年，孔尚任在扬州为官，曾经创作《像生菊花歌》，盛
赞扬州的像生花："二月吴陵拉胜友，傍李随桃穿杨柳。绿来忽见盆中花，
簇簇新菊似重九。吹叶数蕊觇蒂茎，芳菲同时是耶否。沉吟久立讶天工，
绝艺庄生哂其后……庄生庄生果绝艺，颠倒花候窃天意。姑苏亦有像
生花，做花谁能做香气……""庄生"所制作的像生花不惟形似，更不
可思议的是居然有香味；扬州与姑苏同是像生花制作中心。曹雪芹的
祖父曹寅《楝亭诗钞》卷七《瓶中月季花戏题》其八，有小注："扬州
通草花酷肖。"

曹雪芹家族与扬州、苏州关系密切，这一点不烦赘述；他后来移
居北京，北京也是通草花制作中心。不过，北京通草花的制作应该是
后起的，极有可能是在康熙初年。曹寅《楝亭诗别集》卷二《子猷摘
诸葛菜感题二捷句》其二云：

长安近日多通草，处处真花似假花。

根据胡绍棠《楝亭集笺注》的题解，这两首诗乃是康熙二十四年
曹寅携家北归任内务府郎中后作。[①]所谓"近日"，时间距离应该不会
太远。北京的通草花等像生花制作业主要集中在崇文门外的花儿市：

袁枚《新齐谐》卷六《孝女》："京师崇文门外花儿市居民，
皆以制通草花为业，有幼女奉老父居，亦以制花生活。"

郝懿行《晒书堂外集》："闻长者言，京师通草花甲天下，

---

① ［清］曹寅著、胡绍棠笺注《楝亭集笺注》第 452 页，北京图书馆出版社
2007 年版。

花市之花又甲京师。每天欲曙，赴者熙攘……日间聆深巷卖

花声，轻扬而远闻。"

郝懿行的"花市"之说其实不确，北京话里的"儿"字有时不可简省。"花市"是泛称，凡卖花之集市皆可称为"花市"；"花儿市"则是特称，是有明确地理方位的地名。北京的通草花制作业在嘉庆、道光年间发展至极盛，骎骎然跃居于苏州之上。我们看清代"竹枝词"中的两则材料：

杨静亭《都门杂咏》"花儿市"："梅白桃红借草濡，

四时插鬓艳堪娱。人工只欠回香手，除却京师到处无。"

题下有小注："以通草为妇人头上之花，买卖者集于此，

故名。"①

学秋氏《续都门竹枝词》："剪将通草作芬芳，瓣瓣枝枝

簇合良。人巧天工浑不辨，卖来犹带手脂香。"②

北京的"花市"或"花儿市"常常见诸清代、民国的风土杂记，如沈太侔《春明采风志》：

花市，崇文门外，逢四有集，一切绫、绢、通草、蜡瓣、

纸花出此。

富察敦崇《燕京岁时记》：

花儿市在崇文门外以东。自正月起，凡初四、十四、

二十四皆有市。市皆日用之物。所谓花市者，乃妇女插戴之

纸花，非时花也。花有通草、绫绢、绰枝、摔头之类，颇能

---

① ［清］杨米人等著、路工编选《清代北京竹枝词》（十三种）第81页，北京古籍出版社1982年版。

② ［清］杨米人等著、路工编选《清代北京竹枝词》（十三种）第65页，北京古籍出版社1982年版。

混真。

曹雪芹应该是熟悉花儿市的。雍正六年,曹雪芹遭遇重大家庭变故,全家从南京移居北京,居住于"蒜市口十七间半"。[①]蒜市口在崇文门外,地处北京外城, 比较荒凉;蒜市口稍北的花儿市可算是崇文门外唯一的繁华所在。以情度之, 曹雪芹会徘徊于花儿市的市廛之间排遣冷清、失落的日子。

曹雪芹虽然未必在扬州、苏州生活过,但曹氏家族与这两座城市关系密切;扬州、苏州作为曹氏家族的历史与背景对曹雪芹影响深远。《红楼梦》中关于扬州、苏州的描写不止一处,这两处是南方通草花制作中心。北京是曹雪芹的栖居之地, 他终老于此;北京亦是通草花制作中心。《红楼梦》中出现通草绝非偶然。

图 16　通草花制品。图中诗句为"四海无同类,维扬一枝花"。图片来自"精英博客"。

---

① 《曹雪芹在北京的故居遗址已能确认为"蒜市口十七间半"》,"人民网"2003年9月5日。

四、通草花的嗣响与通草应用之新途

清代的舆地、方志关于通草出产的记载很多，这折射了通草花在清代的广泛应用；如文渊阁《四库全书》收录的《大清一统志》卷二百六十九"荆州府"、卷二百八十六"永顺府"。

特别有价值的是《大清一统志》卷二百八十六"永顺府"土产"通草"之后的小注："名通脱木，各县俱出，可为花又制成纸，可供书画。"前面论述的都是通草花，是用通草制作的工艺品；通草还可以作为纸的替代品，供书法、绘画之用。如此看来，中国纸和印刷史研究权威钱存训先生的判断就要打点折扣：

> 原始形状为薄片的天然材料如树叶及纸草（Cyperus papyrus 或称莎草），这类物质都曾被人类用于书写，但在中国却从未见采用。[1]

我们可以肯定的是，至迟在《大清一统志》撰定的乾隆年间，通草已经发展出了新的用途，即用作书画载体。不过，我们尚未看到这一时期以通草为载体的中国书法、中国水墨画的实物；我们今天所说的通草画是借鉴了西方绘画元素的水彩画。

通草画兴起于 19 世纪的广州，主要用于出口；广州是当时重要的通商口岸；题材以反映清末的社会生活场景和各种形色人物为主，诸如官员像、兵勇像、杂耍图、纺织图、演奏图等。作品造型生动，色

---

① 钱存训《中国纸和印刷文化史》第 37 页，广西师范大学出版社 2004 年版。

彩浓艳，人物刻画惟妙惟肖。通草画采用西方绘画原理，用以反映中国本土风情。在英国，通草纸画藏量可观的机构至少有十二个，大英图书馆、荷兰莱顿民俗博物馆、牛津大学博德利恩图书馆、塞西尔画廊、剑桥菲茨威廉博物馆、美国皮博迪·艾塞克斯博物馆、马德里民俗博物馆等都有丰富的收藏，有的多达二三百幅，所以有人形象地将通草画称之为"发往伦敦的明信片"。①通草画不易保存，而且随着照相机技术的发明应用，其传播东方风情的功能便被取代，通草画渐渐退出舞台。

图 17　通草画作品。图中反映的是清代晚期的女子生活。

图片来自"中华古玩网"。

① 《通草纸上画着老广州，再现广州百姓的市井生活》，《新快报》2001 年 9 月
30 日；沈嘉禄《通草画：发往伦敦的明信片》，《检察风云》2012 年第 6 期；
沈嘉禄《通草画——来自东方的古明信片》，《档案春秋》2012 年第 3 期；唐
北明《艺术奇葩——通草画》，《美术教育研究》2012 年第 7 期。

民国以后，随着西方工业、工艺的输入，传统手工制作、作坊生产的通草花产业之趋于衰败乃是势之必然。今天，各类"仿真花"亦即古人所说的"像生花"依然扮靓生活，但已经很难有通草花的一席之地。目前，扬州的通草花制作传承人只有两位，而且是全国仅有的两位；扬州通草花制作技艺也被列入了"江苏省非物质文化遗产名录"。①

结　语

本文梳理了通草花的发展历程，我们可以通过这样一个"名物"去认识中国古人的日常生活、日常审美。通草花已经退出了日常用品，但是其制作技艺却有历史、艺术价值，值得保护、留存。本文通过通草花的论述，可以从一个小的角度去认识地域文化、市井文化对曹雪芹《红楼梦》创作的影响；植物、名物往往能够"以小见大"，这或许可以为《红楼梦》与曹雪芹研究提供新的视角、思路。

① 王汉林《扬州通草花的传统制作工艺》，《广西民族大学学报》(哲学社会科学版) 2007 年第 6 期；顾浩、周军《扬州民间通草花艺术田野调查》，《艺术百家》2008 年第 1 期。

荷花意象和佛道关系的融合

荷花又名荷、莲、莲花，是中国文学中最常见的花卉意象之一，具有丰富的内涵。莲花是佛门圣物，具有"出淤泥而不染"的寓意；在道教中，荷花的地位也是鲜有出其右者，充满了祥瑞色彩。

印度佛教是着重探求解脱人生苦难的宗教，其基本的理论模式是：此岸——渡达——彼岸。"此岸"即现世，是苦海；"彼岸"即来世，是佛国。在印度佛教中，"彼岸"被描绘成一个美妙的世界，比如《华严经》就精细地描绘了"莲花藏"世界；而佛教所宣扬的解脱、渡达过程是从此岸到彼岸、从尘世到净界的过程，则恰似莲花从淤泥中而生。所以，佛经中常用莲花为比喻，如：

> 譬如莲花出自淤泥，色虽鲜好，出处不净。（《大智度经·释初品中尸罗波罗密下》）

> 清白之法最具圆满……犹如莲花，于诸世间，无染污故。

（《无量寿经》）

文献记载与考古发掘均已证明，荷花是原产于中国的古老花卉。中国的神仙传说在描写仙境时，往往出现荷花意象：

> 神芝发其异色，灵苗擢其嘉颖。陆地丹蕖，骈生如盖，香露滴地，下流成池，因为蟠龙之圃。（《拾遗记》卷一"炎帝神农"）

> 有石蕖青色，坚而甚轻。从风靡靡，覆其波上。一茎百

叶，千年一花……故宁先生游沙海七言颂云："青蕖灼烁千载舒。"（《拾遗记》卷一"轩辕黄帝"）

藕则是神仙的食物，郭璞《尔雅图赞·芙蓉》：

芙蓉丽草，一曰泽芝。泛叶云布，映波赩熙。伯阳是食，缘比灵期。

"伯阳"即老子，郭璞将老子之享高寿归于食藕之功。魏晋南北朝时期，藕的食用、药用价值被赋予了一种灵异、神秘色彩，与道家的服食养生结缘，如嵇含在《瓜赋》中也称藕为"水芝"，认为藕的地位仅次于"云芝"，也就是灵芝。正是因为如此，这一时期的荷花题材文学作品有一个重要的特点：除了描写显露的花、叶之外，还赞美潜藏的藕，如：

潜灵藕于玄泉。（夏侯湛《芙蓉赋》）

含珍藕之甘腴。（孙楚《莲花赋》）

潜幽泉以育藕。（傅亮《芙蓉赋》）

荷花的花、食两途共同推进，形成"合力"；南北朝时期，随着道教的成熟，荷花顺理成章地成为了"道瑞"的象征，江淹《莲花赋》即云"一为世珍，一为道瑞"，他在《访道经》诗中亦有"池中莲兮十色红"之句。隋炀帝《步虚词二首》亦云"芳莲散十丈"。《步虚词》，《乐府诗集》卷七十八引《乐府解题》："《步虚词》，道家曲也，备言众仙缥缈轻举之美。"

道教是本土宗教，形成于东汉中叶；佛教是外来宗教，两汉之际传入中土。佛、道并存之日既远，两者之间的攻讦辩难、渗透融合就一直是研治中国思想史的学者所致力的课题。荷花兼具佛门圣物与道瑞属性两重"身份"。笔者在研读荷花资料时发现，在佛、道思想的动态关系背景之下，荷花的两重"身份"不再是泾渭分明，而是"你中有我，我中有你"。关注荷花"身份"的微妙变化或可从一个新的角度认识佛、道之间的关系。本文即提供几个例子。

一、"莲台"与"生莲"

道教的来源之一是先秦时的道家思想。大约在东汉时期，道家思想的代表人物老子被道教奉为教主。关于老子最早的坐势，史籍中没有明确记载。当佛教传入中土之初，道教对之攻讦，认为佛教是老子所创，这或许就是鲁迅先生所批评的中国人根深蒂固的"精神胜利法"。《后汉书》卷三十下《郎顗襄楷列传第二十下》："或言老子入夷狄为浮屠。"西晋时，道士王浮又作《老子化胡经》。《老子化胡经》今有残卷，叙述老子带领尹喜到西方，教化各国，至罽宾国。国王逮捕了老子及其徒众，置于柴火之上焚烧。老子身放光芒，和尹喜等在火中，坐在莲花之上，读《道德经》。老子"入夷狄为浮屠"、安坐于莲花之上，很明显是来自于佛教的启示。至迟在唐代，老子已安坐于"莲台"之上，如卢仝《忆金鹅山沈山人二首》："太上道君莲花台，九门隔阔安在哉。""莲台"本有特指，《法苑珠林》卷二十："故十方诸佛，同出于淤泥之浊，三坐正觉，俱坐于莲台之上。"又如无名僧《禅诗》："清莲台上见天唐，众生真心礼肆芳。"从"太上老君莲花台"的定型，我们可以看出，佛教对道教的渗透。

当然，这种渗透是双向的。《关令尹喜内传》载：

关令尹喜生时，其家陆地生莲花，光色鲜盛。

尹喜是老子的弟子。陆地生莲亦见于《拾遗记》卷一"炎帝神农""陆地丹蕖，骈生如盖"，又如江淹《莲花赋》"验奇花于陆地"。在佛经中，也有"生时""生莲"的记载。佛陀降诞前，净饭王宫殿内的四时花木，悉皆荣茂，池沼内突兀盛开大如车盖的奇妙莲花。虽然模式相同，但一为中国式的陆地生莲，一为印度式的池沼生莲，两者本有细微区别。但是，在流传过程中，易滋混淆，如《警世通言》第四十卷《旌阳宫铁树镇妖》："一是释家，是西方释迦牟尼佛祖，当时生在舍卫国刹利王家，放大智光明，照十方世界，地涌金莲花。"从用典的角度来看，"地涌金莲"是误用；但是，我们却可以看出道教对佛教影响的痕迹。

二、"藉芙蓉于中流"

公元 402 年，慧远在庐山"建斋立誓"，刘遗民誓文曰："……藉芙蓉于中流……""藉"是凭藉、凭借的意思。文中出现了"芙蓉"一词，后代或据此附会出"莲社"之说。佛陀成道后，转法轮（布道）时所坐的座位称之为"莲花座"，相应的坐势叫"莲花坐势"；在印度的转法轮雕像中，也有佛陀端坐于池中莲花之上的图案。但我们细按佛经，却从未有过"藉芙蓉于中流"的记载。这句表述是属于"本地风光"，来自于神仙、道教的启示。"藉"，坐卧其上曰"藉"。《文选》中选入了孙绰《游天台山赋》："藉萋萋之纤草"；李善注："以草荐地而坐曰藉。"又如：

> 汉武时，有人义角，面如玉色，美髭须，腰櫩叶。乘一
> 叶红莲，约长丈余，偃卧其中，手持一书，自东海浮来……（《拾

遗记》)

老子曰："天涯之洲，真人游时，各坐莲花之上。"（《真人关令尹传》）

乘红莲自东海浮来或坐莲花游天涯之洲才是真正的"藉芙蓉于中流"。此外，芙蓉、莲花同为荷花的别称，但是在佛教中通常称之为莲、莲花；而芙蓉则带有南国色彩，如《离骚》中的"搴芙蓉兮木末""集芙蓉以为裳"。

按诸以上两点，"藉芙蓉于中流"的神仙、道教色彩可能要殊胜佛教色彩。这并不足怪，从接受的角度来看，在佛教尚未流行之时，以"道"喻"佛"是一条易于理解、易于接受的捷径。慧远在宣讲《般若经》时，"实相"的概念难以演绎，就引《庄子》以类比，如风靡草，听者昭昭。在中国文化史上，在接受外来事物时，经常采用类似的权宜之计，其例子不胜枚举。

三、"青莲"

青莲，据《辞海》的解释："本指产于印度的青色莲花。梵文名Utpala，音译为'优钵罗'，意译为青莲。"佛教常用青莲比喻眼睛，《维摩诘所说经》："目净修广如青莲。"又常用以说明佛法之清净圆满，如《涅槃经》卷二十四："如水生花中，青莲花为最，不放逸法亦复如是。"唐诗中"青莲"一词常与佛教相关，如：

白日传心静，青莲喻法微。（綦毋潜《宿龙兴寺》）

此僧本住南天竺，为法头陀来此国。戒得长天秋月明，

心如世上青莲色。（李白《僧伽歌》）

惊俗生真性，青莲出淤泥。（李群玉《法性寺六祖戒坛》）

"青莲"是释氏常典，但当笔者在考索这一常典时，却发现其语汇是来源于神仙、道教，中土早有，如：

凉风起兮日照渠，青荷昼偃叶夜舒。（《淋池歌》）

有石蕖青色，坚而甚轻。从风靡靡，覆其波上。一茎百叶，千年一花……故宁先生游沙海七言颂云："青蕖灼烁千载舒。"（《拾遗记》卷一"轩辕黄帝"）

发青莲于王宫，验奇花于陆地。（江淹《莲花赋》）

芙蓉，一名荷花，生池泽中，实曰莲，花之最秀异者。一名水芝，一名水花。色有赤、白、红、紫、青、黄，红白二色最多，花大者至百叶。（（晋崔豹《古今注》①

青莲"千年一花"，成为道瑞之物。在中国文学中，青莲又常称碧莲、碧芙蓉，如司空图《送道者二首》："洞天真侣昔曾逢，西岳今居第几峰。峰顶他时教我认，相招须把碧芙蓉。"刘辰翁《鹊桥仙》"自寿二首"："桥边曾弄碧莲花，悄不记、人间今古。"可见，青莲既是释氏常典，亦是道教典故。道教典故是先有之义，释氏常典是后起之义；后来居上，但前者并未退出，如：

青莲道士长堪羡，身外无名至老闲。（鲍溶《长安旅舍怀旧山》）

河上老人坐古槎，合丹只用青莲花。至今八十如四十，口道沧溟是我家。（王昌龄《河上老人歌》）

星月相逢现此身，自然无迹又无尘。秋来若向金天会，

---

① 《汉魏六朝笔记小说大观》第 245 页，上海古籍出版社 1999 版。

便是青莲叶上人。(朱庆余《逢山人》)

很显然,诸诗中的"青莲"都是道教含义。"河上老人"即"河上公",相传最早为《老子》作注;"金天"即西方之天。

至此,笔者多年来关于李白"青莲居士"之号的疑问涣然而解。"青莲"是释氏常典,"居士"之常义又是指居家修佛之士。李白取"青莲居士"为号,似乎是佛教"因缘";但这与李白的生平却扞格不符。李白虽然也曾受佛教的影响,但是综观其一生,道教才是融铸、造就他独特个性、独特诗风的主因。所以,"青莲"应该用的是道教典故;居士也不能泥解,而仅指高洁之士。"青莲居士"作为夫子自道,在李白的诗中出现过一次,《答湖州迦叶司马问白是何人》:"青莲居士谪仙人。""谪仙"就是一个道教神仙概念,[1]换言之,"青莲居士"也是一个道教称谓。其实,唐人也是将李白的"青莲居士"看作道教称谓的,如:

学取青莲李居士,一生杯酒在神仙。(谭用之《寄左先辈》)

山中犹有读书台,风扫晴岚画障开。华月冰壶依旧在,

青莲居士几时来。(杜光庭《读书台》)

佛教青莲(优钵罗花)与道教青莲不仅在寓意上有别,在形态上也是完全不同的两种花卉。岑参给我们留下了可资参考的资料。《优钵罗花歌》:

参尝读佛经,闻有优钵罗花,目所未见。天宝庚申岁,参忝大理评事,摄监察御史,领伊西北庭度支副使。自公多暇,乃于府庭内栽树种药,为山凿池,婆娑乎其间,足以寄傲。交河小吏有献此花者,云得之于天山之南,其状异于众草,势畏如冠弁,生不旁引。攒户中折,骈叶外包,异香腾风,

---

① 孙昌武《道教与唐代文学》,人民文学出版社 2001 年版,第 167、174 页。

秀色媚景。因赏而叹曰："尔不生于中土，僻在遐裔，使牡丹价重，芙蓉誉高，惜哉！夫天地无私，阴阳无偏，各遂其生，自物厥性，岂以偏地而不生乎！岂以无人而不芳乎！适此花不遭小吏，终委诸山谷，亦何异怀才之士，未会明主，摈于林薮耶！"因感而为歌曰：白山南，赤山北。其间有花人不识，绿茎碧叶好颜色。叶六瓣，花九房，夜掩朝开多异香，何不生彼中国今生西方。移根在庭，媚我公堂。耻与众草之为伍，何亭亭而独芳。何不为人之所赏兮，深山穷谷委严霜。吾窃悲阳关道路长，曾不得献于君王。

图18　青莲。（网友提供）

岑参在作品中，仔细地描述了优钵罗花的产地、形状以及作者的感慨。"使牡丹价重，芙蓉誉高"，优钵罗花非荷花（芙蓉）毋庸置疑。"优钵罗"是陆生，荷花是水生；"优钵罗"接近于树，而荷花是花卉，如贯休《闻迎真身》："可怜优钵罗花树，三十年来一度春。"

而在后代，佛教青莲与道教青莲不仅仅在形态上混为一花，而且在寓意上也渐渐互渗、含混，如贯休《道情偈》："优钵罗花万劫春。""万劫春"本非印度青莲（优钵罗花）题中之义，而是道教青莲"千年一花""千载舒"之义。

四、"把芙蓉"

古典诗歌中在描写求仙、求道时，常有手把芙蓉的动作，如：

西岳莲花山，迢迢见明星。素手把芙蓉，虚步蹑太清……（李白《古风》）

遥见仙人彩云里，手把芙蓉朝玉京。（李白《庐山谣寄卢侍御虚舟》）

峰顶他时教我认，相招须把碧芙蓉。（司空图《送道者二首》）

司空图《二十四诗品》中描述"高古"时也有"畸人乘真，手把芙蓉"之句。有趣的是，宋人为李白"写真"，也是"手把芙蓉"，崔敦礼《太白远游》："遥见仙人于彩云兮，把芙蓉于玉京。"

"芙蓉"固然是道瑞之物，但是"手把芙蓉"却是标准的"舶来品"。在印度阿旃陀壁画中，有一幅著名的《持莲花的菩萨》，菩萨（或云观音，

99

或云文殊）右手持一朵莲花；观音的标准像也是头戴天冠、结跏趺坐，手中持莲花或结定印。仙人持芙蓉当是菩萨持莲花之移植。中国道教"八仙"中的何仙姑也是手持荷花。"荷"谐其姓"何"，这个"造型"很显然也是来自于佛教菩萨的影响。

图 19　何仙姑。（图片来自网络）

五、"火生莲"

"火生莲"本是佛教语,语出《维摩经·佛道品》:"火中生莲花,是可谓稀有。在欲而行禅,稀有亦如是。""火生莲"比喻虽身处烦恼而能解脱,达到清凉境界;或用以比喻稀有之物,如白居易《新昌新居书事四十韵》"浮荣水划字,真谛火生莲"、释大观《远法师陆修静赞》"古不可挽,今不可招。火生莲花,雪长芭蕉"。"火生莲"又作"火中莲",罗虬《比红儿》第三十五:"雕阴旧俗骋婵娟,有个红儿赛洛川。常笑世人多虚妄,今朝自见火中莲。"但是,"火中莲"却被道教进行了"换骨"。张抡《减字木兰花·修养十首》"五行颠倒。火里栽莲君莫□。□要东牵。引取青龙来西边。一阳时候,□□温温光已透。消尽群应,赫赤金丹色渐"、张继先《金丹诗四十八首》"得事只烹身上药,痴心莫望火中莲""莲"被比喻成金丹,而"火中生莲"被比喻成炼丹过程。"莲"之金丹寓意在唐代即已流行,如:

太乙灵方炼紫荷,紫荷飞尽发皤皤。(许浑《庐山人自巴蜀由湘潭归茅山因赠》)

终日章江催白发,何年丹灶见红蕖。(陈陶《豫章江楼望西山有怀》)

石垆金鼎红蕖嫩。(贯休《山居诗二十四首》"二十一")

金鼎开成一朵莲。(吕严《直指大丹歌》)

"火中生莲"的道教寓意又是道教借鉴佛教语汇的例子。

六、"七宝莲花"

　　七宝或七宝莲花本都是佛教术语。七宝,《法华经》《无量寿经》《阿弥陀经》《大智度论》《般若经》中均有不同的说法。七宝莲花, 本指白莲 (芬陀利花)、红莲 (波头摩花) 及其他五种睡莲。但在后来道教术语中, 也出现了七宝、七宝莲花的名称, 如：

　　九光生院草, 七宝满池莲。(杜光庭《通玄赞八首》)

　　自然生七宝, 人人坐莲花。(杜光庭《七真赞》)

　　天上七星地七宝, 人有七窍权归脑。七返灵砂阴气消,
铅炉只使温温火。(陈楠《金丹诗诀》)

　　三茅观里仙为宅, 七宝山头玉作堆。不尽经行奇特处,
只教留作等闲来。(许及之《游三茅忽得佳处,留赠乡黄冠师》)

　　七宝蜡炬光如银, 凤泉饮散醉醺醺。(何处厚《游洞霄》)

　　从上面的语词分析我们可以看出, 佛教与道教之间在对立之中又互相接受了对方的影响。这种影响是双向的, 但除了"青莲"与"藕芙蓉于中流"两例是佛教接受道教影响外, 其余四例均是道教接受佛教的影响。这符合佛教在中土的发展趋势。佛教在进入中土之初, 为了宣传教义, 要采取一定的"宣传策略", 向中国的本土宗教借鉴语汇是一条可行之路。而隋唐之后, 佛教发展成熟, 其影响要超过道教。这从寺庙与道观、僧尼与道士及女冠数量的悬殊对比中即可见一斑。此时, 佛教语汇反输给道教也就成了必然的趋势。

荷花既是佛门圣物，象征"出淤泥而不染"，同时又是道教标识，充满珍祥色彩。在佛教与道教的融合、互动过程中，荷花充当了"信使"的角色。"三教调和"（或"三教合流"）是唐代思想史、文化史、宗教史的重要特色，论述者已多，精义胜解迭出。下面这则材料鲜见诸引用：

> 元和中，有高昱处士，以钓鱼为业。尝舣舟于昭潭，夜仅三更，不寐，忽见潭上有三大芙蕖，红芳颇异。有三美女各据其上，俱衣白，光洁如雪，容华艳媚，莹若神仙。共语曰："今夕阔水波澄，高天月皎，怡情赏景，堪话幽玄。"……又曰："请各言其所好何道。" 其次曰："吾性习释。"其次曰："吾习道。"其次曰："吾习儒。"各谈本教道义，理极精微。（传奇·高昱）[①]

这或可折射出唐代"三教调和"的思潮，荷花是三者共同的载体。这大约就是后代所谓的"红花绿叶白莲藕，三教本是一家人"的先声吧！

（原载《内蒙古大学学报》人文社会科学版 2005 第 6 期）

[①] 《唐五代笔记小说大观》第 1149 页，上海古籍出版社 2000 年版。

荷花佛教寓意在唐宋的演变

荷花是中国文学中出现频率最高的花卉意象之一，具有丰富的文化蕴涵，而佛教寓意是其内涵的重要组成部分。关于荷花"出淤泥而不染"的佛教寓意,已经陆续有学者进行讨论。但是从已有的成果来看，研究者通常只是将"出淤泥而不染"作为一个静态、既定的结论，然后线性对应，归纳荷花佛教寓意对中国文化、文学的影响。其实，荷花佛教寓意并非一成不变。中唐之后，佛教荷花寓意经历了从"不著不染"到"著而不染"的变化，变化后面的深层原因则是佛教自身的发展、南宗禅的兴起。北宋时，理学家以儒解禅、援儒入禅，荷花"出淤泥不染"成为士大夫人格的象征。此外，在中国文学中，"青泥莲花"也特指有才德的妓女，本文即从动态的角度考察荷花佛教寓意的发展，立体地揭示荷花佛教寓意对中国文化的影响。

一、"不著不染"与"著而不染"：佛教莲花寓意的两边

印度是佛教的发源地，莲花分布很广；莲花在印度佛教中具有特殊的宗教寓意。印度佛教是着重探求解脱人生苦难的宗教，其基本的理论模式是：此岸—渡达—彼岸。"此岸"即现世，是苦海；"彼岸"即来世，是佛国。在印度佛教中，"彼岸"被描绘成一个美妙的世界，如《华严经》就精细地描绘了"莲花藏"世界。佛教所宣扬的解脱、

渡达过程是从此岸到彼岸、从尘世到净界的过程，则恰似莲花从淤泥中生；所以，佛经中常用莲花为比喻，如《大智度经·释初品中尸罗波罗密下》"譬如莲花出自淤泥，色虽鲜好，出处不净"、《无量寿经》"清白之法最具圆满……犹如莲花，于诸世间，无染污故"。稍作说明的是，印度佛教中的"莲"是指睡莲，而传入中土之后则被置换成了荷花。[1]

图 20　睡莲。（网友提供）

　　佛教中关于解脱、渡达的过程主要有两种观点，即小乘、大乘之分。小乘教强调离此即彼、去恶从善、舍染就净，因而厌恶人生、隐遁禁欲；大乘教着重即此即彼、即恶即善、即染即净、不离两边，在现实生活中寻求解脱。小乘教与大乘教的理论、教义不同，在以莲花为喻时也

[1]　俞香顺《中国荷花审美文化研究》，巴蜀书社 2005 年版，第 38—41 页。

是各有不同。小乘教强调的是"不著世间如莲花"（《维摩诘经·佛国品》）；而大乘教强调的是"譬如高原陆地，不生莲花；卑湿淤泥，乃生此花"（《中论·佛国品》）。前者是不著淤泥故不染，而后者是虽著淤泥却不染。①

莲花是佛教意象，文学作品在运用这一释氏常典时，通常只是指清净的意义、效果，而对于清净的发生途径并不关注，我们大部分时候也无须去细辨。在很多的作品中，我们很难把握作者对清净的发生途径的观点，他可能无意或者根本就无法去深究。如李纲《荷花赋》："释氏以莲花喻性，以其植根淤泥而能不染，发生清净，殊妙香色，非他草木之华可比，故以为喻……言观其本生于淤泥，言观其末出于清漪。处污秽而不染，体清洁而不移。"② "言观其本生于淤泥，言观其末出于清漪"两句是强调莲花不著淤泥故不染；而"处污秽而不染，体清洁而不移"两句却又是强调莲花虽著淤泥却不染。

当意义、效果成为既定、恒定时，发生途径的不同就理所当然应该成为研究的重点。我们可以通过中国文学中对发生途径的不同认识去把握士大夫的心态，可以通过不同认识的此消彼长去把握士大夫心态的嬗变痕迹。

---

① 陈洪《佛教莲花意象与唐宋诗词》，《江海学刊》1992 年第 1 期。
② ［宋］李纲《梁溪集》（《影印文渊阁四库全书》）卷九，上海古籍出版社 1987 年版。

二、从"离"到"即"：佛教莲花寓意在唐宋之际的走向

佛教经过魏晋南北朝的发展之后，到隋唐五代进入全面昌盛的时期；中唐以后，南宗禅更以其"直指人心、见性成佛"的悟道方式风靡于士大夫之间。荷花宗教寓意作为释氏常典也随着佛教的全面展开屡屡见诸文人笔端。

钱钟书先生在《谈艺录》分析了黄庭坚作品中的莲花典故：

> 《次韵答斌老病起独游东园》第一首："莲花生淤泥，可见嗔喜性。"天社注引《维摩经》："高原陆地，不生莲花。卑湿淤泥，乃生此花。"按是也。《次韵中玉水仙花》第二首"淤泥解作白莲藕"，天社无注。《赣上食莲有感》"莲生淤泥中，不与泥同调"，天社注亦引《维摩经》。盖前两诗谓花与泥即，后诗谓花与泥离；言各有当，同喻而异边之例也。天社引语见《维摩诘经·佛道品》第八，不切后诗之意；当引《高僧传》卷二鸠摩罗什自说："譬如臭泥中生莲花，但采莲花，勿取臭泥也。"或《大智度·释初品中尸罗波罗蜜下》："譬如莲花，出自淤泥，色虽鲜好，出处不净。"①

"离"是隔离的意思，"即"是接触的意思；钱钟书先生于细微处极分明，指出以荷花为比喻"同喻异边"，有"离"与"即"之分，也就是发生途径不同。笔者即拟套用这两个概念，对唐诗中的这一常典

---

① 钱钟书《谈艺录》（补订本）第 322 页，中华书局 1984 年版。

进行分析。唐诗中明确运用这一常典的例子辑缀如下：

微风和众草，大叶长圆荫。晴露珠共合，夕阳花映深。
从来不著水，清净本因心。（李颀《粲公院各赋一物得初荷》）

看取莲花净，应知不染心。（孟浩然《题大禹寺义公禅房》）

莫怪狂人游楚国，莲花只在淤泥生。（顾况《寻僧二首》）

若问无心法，莲花隔淤泥。（李端《同苗发员外慈恩寺避
暑》）

试问空门清净心，莲花不著秋潭水。（杨巨源《题云师山房》
又作权德舆诗、戎昱诗）

莲花出水地无尘，中有南宗了义人。（权德舆《酬灵彻上
人以诗代书见寄》）

惊俗生真性，青莲出淤泥。（李群玉《法性寺六祖戒坛》）

孟浩然的"不染"只是指清净，而不具备从发生途径进行考察的
价值。李颀"不著"、李端"隔"、杨巨源"不著"，属于"离"之例；
而顾况"淤泥生"、权德舆"出水"、李群玉"出淤泥"，属于"即"之
例[1]。属于"离"之例的诗人基本上是中唐之前；属于"即"之例的诗
人基本上是中唐之后，界限划然。我们不妨对其中最具代表性的李端"若
问无心法，莲花隔淤泥"与李群玉"惊俗生真性，青莲出淤泥"进行分析。
李端诗中"莲花"指心性，"淤泥"指俗尘，心灵的清净必须以俗尘的
摒弃清除为前提，体现了一种真俗、净妄二元对立的人生观[2]。神秀有

---

① 古代汉语中的"出"往往与"生"同义，可以互相置换，如司马相如《上林赋》：
"视之无端，察之无涯。日出东沼，月生西陂。"曹操《观沧海》："日月之行，
若出其中。星汉灿烂，若出其里。"李群玉《法性寺六祖戒坛》中的"惊俗
生真性，青莲出淤泥"也是如此。

② 葛兆光《中国禅宗思想史》第 355 页，北京大学出版社 1995 年版。

一首著名的偈语："身似菩提树，心如明镜台。时时勤拂拭，莫使有尘埃。"其中的"明镜台""尘埃"恰好可以与李端诗中的"莲花"与"淤泥"相对应。神秀的偈语是印度佛教"戒——定——慧"三个过程的浓缩，是一个不断渐修、苦修的过程。而在李群玉诗中，却是"真性"生于"俗"、"青莲"生于"淤泥"，心性本是清净，不必假力于俗尘的清除，这又正与惠能的偈语"菩提本无树，明镜亦非台。本来无一物，何处染尘埃"不谋而合。其实，李群玉的这首诗正是登临"六祖戒坛"而作。惠能的偈语已经抛开了"戒"这一过程，他认为"自心是佛，更莫狐疑，外无一物可建立，皆是本心生万种法"，只要自指本心，即能顿悟成佛。

从李颀到李群玉、从"离"到"即"是从神秀到惠能、从传统佛教到新兴南宗的变迁过程的直观、生动的体现。从另一面来看，也可以说，这样一个变迁过程影响了诗人对这一释氏常典的运用方式。中唐之后，"即"的取喻方式流行，正可折射出中唐之后南宗禅的流行情况。南宗肯定个体心性、肯定世俗生活，主张"平常心是道"，适应了安史之乱后直面乱离漂泊、寻求精神归宿的普遍心理；其修行理论不再艰繁，"饥来吃饭，困来即眠"（《大珠禅师语录》）、"运水搬柴，无非佛事"（《黄蘖断际禅师宛陵录》）。这样一种世俗化的宗教很快在士大夫之间风靡。上面引用了权德舆的"莲花出水地无尘，中有南宗了义人"，他与南宗关系密切，曾在《唐故章敬寺百严大师碑铭并序》中夫子自道："德舆三十年前，尝闻道于大寂（马祖）。"进入北宋，禅宗并没有因为儒学的复兴而销声匿迹，发展至中叶，禅宗进入了一个全新的阶段。莲花佛教寓意继续沿着"即"一路发展，如苏辙《盆池白莲》："白莲生淤泥，清浊不相干。道人无室家，心迹两萧然。"（《栾城后集》卷三）

三、佛教莲花寓意的"向上一路"：以莲花比君子

在佛教中，莲花是清净的象征。上文从发生途径考察了中唐之后这一释氏常典的发展趋势、总体走向，对于我们认识中唐之后佛教的变化、禅宗的形成，士大夫的心态提供了一个窗口。"隔"是有意而为，"即"是无为而为。但无论有意而为或无为而为，都只是一个"方法论"问题，即"How to"的问题；而对于荷花为什么清净，即"Why"这样一个"本体论"问题，唐人并未探讨。这一工作有待于宋人来完成。我们发现，宋人在运用这一释氏常典时，已不再纠缠于"隔"与"即"的问题，他们更多的是在"穷本溯源"。请看：

> 开花浊水中，抱性一何洁。朱槛月明时，清香为谁发。
> 苏辙《和文与可菡萏轩》，(《栾城集》卷六)

> 入泥出泥，圣功香光，透尘透风，君看根元。种性六窗，九窍玲珑。(黄庭坚《白莲庵颂》，《豫章黄先生集》卷十五)

> 于爱欲泥，如莲生塘。处水超然，出泥而香。孔窍穿穴，明冰其相。维乃根华，其本含光……能如斯莲，汔可小康。(黄庭坚《赠李次翁》，《山谷诗集注》卷一)

> 泥根玉雪元无染，风叶青葱也自香。(范成大《州宅堂前荷花》，《石湖诗集》卷二十一)

> 净根元不竞芳菲，万柄亭亭出碧漪。(林景熙《荷花》，《霁山文集》卷三)

净友何田田，修洁得自性。本生淤泥中，乃与玉同莹。（刘

敞《净友莲》，《蒙川遗稿》卷一）

虽然仍是在讨论荷花"不染"这个命题，但已不是简单的因袭，而是"夺胎"，因人之意、触类而长，是对传统命题的深化。他们作品中，出现频率最高的字眼是"根"与"性"，是对荷花不染的本体思考。而在对荷花不染的本体思考中，我们发现，其中所流露出来的已不单纯是禅学意趣，而更多的是理学意趣。如果说对方法的思考最终外化为一种处世态度的话，那么对本体的思考则最终内化为心性修养。宋代最喜欢用莲花意象的是黄庭坚，钱钟书先生《谈艺录》中曾援引数例，禅宗思想宛然可见，这是他"俗里光尘合，胸中泾渭分"（《次韵答王膏中》，《山谷诗集注》卷七）的处世态度的绝妙写照；而笔者上引诸例，则又是典型的儒家所追求的"内圣""养心"。从黄庭坚莲花意象的运用来看，他作品中的禅宗意趣与理学意趣锱铢相称、不偏不倚，他站在了"理学和禅学交接处。"①

宋代是理学的形成期，而周敦颐则是理学的奠基人。理学的形成吸取了佛学，尤其是禅宗的思想元素，即援禅入儒；周敦颐与著名禅师东林常总、晦堂祖心、黄龙慧南、佛印了元等均有过从。莲花这一释氏常典也出现于他的作品中。但是，作为理学家，他与黄庭坚不同，他为这一常典下一"转语"，②指出"向上一路"，莲花最终成为儒家道德人格的象征物。周敦颐《爱莲说》："水陆草木之花，可爱者甚蕃，晋陶渊明独爱菊；自李唐以来，世人甚爱牡丹。予独爱莲之出淤泥而

---

① 周裕锴《文字禅与宋代诗学》第 92 页，高等教育出版社 1998 年版。

② 转语本为训诂学术语，指因时地不同或其他原因而音有转变的词。有音转而义不变的，有音转义变而分化为不同词的。"转语"又为禅宗名词，指随机应对的话。本文即借用这一名词，指莲花佛教意义的随机转变情况。

不染，濯清涟而不妖。中通外直，不蔓不枝，香远益清，亭亭净植。可远观而不可亵玩焉。予谓菊，花之隐逸者也，牡丹，花之富贵者也，莲，花之君子者也。"(《周元公集》卷二)"出淤泥而不染"之意屡见于佛家典籍，不暇一一举证。所以，钱钟书先生认为"有拾彼牙慧之嫌"。[1]研究者也往往斤斤于此，发掘周敦颐与佛教、禅宗思想的关系。"出淤泥而不染"一句名言传诵，很多人可能并未读过佛经，了解莲花的佛教寓意端赖此句，周敦颐于释氏之功可谓大矣。但是将"出淤泥而不染"看成是一成不变的因袭未免简单化，对《爱莲说》的解读应该纳入周敦颐的整个哲学体系进行观照。周敦颐强调内省反观，主"无欲"之说，"不染"即"无欲"。《通书·圣学第二十章》："圣可学乎？曰：可。曰：有要乎？曰：有。请闻焉！曰：一为要。一者，无欲也。无欲则静虚动直。"《养心亭记》中进一步阐发："予谓养心不止于寡而存耳，盖寡焉以至于无，无则诚立明通。"(《周元公集》卷二) 从"寡"至"无"，主观能动的痕迹宛然可见，这和佛教"修心"之禅定寂灭者不同。"出淤泥而不染"其实已经蕴含了强化心性修养、建立抵御外界诱惑的意志结构的命题。这已经上升到了人格本体的高度。

　　周敦颐之"出淤泥而不染"与佛教莲花寓意相比，有出蓝而胜蓝之妙，实貌是而神非。但是，其间的差别非常细微，非世人所能易察，所以就出现了一些有趣的现象。宋代道学家"严儒、释之防，于取譬之薄物细故，亦复煞费弥缝也"，[2]虽然激赏《爱莲说》以及心性修养之说，但是却绝口不提"出淤泥而不染"；道学家想与佛教"撇清"。

① 钱钟书《谈艺录》(补订本) 第 624 页，中华书局 1984 年版。
② 钱钟书《谈艺录》(补订本) 第 624 页，中华书局 1984 年版。

至清朝，更有郑之侨者作《爱莲说辨》，①力辨《爱莲说》非周敦颐所作。考其出发点，也是"用心良苦"，生怕世人惑于佛教虚无之说："揣先贤之好尚，不能指其操存切实之功，而仅以寄情适意为一生之统摄；此亦犹不从喜怒哀乐未发处养出天地万物一体之气象，而误认以寂心灭性为禅机之隐逸，将率天下后世而入于捕风捉影之为，斯亦人心学术之一大坏也……周子'无欲'二字，直是学人一粒种子，动静互为其根，而必云'出淤泥而不染，濯清涟而不妖'也哉？"

宋代伦理道德意识高涨，花卉吟咏普遍具有"比德"倾向。周敦颐《爱莲说》中的"不染""不妖""不枝不蔓""亭亭净植"等都可以看作是光明峻洁的儒家人格的写照；而更为重要的是他借"出淤泥而不染""中通外直"之句，阐发了治心养性的重要性。②儒家的"内圣外王"完全转向了"内圣"，道德人格建设成为一种内在的自觉要求。荷花从此成为"君子花"，成为儒家道德人格的象征物。

四、佛教莲花寓意的"向下一路"：以莲花比妓女

周敦颐为佛教莲花下一"转语"，指出"向上一路"，莲花成为儒家道德人格的象征物。而与此相对应，佛教莲花在民间尚有"向下一路"之"转语"。钱钟书先生《谈艺录》：

此喻入明，渐成妓女之佳称。如梅鼎祚著录妓之有才德者为《青泥莲花记》，钱谦益《列朝诗集》闰四赞王微云"君

---

① 梁绍辉《周敦颐评传》第 92 页，南京大学出版社 1998 年版。
② 关于"中通外直"一句，笔者在《〈爱莲说〉主旨新探》中有详细的论述，刊登于《江海学刊》2002 年第 5 期。

子曰：修微青莲亭亭，自拔淤泥"（参观同卷评杨宛），又《初学集》卷一八《有美一百韵》赞扬柳如是亦云"皎洁火中玉，芬芳泥里莲"。道学家必谓莲花重"陷"矣。

钱钟书先生的最后一句实在幽默风趣。用莲花来比喻妓女，这是佛教莲花寓意的"向下一路"。其实不必近至明代，早在唐代随着佛教的盛行，莲花的"向下一路"已经初露端倪。唐宋时，诸如"小莲"之类的妓女、歌女名号屡见不鲜，除了荷花与女子固有的类比关系，佛教意绪的渗入所形成的社会心理基础可能也是一个重要的原因。唐代士风浮薄，文人狎妓之风盛行；妓女、歌女以莲花自喻，有一种不甘卑微、自明心迹的意味。正如《中论·佛国品》所云："譬如高原陆地，不生莲花；卑湿淤泥，乃生此花。"《全唐诗》有莲花妓诗一首《献陈陶处士》："莲花为号玉为腮，珍重尚书遣送来。"陈陶也有《答莲花妓》诗一首。还有北里曲妓王福娘赠孙棨诗，也以"泥莲"自喻："泥莲既没移栽分。"①此外，妓女入道、出家是唐代的风尚，这样一个去恶从善、舍染就净的解脱过程也符合佛教的荷花寓意，所以也可以用莲花为比喻，如杨郇伯《送妓人出家》："尽出花钿与四邻，玉環剪落厌残春。暂惊风烛难留世，便是莲花不染身。"借用前文的"隔""即"之说，以"泥莲"比喻妓女是"即"，而以莲花比喻妓女出家则是"隔"。"即"的方式流行于中唐之后；陈羽、孙棨均是中唐之后的文人，"青泥莲花"的

---

① 收录于《全唐诗补编》中的王福娘的作品原出自于唐代孙棨《北里志》，明代冯梦龙《情史》卷十三"情憾类"据此敷演成故事。王福娘是唐代的一位歌女，出身卑微，但是谈论风雅。她和文人孙棨诗歌往来，互有好感，想将终身托付给孙棨。孙棨写下一首诗"婉拒"了她，诗中有"泥中莲子虽无染，移入家园未得无"之句；这里的"泥""莲子"分别比喻王福娘的身份、品格。语气之间的转折是孙棨内心的真实流露。王福娘心知肚明，写下了"绝交诗"："久赋恩情欲托身，已将心事再三陈。泥莲既没移栽分，今日分离莫恨人。"

语源也是产生于中唐之后，是与整个佛教莲花寓意的发展合拍的。

佛教莲花寓意之"向下一路"在正统诗文中并未充分展开，而是与其"向下"之属性相应，在俗文学作品中如火如荼地展示，深入民众。宋代"说话"家数中有"说经""说参请"。①宋元话本大多失传，但在现存作品中，我们仍可找出佛教莲花寓意"向下一路"之孑遗，这和宋代禅宗语录之风行也是同步的。禅宗宣扬"即心即佛"，佛性自备于体，"众生"与"佛"之间并无不可逾越的鸿沟，只在发现的一刹那："自性迷即是众生，自性觉即是佛。"表面上的呵佛骂祖、离经叛道与内心"佛性"的自全、自足并不排斥。在宣扬这种思想的作品中，主人公经常选择女子；从接受美学的角度出发，这也是为了适应、迎合市民的趣味。《清平山堂话本》收录了《花灯轿莲女成佛记》和《快嘴李翠莲》，我们对这两篇作品进行简单的考察。《花灯轿莲女成佛记》为宋代作品。②莲女是卖花女子，屡次于大庭广众之下与和尚问难答辩，举止异于常人。七岁有灵性，十六岁便要皈依佛祖，长老点一句"且去寻个汉子来还债"，莲女悟透禅机，在出嫁之日坐化。这是典型的参禅悟道故事，实质上就是"说参请"。《快嘴李翠莲》，多数学者认为是元代作品，也有少数人认为是明代作品。③这篇作品殊难归类，但是从其结尾来看，仍有"说经"色彩。李翠莲是封建礼教的叛逆者，勇悍泼辣，屡教而不改。她在新婚的那天，就大撒其野，骂了媒婆，打了撒帐的先生，训斥了丈夫，顶撞了公婆，最后皈依佛教。程毅中先生对李翠莲这一人物形象

---

① 《都城纪胜》："说经，谓演说佛书；说参请，谓宾主参禅悟道等事。"《梦粱录》所记与《都城纪胜》基本相同。
② 程毅中《宋元小说研究》第 327 页，江苏古籍出版社 1998 年版；萧相恺《宋元小说史》第 160 页，浙江古籍出版社 1997 年版。
③ 程毅中《宋元小说研究》第 343 页。

有精确的评语："我们从宋代的禅宗语录里可以看到一些个性解放的迹象，也许这就是李翠莲与生俱来的一点'佛性'。"①莲女与李翠莲二人性格迥然不同，但都出生卑微，都具备一种与生俱来的"佛性"；作品所流露出来的都是活脱脱的禅宗意绪。两人的名字中都带有"莲"字，这已经不仅仅是偶合，不仅仅是民间女子惯常的取名方式；我们可以看出，随着禅宗的盛行，佛教莲花寓意之"向下一路"在俗文学作品中已经全面展开。

《快嘴李翠莲》与《花灯轿莲女成佛记》两篇作品中尚未明确出现"青泥莲花"的比喻，但其思路却是同出一辙，这一类作品为"青泥莲花"的出现起着"造势"的作用。"青泥莲花"明确出现于《月明和尚度柳翠》：

> 当初观音大士，见尘世欲根深重，化为美色之女，投身妓馆，一般接客。凡王孙公子，见其容貌，无不倾倒。一与之交谈，欲心顿淡。因彼有大法力故，自然能破除邪网。后来无疾而死，里人买棺埋葬。有胡僧见其冢墓，合掌作礼，口称："善哉，善哉！"里人说道："此乃娼妓之墓，师父错认了。"胡僧说道："此非娼妓，乃观世音菩萨化身，来度世上淫欲之辈，归于正道。如若不信，破土观之，其形骸必有奇异。"里人果然不信，忙斸土破棺，见骨节联络，交锁不断，色如黄金，方始惊异。因就冢立庙，名为黄金锁子骨菩萨。这就叫做清净莲花，污泥不染。（《喻世明言》卷二十九）

"青泥莲花"的直接源头除了佛典之外，在中国文学中可以追溯至《延州妇人》：

> 昔延州有妇女，白皙颇有姿貌。年可二十四五岁，孤行

① 程毅中《宋元小说研究》第345页。

城市。年少之子，悉与之游，狎眠荐枕，一无所却，数年而没，州人无不悲惜，共醵丧具为之瘗焉。以其无家，瘗于道左。大历中，忽有胡僧自西域来，见墓，遂趺坐具。敬礼焚香，围绕赞叹。数日，人见谓曰："此一淫纵女子，人尽夫也。以其无属，故瘗于此，和尚何敬耶？"僧曰："非檀越所知，斯乃大圣，慈悲喜舍，世俗之欲，无不徇焉，此即锁骨菩萨。顺缘已尽，圣者云耳。不信即开启以验之。"众人即开墓，视遍身之骨，钩结皆如锁状，果如僧言。(《太平广记》一百一)

《延州妇人》出自《续玄怪录》，作者李复言也是中唐之后的文人。

综上，"青泥莲花"之比喻是佛教莲花寓意"向下一路"之发展。在中唐时候，"青泥莲花"比喻初露端倪；宋代之后，随着禅宗的进一步盛行、俗文学作品的出现，"青泥莲花"所赖以产生的社会心理土壤已经形成；到了明代，"青泥莲花"水到渠成，成为妓女的经典比喻。

结　语

中唐之后，随着南宗禅的兴起，荷花的佛教寓意也呈现动态的发展。"向上一路"的君子寓意、"向下一路"的妓女寓意都是变化的结果。君子与妓女、极雅与极俗两种矛盾的寓意得到了有机的统一。荷花是中国文学中重要的比德之花，是士大夫人格的象征；从这一点看，荷花与梅、兰、菊、竹等并无二致。但是，梅、兰、菊、竹更多的是文人"清供"，而不像荷花兼备雅俗，有着更为广泛的接受层面。

荷花不仅仅是佛门圣物，中国文学中也很早就出现荷花意象。《陈风·泽陂》:"彼泽之陂,有蒲与荷……有美一人,硕大且卷。"《诗经》中的荷花意象奠定了荷花与女子之间的类比关系。《离骚》:"制芰荷以为衣兮,集芙蓉以为裳。"司马迁《史记·屈原贾生列传》引刘安语"(屈原)其志洁,故其称物芳",《楚辞》中的荷花意象奠定了荷花与士大夫之间的类比关系。

《诗经》《楚辞》荷花寓意是中国的荷花原型意义。我们可以发现,荷花的妓女寓意、君子寓意不仅仅是佛教寓意自身变化的结果,而且是与中国文学中固有的荷花寓意相结合的结果。可以说,荷花的文化内涵是中国文化与印度文化的结合体、复合体。

(原载《南京师大学报》社会科学版 2003 年第 4 期,此处有补订。)

荷花《楚辞》原型意义探讨

荷花，又名莲花、芙蓉、芙蕖等，是中国文学作品中最常见的花卉意象之一，具有丰富的文化内涵。先秦时期，中国文学作品中已出现荷花意象；东汉之后，随着印度佛教的传入，荷花的佛教寓意也随之进入中土。我们观念中的荷花是中国文化与印度文化的一个结合体、复合体。"一花一世界"，对荷花意象进行解析，既有助于认识中国丰富多姿的传统文化，也可以去了解中土文化与外来文化的交汇。这一解析工作须从荷花原型切入。原型又称原始意象，是指人类早期形成的、具有一定文化含量的意象。用荣格的话说，它是人类祖先重复了无数次的同一类型经验的心理残迹。

> 每一个原始意象中都有着人类精神和人类命运的一块碎片，都有着我们祖先在历史中重复了无数次的欢乐和悲哀的一点残余，并且总的来说，始终遵循着同样的路线。它就像心里的一道深深开凿过的河床，生命之流在这条河床中突然奔涌成一条大江，而不是像以前那样在宽阔然而清浅的溪流中流淌。[①]

对荷花意象原型进行探索、研讨有着重要的意义，这里提供的是荷花的《楚辞》原型。

[①] [瑞士] 荣格著，冯川、苏克译《心理学与文学》第121页，生活·读书·新知三联书店1989年版。

图21 ［清］李鱓《墨荷图》。李鱓是"扬州八怪"之一。作品借荷花表明坚贞不屈的个性，描绘了经受暴风骤雨洗礼之后的荷塘一隅。残破的荷叶或随波浮沉，或濯然独立；荷叶片用水墨阔笔铺染而成，硬朗而丰腴，用中锋写出荷茎、苇草、荷花的圆浑体质，浓淡干湿、轻重缓急同时兼用；以行书在空白题七绝一首："休拟水盖染污泥，墨晕翻飞色尽黧。昨夜黑云拖浦淑，草堂尺素雨风凄。"现藏日本私人博物馆。

荷花是《楚辞》中最常见的"香草"之一，是巫祭圣物。屈原"其志洁，故其称物芳"，开创了"香草美人"的比兴传统。荷花在中国文学中是文人芳洁之志的象征，同时又是政治命运的象征物。本文即描述《楚辞》荷花原型的产生以及在后代文学中的表现形态。

一、巫术祭祀圣物：荷花《楚辞》原型的产生基础

荷花主要分布在长江中下游流域的水乡泽国，是一种典型的南国花卉。在"纪楚地、名楚物"的《楚辞》中，多次出现了荷花意象，如：

制芰荷以为衣兮，集芙蓉以为裳。（《离骚》）

采薜荔兮水中，搴芙蓉兮木末。（《湘君》）

筑室兮水中，葺之兮荷盖……芷葺兮荷屋，缭之兮杜衡。

（《湘夫人》）

乘小车兮荷盖。（《河伯》）

被荷裯之晏晏兮。（《九辩》）

芙蓉始发，杂芰荷兮。紫茎屏风，文缘波些。（《招魂》）

荷花与兰、蕙、薜荔等构成了《楚辞》的"香草"意象系统。楚国巫风盛行，《吕氏春秋·侈乐》尖锐地指出："宋之衰也，作为千钟；齐之衰也，作为大吕；楚之衰也，作为巫音。""香草"就是女巫祭祀歌舞时的祭品、道具。《九歌·东皇太一》："瑶席兮玉瑱，盍将把兮琼芳。蕙肴蒸兮兰藉，奠桂酒兮椒浆……灵偃蹇兮姣服，芳菲菲兮满堂。"这里出现了蕙、兰、桂、椒等"香草"。《九歌·礼魂》亦云："成礼兮会鼓，传芭兮代舞，姱女倡兮容与。春兰兮秋菊，长无绝兮终古。"王逸

注"传芭"句云:"芭,巫所持香草名也。言祠祀作乐而歌,巫持芭而舞,讫以复传与他人更用之。"祭祀的目的是达到人与神的沟通,各民族都曾有过用芬芳植物作为祭品的时期。爱德华·泰勒在他的《原始文化》中提到早期人类用熏香供奉神灵:"这些供品以蒸汽的形式升到了灵物那里,这种思想是十分合理的。""香草"祭祀的起因也主要出于此。《楚辞》中的"香草"大多气味芬芳馥郁。此外,以鲜花作为女巫的装饰、道具也有取悦神灵的用意。[①]

　　《楚辞》的创作与楚国境内的巫风直接相关,《楚辞》中的"香草"意象则是巫风的折射、移植。荷花即是如此,《九章·思美人》的例子最能说明问题:"因芙蓉而为媒兮。"这里的"芙蓉"就是作为"媒介"中介的。王逸云:"《离骚》之文,依诗取兴,引类譬喻。故善鸟香花,以比忠贞。"以《离骚》为代表的《楚辞》的"香草"比兴传统对中国文学影响深远。司马迁《史记·屈原贾生列传》引述《淮南子》之语:"其志洁,故其称物芳。"《楚辞》中的荷花具备文人意味、有着丰富的比兴功能,这和《诗经》中荷花意象的女性意味、奠定女性与荷花之间的隐喻类比关系形成了互补。《楚辞》荷花的比兴意义,我们从功能上进行划分,可以分成两大类。一类是文人芳洁之志象征,一类是政治命运的象征,并且各自形成了一些常见的模式。

二、"荷衣""采莲":隐士之服与遁世之举

　　先论芳洁之志。《离骚》"制芰荷以为衣兮,集芙蓉以为裳"中的"荷

---

① 过常宝《楚辞与原始宗教》"第四章",东方出版社 1997 版。

衣"在后代成为一个"语码"，与"朝服"对立，是隐士之服，体现了避世之志、高洁之情，如：

荷衣垂钓且安命。（钱起《送邬三落第还乡》）

吾当挂朝服，同尔缉荷衣。（钱起《酬陶六辞秩归旧居见寄》）

桂棹为渔暇，荷衣御暑新。（钱起《赠汉阳隐者》）

草座留山月，荷衣远洛尘。（戴叔伦《送张南史》）

"荷衣"比喻隐居避世，这是正题；而撕裂"荷衣"则比喻俗心未泯、违背初衷，这是反题。孔稚圭《北山移文》"焚芰制而裂荷衣，抗尘容而走俗状"的"伪隐士"行为，被讥讽为"岂期终始参差，苍黄翻覆""乍回迹而心染，或先贞而后黩"。反题对正题的逆向发展绝不意味着正题意义的失败，刚好证明了正题的意义潜在地起作用，无论正题与反题，它们都表现了"荷衣"的象征意义。"荷屋"与"荷衣"的象征意义相同，不赘述。

采摘鲜花是先民的一种风俗，《诗经》中即有多例，是农事、民俗活动；而《楚辞》中采摘"香花"则是文人"重之以修能"的一种外化、象征，如采薜荔、采莲（芙蓉）等。采莲（芙蓉）是古代盛行江南的农事活动，采莲文化是影响深远的民间文化；但是，《楚辞》文化系统影响下的采莲（芙蓉）或采莲（芙蓉）相赠则是文人行为，有着特殊的象征意义。采莲象征着遁世、自适的生活方式，如：

日日采莲去，洲长多暮归。弄篙莫溅水，畏湿红莲衣。（王维《皇甫岳云溪杂题五首·莲花坞》）

爱君采莲处，花岛连家山。得意且宁省，人生难此还。（钱起《送虞说擢第南归觐省》）

悠悠泛绿水，去摘浦中莲。莲花艳且美，使我不能还。（储光羲《同王十三维偶然作十首》）

浅渚荇花繁，深潭菱叶疏。独往方自得，耻邀淇上姝。广江无术阡，大泽绝方隅。浪中海童语，流下鲛人居。春雁时隐舟，新萍复满湖。采采乘日暮，不思贤与愚。（储光羲《采莲词》）

储光羲《采莲词》是组诗中的一首，其末句"采采乘日暮，不思贤与愚"和其他几首作品合而观之，避世之旨更为显豁，如《樵父词》"荡漾与神游，莫知是与非"、《渔父词》"非为徇行役，所乐在行休"、《牧童词》"取乐须臾见，宁问声与音"、《采菱词》"尽室相随从，所贵无忧患"。此外，"独往方自得，耻邀淇上姝"也可稍作分析，也是文人的自得其乐，而有别于世俗的男女相悦。"淇"是指淇水，"姝"是指少女。"淇水"是《诗经》中出现频率很高的一条河流，如《卫风·氓》"送子涉淇"、《鄘风·桑中》"期我乎桑中，要我乎上宫，送我乎淇之上矣"。"淇水"之边是青年男女游乐、送别的场所，是能引发爱情想象的一个意象。

在《楚辞》中有采摘香花相赠的习俗，如：

溘吾游此春宫兮，折琼枝以继佩。及其荣华之未落兮，相下女之可诒。（《离骚》）

采芳洲兮杜若，将以遗兮下女。（《湘君》）

搴汀洲兮杜若，将以遗兮远者。（《湘夫人》）

折疏麻兮瑶华，将以遗兮离居。（《大司命》）

《楚辞》文化系统影响下的采莲、折莲相赠是文人之间以人格为基点的勖勉、相思之情的流露。"古诗十九首"中的《涉江采芙蓉》："涉江采芙蓉，兰泽多芳草。采之欲遗谁？所思在远道。还顾望旧乡，长路漫浩浩。同心而离居，忧伤以终老。"这是一首《楚辞》影响痕迹显明的作品，意象优美，包孕丰富，其中就寓含了朋友之间的相思之情。在后代，文人之间的采莲、折莲相赠更多的是一种象征行为，如：

长记潇湘秋晚，歌舞橘洲人散。走马月明中，折芙蓉。（辛弃疾《昭君怨·豫章寄张定叟》）

回首当时同舟侣，为相思、怕折琼瑶柄。千万缕，意难罄。（刘过《贺新郎》）

有约西湖去，移棹晓折芙蓉。（吴文英《塞翁吟》）

"荷衣""采莲"是文人避世、遁世行为方式的代名词，是士大夫"独善"（"穷则独善其身"）、"独清"（"举世皆浊我独清"）之志的流露。与梅、兰、菊、竹、松一样，荷花也是传统的"比德"之象；从这个原点出发，中唐之后，荷花的人格象征意义逐渐丰富，并被提到伦理道德本体的高度，表现方式也趋于多样化。

三、"失时"与"得地"：荷花政治象征的两种模式

屈原的《离骚》是"发愤抒情"之作，他的政治心迹、政治命运通过"香草美人"的比兴象征手法曲折流露。荷花是《楚辞》"香草"序列中重要的一种，后代文学作品在运用这一传统的"香草"意象时，也往往并不停留在物象描写的基础上，而是有着寄托、寓意。举一个有名的例子，柳宗元《登柳州城楼寄漳汀封连四州》颔联："惊风乱飐芙蓉水，密雨斜侵薜荔墙"，从字面来看，这是写景之句，甚工；但是"芙

蓉""薜荔"又是《楚辞》中常见的"香花",所以,以《楚辞》的比兴传统观之,这两句又有着深层涵义。沈德潜《唐诗别裁集》卷十五:"'惊风''密雨',言在此而意不在此。"清何焯《义门读书记》亦云:"吴乔云:中四句皆寓比意。'惊风''密雨'喻小人,'芙蓉''薜荔'喻君子……皆逐臣忧思烦乱之词。"南唐中主李璟《摊破浣溪沙》:"菡萏香销翠叶残,西风愁起碧波间。"王国维《人间词话》卷上评曰:"大有众芳芜秽,美人迟暮之感。"李璟不必有此感,但王国维却不妨有此想,关键就在于菡萏这一"香花"已成"语码",激活、激发中国文人的丰富想象。

美女与花之间有一种传统的隐喻、类比关系,用花之凋落比喻容颜老去,引发、渲染女子内心的伤感情绪,是闺情宫怨诗中常见的手法,如萧纲《梅花赋》:"重闺佳丽,貌婉心娴。怜早花之惊节,讶春光之遣寒……春风吹梅长落尽,贱妾为此敛蛾眉。花色持相比,恒愁恐失时。"再如桃花是出自《诗经》与女性相关的原型意象,桃花飘零与红颜易老之间有着稳定的所指关系,林黛玉《葬花吟》:"花谢花飞飞满天,红消香断有谁怜……明媚鲜艳能几时,一朝飘泊难寻觅……试看春残花渐落,便是红颜老死时。"(《红楼梦》第二十七回)同样出自《诗经》的荷花亦莫能外,如陆厥《中山孺子妾歌二首》"岁暮寒飚及,秋水落芙蕖。"李白《中山孺子妾歌》:"中山孺子妾,特以色见珍……芙蓉老秋霜,团扇羞网尘",与陆厥机杼同一。但是,由于《楚辞》比兴传统的影响,这一常见的闺怨模式更多的是士大夫政治命运的写照,是迟暮之感、失时之感的流露,如贺铸《芳心苦》"返照迎潮,行云带雨。依依似与骚人语。当年不肯嫁春风,无端却被秋风误",即借荷花自喻其孤芳自守的迟暮之感。陈廷焯《白雨斋词话》云:"此词《骚》情雅意,哀怨无端,读者亦不自知何以心醉,何以泪堕。"这首词是贺铸词中深

126

得《骚》韵之作，是年岁蹉跎、报国无门之"哀怨"。①康与之《洞仙歌令》云"新妆明照水，汀渚生香，不嫁东风被谁误。遣踯躅，骚客意，千里绵绵"，也是绍《骚》遗韵。辛弃疾《喜迁莺》"晋臣赋芙蓉词见寿，用韵为谢""休说，当日灵均，恨与君王别。心阻媒劳，交疏怨极，恩不甚兮轻绝。千古离骚文字，芳香至今犹未歇。都休问，但千杯快饮，露荷翻叶"，也是用荷花来象征君臣之遇合。卢照邻《曲池荷》"浮香绕曲岸，圆影覆华池。常恐秋风早，飘零君不知"一诗作闺怨诗解固无不可，但是由于荷花的比兴象征功能，笔者以为此诗的最佳解会当为寄托之作。

上面这一模式是为了抒发"失时"之感，与此形成对照的是借荷花抒发"得地"之感。荷花本是野生，但是因为其观赏价值，宫廷中很早就引种。宫廷荷花"得地"而生，诗人们即借用这一传统的"香草"比兴意象，抒发政治怀抱、政治期望，如：

> 荷生绿泉中，碧叶齐如规。回风荡流雾，珠水逐条重。
> 照灼此金塘，藻耀君玉池。不愁世赏绝，但畏盛明移。徒歌
> 涉江曲，谁见缉为裳。（张华《荷诗》）

> 勿言草卉贱，幸宅天池中。微根才出浪，短干未摇风。（沈
> 约《咏新荷应诏诗》）

> 泽陂有微草，能花复能实。碧叶喜翻风，红英宜照日。
> 移居玉池上，托根庶非失。如何霜霰飞，应与飞蓬匹。（江洪《咏
> 荷诗》）

> 秋至皆零落，凌波独吐红。托根方得所，未肯即从风。（弘
> 执恭《秋池一株莲》）

---

① 缪钺《缪钺说词》"论贺铸词"，上海古籍出版社1999年版。

碧荷生幽泉，朝日艳且鲜。秋花冒绿水，密叶罗轻烟。

秀色空绝世，馨香竟准传。坐看飞霜满，凋此红芳年。结根

未得所，愿托华池边。（李白《古风》）

"托根得所"成为咏荷之作中的一个重要模式。宋之问《秋莲赋》则在与"潇湘、洞庭、溱洧、淇澳"等野生荷花的对比中，凸显出"宫廷"荷花的得终天年、荣落有期的"私分"：

天授元年，敕学士杨炯与之问分直于洛城，西入阁。每

鸡鸣复至，羽林仗、阍人奏名请龟契，仁命拱立御桥之西。

玉池清冷，红蕖菡萏。谬履扃闱，自春徂秋，见其生、视其

长、睹其衰，得终天年而无夭折者，良以隔碍仙境，人莫由窥。

向若生于潇湘洞庭溱洧淇澳，即有吴姬越客，郑女卫童，芳

心未成，采撷都尽。今委以白露，顺以凉风，荣落有期，私

分毕矣。斐然欲歌其事，久之乃赋。

也有借荷花之"红心"来比喻赤诚之心的，但是这类作品伤于直露，缺乏幽眇之致，如沈约《咏新荷应诏诗》"宁知寸心里，蓄紫复含红"、司空图《偶书五首》"自有池荷作扇摇，不关风动爱芭蕉。只怜直上抽红蕊，似我丹心向本朝"。

四、荷与兰、薜荔等：《楚辞》"香草"的同类组合

荷花与兰、薜荔等共同构成了《楚辞》缤纷多彩的"香草"王国，在后代的诗歌中，它们也常常作为同类意象组合联袂出现。荷花与兰的搭配，如王粲《诗》"幽兰吐芳烈，芙蓉发红晖"、曹丕断句"兰芷

生兮芙蓉披"。与"薜荔"搭配的例子，如裴迪《春日与王右丞过新昌里访吕逸人不遇》"芙蓉曲沼春流满，薜荔成帏晚霭多"、许浑《再游姑苏玉芝观》"玉池露冷芙蓉浅，琼树风高薜荔疏"、许浑《戏代李协律松江有赠》"霜凝薜荔怯秋树，露滴芙蓉愁晚波"、方干《山中言事》："池塘月撼芙蓉浪，窗户凉生薜荔风"、沈彬《秋日》"薜荔惹烟笼蟋蟀，芰荷翻雨泼鸳鸯"。

张华《杂诗三首》"微风摇茝若，层波动芰荷"、谢朓《往敬亭路中》"山中芳杜绿，江南莲叶紫"中的搭配也是《楚辞》系统中"香草"的搭配。值得注意的是，对于这类"香草"组合，我们不能泥解。它们不一定是写实，更多的时候是继承了《楚辞》中的组合方式，是一种惯性思维，是写意。

结　语

荷花的《楚辞》原型是文人意味意象，文人与荷花之间的联系建立在对荷花内涵、本质的体认基础之上；荷花的《诗经》原型是女性意味意象，女子与荷花之间的拟似建立在荷花的色相观察、描摹基础之上。相比较而言，《楚辞》原型体现了更高的审美层次。荷花是一优美的花卉意象，《楚辞》文化传统中的荷花比兴意义指涉丰富。中国文人采用这一意象，就避免了抒情的直露、粗浅，而颇饶芳馨幽眇、缠绵悱恻之致。中国文学中的荷花具有人格象征意义，而荷花的《楚辞》原型是一个基点、原点，提供了丰富的可能性。

（原载《云梦学刊》2003 年第 6 期）

《爱莲说》主旨新探

荷花是中国传统的"比德"之花。宋代周敦颐《爱莲说》是家喻户晓的名篇，将荷花提高到了"君子花"的高度，荷花成为士大夫人格的完美象征。以往关于《爱莲说》的研究，或者停留在文本的鉴赏、分析，或者摭拾佛教典故，发掘周敦颐与佛教的联系，对"君子"内涵的阐释却远远不够。"君子"之说的产生并不是偶发的，它是在宋代伦理意识高涨的文化背景之下产生的。本文结合宋代文化背景、政治背景、周敦颐的哲学思想，对《爱莲说》进行阐释，得到了一些与前人不同的结论。

一、"君子"说产生的社会文化背景

宋代伦理意识高涨，士大夫以道德人格的完善为终极追求目标；花卉吟咏普遍摆脱了刻镂形似、美人拟喻，走向"比德"演绎，"标格"凸显。史浩《花舞》序言："两人对厅立，自勾，念：伏以骚赋九章，灵草以喻君子；诗人十咏，奇花命以佳名。因其有香，尊之为客。欲知标格，请观一字之褒。"花中"十客"联袂登场，文人与花卉之间建立了亲近关系。中国文学中，花卉与女子之间有着传统的隐喻、类比关系，这种关系是建立在物色审美基础上的；而花卉与文人之间的关系是建立在对花卉内在"标格"体认、发掘的基础之上。《花舞》中"十客"之名并不是史浩一厢情愿、一时兴起,在他同时代,"十客"、"十友"等是颇为流行的话头。宋人在花卉描写时,"标格""品格"为其措意所在, 如:

> 天然地、别是风流标格。(苏轼《荷花媚·荷花》)

> 可意黄花人不知,黄花标格世间稀。(张孝祥《鹧鸪天》)

> 夜月明前, 夕阳歇后, 清妙世间品格。(王质《无月不登楼·种花》)

> 定自格高难著句,不应工部总无心。(尤袤《瑞鹧鸪·海棠》)

荷花在中唐之后即有人格象征意味,但是因为缺乏普遍的社会文化心理, 虽然有例可稽, 但毕竟尚是偶发。荷花成为广泛接受的士大夫人格象征物乃是在宋代;这种现象并不是孤立的, 我们发现, 梅花人格象征意义的成熟也是在宋代。

荷花意象具有女性意味。唐代张昌宗, 排行第六, 人称"六郎",貌美异常, 成了武则天的宠臣。《新唐书·列传三十四》"杨再思本传"记载杨再思的奉承之语:"人言六郎似莲花, 非也, 正谓莲花似六郎耳。""六郎似莲花"这个比喻句中,"六郎"是本体,"莲花"是喻体。"莲花似六郎"的比喻句却是突破了这种传统思路,用美男子比喻荷花;"莲花"是本体,"六郎"是喻体。

宋代,荷花女性意味的极至表现"荷花似六郎"说受到了质疑、取笑、挞伐, 如:

> 未应傅粉疑平叔,欲笑荷花似六郎。(赵长卿《鹧鸪天·咏荼蘼五首》)

最怜杨柳如张绪，却笑荷花似六郎。①（辛弃疾《鹧鸪天》）

六郎涂沕，似和不似依然。（陈亮《新荷叶》）

六郎那得这般潇洒襟宇。（朱涣《百岁令·寿丁大监》）

已曾识三闾，安肖六郎。词人更儇薄，比咏犹妃嫱。曷不观兹花，意色和而庄。风吹月露洗，岂若冶与倡。众芳慕绝艳，谁能参微香，吾诗纵枯淡，一扫时世妆。（刘克庄《癸水亭观荷花》）

芳姿香可人，刚道六郎似。谁谓前哲心，爱莲比君子。（张怡然《荷花》）

风露青冥水面凉，旋移野艇受清香。犹嫌翠盖红妆句，何况人言似六郎。（陆游《荷花绝句》）

色香无比出西方，何物妖狐号六郎。（何耕《莲塘》）

对荷花女性意味的否定是"破"之一面，宋人的贡献更在于"立"，将荷花提高到伦理道德本体象征的高度，确立了荷花"君子花"的地位，周敦颐《爱莲说》：

水陆草木之花，可爱者甚蕃，晋陶渊明独爱菊；自李唐以来，世人甚爱牡丹。予独爱莲，出淤泥而不染，濯清涟而不妖。中通外直，不蔓不枝，香远益清，亭亭净植。可远观而不可亵玩焉。予谓菊，花之隐逸者也；牡丹，花之富贵者也；莲，花之君子者也。噫，菊之爱，陶后鲜有闻；莲之爱，同予者何人；牡丹之爱，宜乎众矣。

---

① 张绪是南朝齐人，"张绪柳"是柳树题材作品的常见典故，出自《南史·张绪传》："（张）绪吐纳风流，听者皆忘饥疲……刘俊之为益州，献蜀柳数株，枝条甚长，状若丝缕。时旧宫芳林苑始成，武帝以植于太昌灵和殿前，常赏玩咨嗟，曰：'此杨柳风流可爱，似张绪当年时。'"

"君子"与荷花之间建立了直通关系，周敦颐对荷花性状的描写是士大夫人格的直观体现。

图22　荷花。（网友提供）

二、"出淤泥而不染"：心性修养功夫，备"清性"与"贞姿"于一体

《爱莲说》中传诵最广的名句是"出淤泥而不染"，很多人对荷花佛教寓意的了解就是来自于此句，周敦颐于释氏之功可谓大矣。"出淤泥而不染"中佛教质素的影响是毋庸置疑的。《华严经探玄记》：

夫莲华者，梁摄论中有四义。一，如世莲华，在泥不染。
譬法界真如，在世不为世法所污。二，如莲华自性开发。譬
真如自性开悟，众生若证，则自性开发。三，如莲华为群蜂
所采。譬真如为众圣所用。四，如莲华有四德：一香，二净，
三柔软，四可爱。譬真如四德，谓常乐我净。

　　"出淤泥而不染"明显是借鉴了佛教莲花的质素。宋人或尊荷花为
"友"，如曾惜、刘黻，或引荷花为"客"，如史浩，其人伦相亲的基点
也均是荷花的佛教清净、不染的原型意义[①]。程杰《梅花象征生成的三
大原因》第二节从思想史的角度考察，认为"宋人在松、竹、兰、菊
等'比德'之象的审美认识中，所着意发挥的是'清''贞'为核心的
精神品质"。[②]中唐以来，随着南宗禅的风靡，荷花的佛教寓意成为释
氏常典，在中国文人作品中俯拾即是。宋儒援禅入儒、以儒解禅，荷
花的"清"性获得了人格象征意蕴。"出淤泥而不染"的对句"濯清涟
而不妖"中，"不妖"是对传统的荷花物色之美、女性之美的否定，也
是对世俗、庸陋人格的否定，从另外一个角度强化了荷花的"清"性内涵，
"菡萏诗歌，芙蓉骚赋，曷取哉？比德也。我德之清其清也，我德之芳
其芳也"。[③]

　　但是，将"出淤泥而不染"看成是一成不变地因袭，即《华严经

---

① 曾惜《调笑·净友莲》："净友，如妆就，折得清香来满手。一溪湛湛无尘
　　垢，白羽轻摇晴昼。远公保社今何有，怅望东林搔首。"刘黻《净友莲》："净
　　友何田田，修洁得自性。本生淤泥中，乃与玉同莹。一净消万暑，特立起群敬。
　　色香非色香，是谓花之圣。"史浩《花舞》："花是芙蕖冰玉漱。人间暑气何曾受。
　　本来泥滓不相关，净客之名从此有……净客之名从此有。多谢风流，飞驭陪
　　樽酒。持此一卮同劝后。愿花长在人长寿。"
② 程杰《梅花象征生成的三大原因》，《江苏社会科学》2011年第4期。
③ ［宋］袁甫《马实夫君子堂记》，收录于《蒙斋集》（《影印文渊阁四库全书》）
　　卷十三，上海古籍出版社1987年版。

134

探玄记》的翻版，则又未免简单化。对《爱莲说》的解读应该纳入周敦颐的整个哲学体系进行观照。周敦颐强调内省反观，主"无欲"之说，"不染"即"无欲"。《通书·圣学第二十章》：

> 圣可学乎？曰：可。曰：有要乎？曰：有。请闻焉！曰：一为要。一者，无欲也，无欲则静虚动直……①

《养心亭记》中进一步阐发：

> 予谓养心不止于寡而存耳，盖寡焉以至于无，无则诚立明通。②

从"寡"至"无"，主观能动的痕迹宛然可见，这和佛教"修心"之禅定寂灭者不同。"出淤泥而不染"其实已经蕴含了强化心性修养、建立抵御外界诱惑的意志结构的命题。这已经上升到了人格本体的高度。

周敦颐之"出淤泥而不染"与佛教莲花寓意相比，有出蓝而胜蓝之妙，实貌是而神非。但是，其间的差别非常细微，非世人所能易察，所以就出现了一些有趣的现象。宋代道学家"严儒、释之防，于取譬之薄物细故，亦复煞费弥缝也"，③虽然激赏《爱莲说》以及心性修养之说，但是却绝口不提"出淤泥而不染"；道学家想与佛教"撇清"。至清朝，更有郑之侨者作《爱莲说辨》，④力辨《爱莲说》非周敦颐所作，考其出发点，也是"用心良苦"，生怕世人惑于佛教虚无之说：

> 揣先贤之好尚，不能指其操存切实之功，而仅以寄情适

① 本文所用《通书》为中国社会科学院哲学研究所中国哲学史研究室编《中国哲学史资料选辑》，中华书局 1982 年版。
② ［宋］周敦颐撰、周沈坷编《周元公集》（《影印文渊阁四库全书》）卷二，上海古籍出版社 1987 年版。
③ 钱钟书《谈艺录》（补订本）第 624 页。
④ 梁绍辉《周敦颐评传》第 92 页，南京大学出版社 1998 年版。

意为一生之统摄；此亦犹不从喜怒哀乐未发处养出天地万物一体之气象，而误认以寂心灭性为禅机之隐逸。将率天下后世而入于捕风捉影之为，斯亦人心学术之一大坏也……周子"无欲"二字，直是学人一粒种子，动静互为其根，而必云"出淤泥而不染，濯清涟而不妖"也哉？

周敦颐借"出淤泥而不染"阐明了心性修养的重要性，主体与外界、心与物在对抗中获得独立、超拔的存在。应该着重指出的是，理学家强调"本"末一贯、"体"用并存，是一种积极入世的态度，这和佛家的消极出世态度迥然不同。柳诒徵先生就曾精辟地指出：

自宋之前，儒者之学，仅注重于人伦日用之学，而不甚讲求玄远高深之原理。道、释二氏，则又外于伦纪，而为绝人出世之想。惟宋之诸儒，言心言性，务极其精微；而于人事，复各求其至当，所谓明体达用，本末兼赅，此尤宋儒之特色也。[1]

宋代的士大夫从莲花"出淤泥而不染"的体认中往往汲取的是一种异乎佛家寂灭无为的人格力量，如包恢《莲花》："暴之烈日无改色，生于浊水不染污。疑如娇媚弱女子，乃似刚正奇丈夫。有色无香或无食，三种俱全为第一。实里中怀独苦心，富贵花非君子匹。"[2]包恢有理学的思想背景，他生于书香门第，曾和他的父亲包扬、伯父包约、叔父包逊先后求学于陆九渊，后又跟从朱熹游学。他的这首《莲花》在观点、字面上有理学开山祖师周敦颐的《爱莲说》的影响。前面四句是描写、比喻。荷花在炎炎烈日之下盛放，却是颜色不变；荷花在浊水之中生长，

---

① 柳诒徵《中国文化史》（下册）第514页，东方出版中心1996年版。
② ［宋］包恢《敝帚稿略》（《影印文渊阁四库全书》）卷八，上海古籍出版社1987年版。

却是清白无染。"无""不"是两个表达否定意义的副词,语气坚定、有力。这很容易让我们想起《孟子》连续用了三个否定副词的名句:"富贵不能淫,贫贱不能移,威武不能屈,此之谓大丈夫。"这两句自然地引出了包恢的价值判断:荷花是"外柔内刚"的,它表面上像柔弱的女子,本质上则是刚正的男子。以凛然、刚直的士大夫形象比拟荷花,这种情形只有在伦理意识高涨、荷花人格铸塑完成的宋代才可能出现。再如,宋人柴中行《敬题濂溪先生书堂》诗"一诵《爱莲说》,尘埃百不干"①,"百不干"三字最为简切著明。金代赵讽《盆池莲花》"不许纤尘污秀质","不许"二字也是一种主观抗拒姿态。这是一种刚性的人格力量,和以前着重荷花阴性、柔美审美特质的抉发不同;宋代士大夫描写的"出淤泥而不染"所着意展示的是荷花的"贞"姿。

"清""贞"和合是宋代花木"比德"的总体倾向,前引程杰《梅花象征生成的三大原因》中已有相当全面、深刻的论述。荷花"出淤泥而不染",在道德意识隆涨、理学思维的观照下,备"清"性与"贞"姿于一体,这是荷花与其他"比德"之象的共性。然而,"所有的象征都得有一个物理形式,否则,它们不可能进入我们的经验"②。荷花有着独特的生物禀赋,是"这一个";所以,在"比德"的思想背景之下,荷花又体现了不同于其他花卉的丰富的意蕴。《爱莲说》中其他关于荷花性状的描写也是"君子"人格的物态化展示。

---

① 《广群芳谱》(《影印文渊阁四库全书》)卷三十,上海古籍出版社 1987 年版。
② 庄锡昌等编《多维视角中的文化理论》第 244 页,浙江人民出版社 1987 年版。

三、"亭亭净植"、"不蔓不枝"：对矫矫不群、不比不附的独立人格的呼唤

荷花"守一茎一花之节"，《爱莲说》抓住荷花这一特性，以"不蔓不枝""亭亭净植"从人际关系角度切入，宣扬主体独立，正如《论语·为政》所云："君子周而不比，小人比而不周。"

假如将《爱莲说》放在北宋的政治、文化背景之上进行解读，我们会得到更丰富的启示。北宋政治最突出的特点，柳诒徵先生曾一言以蔽之，曰"政党政治"[①]。北宋党争始于熙宁、元丰以后。根据《爱莲说》的附记，《爱莲说》作于"嘉祐八年五月"，早于北宋党争，但党争之前早有"党议"。《宋史纪事本末》："庆历三年三月，以欧阳修、王素、蔡襄知谏院……自范仲淹贬饶州，修及尹洙、余靖，皆以直仲淹见逐。群邪目之曰'党人'。于是朋党之议遂起。修乃为《朋党论》以进，曰：'臣闻朋党之说，自古有之……'"我们可以知道，嘉祐之前，朝廷之中已有"党议"之风。周敦颐在政治上位卑，并没有资格直接参与上层的议论、争斗；但是周敦颐幼年丧失双亲，归舅父龙图阁学士郑向抚养，应该有机会了解朝廷动向。"亭亭净植""不蔓不枝"是对矫矫不群、不比不附的独立人格的呼唤，在"山雨欲来风满楼"的嘉祐末年，有着特殊而深刻的意义。

"不蔓不枝"在后代也不乏共鸣。宋代释文珦《东湖荷花》的最末两句云："何事濂溪偏爱此，为他枝蔓不曾生。"周敦颐为什么偏爱莲花？

---

① 柳诒徵《中国文化史》（下册）第516页，东方出版中心1996年版。

仁者见仁、智者见智，但释文珦认为最重要的就是"枝蔓不曾生"。王晔《芙蓉》"孤贞无漫蔓"①对荷花的这一人格象征内涵也有体认。

四、"中通外直"：作为理学家的周敦颐最大的创获

荷花直立水中，荷梗中虚而外直，《爱莲说》以"中通外直"形象化地阐释了理学家的本体论。"中"指心性本体，"通"是对心性本体状态的描述，即透脱通达、无窒无碍。"通"是周敦颐在《通书》中反复申述的一个概念，《通书·诚下第二章》"元、亨，诚之通"、《通书·思第九章》"尤思，本也；思通，用也。几动与彼，诚动于此，无思而无不通也为圣人"、《通书·圣学第二十章》"无欲则静虚动直。静虚则明，明则通"。黄庭坚《濂溪词并序》曰"春陵周茂叔人品甚高，胸中洒落，如光风霁月"可作为"通"之最佳注脚②。"外"指立身处世，"直"是端毅刚直、不虚与委蛇。周敦颐以身践"直"，吕陶《诗序》记载其立身处世，云："及其判忠谀，拯忧患，虽贲育之力，莫亢其勇。"袁甫《南康郡四贤堂记》："濂溪五十余上南康印绶，分司南京，屯田为颍上令，不能屈节事上官，弃官入山。"

---

① 《广群芳谱》（《影印文渊阁四库全书》）卷三十，上海古籍出版社1987年版。
② 黄庭坚的序文见清代张伯行辑《太极图详解》卷九，学苑出版社1990年版。"洒落""光风霁月"成为描述周敦颐品格的流行、经典语词。如李愿中《答朱元晦书》："尝爱黄鲁直作濂溪序云：'……'。此句形容有道者，气象绝佳。胸中洒落，即作为尽洒落矣。学者至此虽甚远，亦不可不常存此体段在胸中。庶几遇事廓然，于道理方少进。"王子修《题祠堂》："霁月光风状未成。"周刚《敬题濂溪祠》："光风霁月忽开天。"文仲琏《嘉定七年九月十三日敬拜濂溪先生祠下》："身到平生霁月边。"周敦颐濂溪旧居有"光风霁月"匾，如潘之定《濂溪六咏》"光风霁月新题扁"；又有"光风霁月"亭，如朱熹《书濂溪光风霁月亭》。上引诗文均见《太极图详解》卷九。

"中通"则"外直","中通"为体,"外直"为用。"中通"与"外直"之间并不是并列关系,而是因果关系;这正如"内圣外王","内圣"与"外王"之间也不是并列关系,而是因果关系。"中通外直"是理学心性修养学说、道德自隆意识与立身处世、伦理责任的有机统一,本体论与方法论的有机统一。这就既超越了佛家之虚玄、"外于伦纪",又超越了传统儒家之粗疏,注重事功、"人伦日用"。

"中通外直"是作为理学"开山祖师"的周敦颐的贡献,是《爱莲说》中最具创获、对后代影响最大的命题,在宋代备受推崇,如:

> 濂溪先生妙达阴阳动静之理,谓乾坤化生万物,万物生生而变化无穷。呜呼,易道深矣!先生之学该贯天地万物而独爱一莲,何哉?莲亦太极也。中通外直,亭亭净植,太极之妙具于是也。(袁甫《白鹿书院君子堂记》)

> 荷花辱没于淫邪、陷于佛者几千载。自托根濂溪而后,始得以其"中通外直"者侪于道。(牟巘《荷花》序言①)

最能简明提炼、传达周敦颐意旨的是理学之集大成者朱熹,其《题君子亭》云:"内正外自直。""自"是自然而然的意思,表述就是"内"和"外"之间的因果关系。我们再看明代的附和与共鸣:

> 见说中通能外直,此心端合与花盟。(李东阳《内阁五月莲花盛开,和太子太保刘公韵二首》②)

> 不枝不蔓体本真,外直中通用乃神。我即莲花花即我,如公方是爱花人。(陈宪章《茂叔爱莲》③)

---

① [宋]牟巘《牟氏陵阳集》(《影印文渊阁四库全书》)卷四,上海古籍出版社1987年版。

② 《广群芳谱》(《影印文渊阁四库全书》)卷三十,上海古籍出版社1987年版。

③ 《广群芳谱》(《影印文渊阁四库全书》)卷三十一,上海古籍出版社1987年版。

值得注意的是，荷梗中虚而外直的特性与竹子也与梧桐相似，周敦颐的"中通外直"很可能受到了唐代白居易的影响。白居易《养竹记》云：

> 竹似贤，何哉？竹本固，固以树德，君子见其本，则思善建不拔者。竹性直，直以立身，君子见其性，则思中立不倚者。竹心空，空以体道，君子见其心，则思应用虚受者……①

白居易赋予了竹子之"直""空"以人格化的内涵；但是比较之下，二者的相异也是非常明显的。白居易"空以体道"之"道"是"虚受"，是被动的接受，近似于道家的"无为"思想，而周敦颐之"中通"是具有自觉意识的理学心性修养功夫。更为重要的，白居易"空以体道""直以立身"之"空""直"是并列的范畴；而周敦颐"中通外直"之"通""直"之间是因果、体用之关系。再如白居易《云居寺孤桐》：

> 四面无附枝，中心有通理。寄言立身者，孤直当如此。

白居易也发现了孤桐的"中通"，并且也赋予了孤桐"孤直"的人格象征内涵；但是同样并未能指出"通""直"之间的因果、体用关系。白居易与周敦颐之间已只是"一步之遥"，在宋代儒学复兴、理学兴起的背景之下，"中"与"外"、"通"与"直"之间的关系终于打通，"中通外直"成为影响深远的命题。

荷花"香远益清"，是《易传·系辞上》所说的"行发乎迩而见之乎远"的人格感召力量，可以超越空间。任大中《送周茂叔赴合州金判》"一帆风雪别南昌，路出涪陵莫恨长。绿水泛莲天与秀，蜀中何处不闻香"，即用荷花的这一层象征意蕴。荷花生于水中，难于采撷攀折，所谓"可远观而不可亵玩焉"，体现了士大夫端严、凛然不可犯的精神品质。

---

① 《全唐文》卷六七六，上海古籍出版社1990年版。

图 23 ［宋］佚名《百花图卷》。《百花图卷》描绘四季
花约 60 种，长近 17 米，可以说是辉煌巨制；这里截取了描
绘荷花的局部。这一部分的中心景物是一面阔大的荷叶，左
侧是数枝含苞的荷花，右侧是一个莲蓬。莲蓬旁栖息着一只
类似于鹌鹑的鸟，鸟嘴对着右边，和右边的花卉呼应、过渡。
宋代之前的荷花大多是著色的，而这一幅作品是水墨的。南
宋时期，水墨荷花作品增多，而且有人还推崇水墨、贬低著色，
如释居简《墨藕花》"以色媚人宁坏色"，"宁"是宁愿的意思，
蕴含了价值判断。这和本文所提到的否定"荷花似六郎"、否
定荷花的女性意味是殊途同归的。现藏故宫博物院。

结　语

荷花"君子"内涵的凸显是以菊花、牡丹二者的黜降为"代价"的。菊花"隐逸"、遗落世事，牡丹"富贵"、沦溺世俗，均不是周敦颐所宣扬的既有入世之意，又有超世之志的人格，如南宋袁甫《白鹿书院君子堂记》所说："莲为君子，则富贵、隐逸非君子欤？隐逸，非富贵者也；富贵，未必可贫贱也。若夫君子，何适而不可哉？"牡丹是唐宋以来地位最高的花卉，尤其是深受世俗赏爱；《爱莲说》中只是描述了牡丹、荷花的不同之处，并没有明确的抑扬，作"惊世骇俗"之论。南宋的包恢《莲花》的末句云"富贵花非君子匹"，很显然，这是在周敦颐的基础之上更进一步了。

总之，在北宋时期，荷花完成了"君子花"的历史铸塑，成为伦理道德、人格本体的象征。"君子花"内涵汲取了佛教原型的营养，同时又有理学家心性修养理论的浸润。"君子花""出淤泥而不染"，备"清"性与"贞"姿于一体，"中通外直"，是理学心性本体论的形象阐释，统摄佛教理论与儒家学说，成为士大大人格的完美象征。

（原载《江海学刊》2002 年第 5 期）

"无情有恨何人觉"

——白莲人格象征意义探讨

荷花是中国传统的"比德"之花，屈原作品中多次出现，如《离骚》："制芰荷以为衣兮,集芙蓉以为裳。"《史记·屈原贾生列传》引刘安语:"其志洁, 故其称物芳。"《楚辞》荷花原型象征着士大夫的芳洁之志, 这是荷花人格象征意义发生的原点、基点。王弼《周易略例·明象》中说:"夫象者,出意者也。"《楚辞》中的荷花尚处在审美活动的初期,是"混沌"之"象", 缺乏具象性的描写;与之相应, 其所出之"意", 也就是荷花所象征的人格也是"混沌"的,并没有明确、丰富的界定、内涵。随着审美认识的发展, 荷花的人格象征意义逐渐明朗、丰富。北宋周敦颐《爱莲说》中的"君子花"是这一人格象征意义的最高表现形态, 荷花成为伦理道德的象征。

荷花具有丰富的人格象征内涵, 非"君子花"所能举而概之。白莲是中国文人心理的对象化载体, 是荷花人格象征意义的重要组成部分;白莲人格象征意义的形成是以皮日休、陆龟蒙为代表的苏州诗人及以齐己为代表的庐山诗人的共同"结晶"。皮日休作品中的高洁之志、陆龟蒙作品中的孤寂之感、齐己作品中的清白之心等多重情感交织,成为白莲人格化内涵的基本内容。南宋末年, 这种情感取向成为遗民词人的一种普遍心理, 白莲意象特别受到青睐, 同时又融入了更为深沉的家国之悲。

图 24　白莲--。（网友提供）

一、中唐白居易、李德裕引种白莲，白莲开始在北方普及

　　中国早期荷花主要是红色单瓣的原始种型，汉代建筑中的荷花藻井、沂南画像石、汉墓中的八瓣莲花藻井以及其他一些器皿装饰可以为证；汉魏六朝诸多的荷花赋作也是赋红荷。李德裕《白芙蓉赋》即云：

　　　　金陵城西有白芙蓉，素萼盈尺，皎如霜雪……古人唯赋
　　红蕖，未有斯作。因以抒思，庶得其仿佛焉……嗟夫楚泽之
　　中无莲不红，唯斯花以素为绚。（《全唐文》卷六百九十六）

　　白莲见诸文学作品迟于红莲约千年，隋代辛德源《芙蓉花》："洛神挺凝素，文君拂艳红。丽质徒相比，鲜彩两难同。"从诗意来看，似是咏二色莲；第一句咏白莲，第二句咏红莲。开元、天宝年间，宫廷池苑中已经引种白莲，王昌龄《殿前曲二首》其二："仗引笙歌大宛马，

白莲花发照池台。"五代时期王仁裕《开元天宝遗事》的记载也可以作为辅证：

> 明皇秋八月，太液池有千叶白莲数枝盛开，帝与贵戚宴赏焉。左右皆叹羡久之，帝指贵妃示于左右曰："争如我解语花？"

此时的白莲尚是宫廷"禁脔"，并不常见；以白莲比喻女子也只是沿袭了《诗经》以来荷花与女子之间的类比关系，并不具备人格象征内涵。

图25　白莲二。（网友提供）

中唐时，白居易、李德裕引种江南花卉，白莲开始普及。程大昌《演繁录》卷九：

> 洛阳无白莲，白乐天自吴中带种归，乃始有之，有《白

146

莲池泛舟》诗，曰："白藕新花照水开，红窗小舫信风回。谁教一片江南兴，逐我殷勤万里来。"又有《种白莲》诗，曰："吴中白藕洛中栽，莫恋江南花懒开。万里携归尔知否，红蕉朱槿不将来。"

白居易曾经担任苏州太守，苏州是白莲的主要产地之一，白居易将它引种进了洛阳的林园，这在他的诗歌中屡见记载，如：

嫌红种白莲。（《忆洛中所居》）

青石一两片，白莲三四枝。寄将东洛去，心与物相随。（《莲石》）

素房含露玉冠鲜，绀叶摇风钿扇圆。本是吴州供进藕，今为伊水寄生莲。（《六年秋重题白莲》）

归来未及问生涯，先问江南物在耶。引手摩挲青石笋，回头点检白莲花。（《问江南物》）

只候高情无别物，苍苔石笋白花莲。（《令狐尚书许过弊居先赠长句》）

此外，白居易曾在庐山香炉峰下筑草堂，堂前有小池，池中生白莲；他的相关作品也提升了白莲的知名度，如：

何以洗我耳，屋头落飞泉。何以净我眼，砌下生白莲。（《香炉峰下新置草堂即事咏怀题于石上》）

红鲤二三寸，白莲八九枝。（《草堂前新开一池养鱼种荷日有幽趣》）

环池多山竹野卉，池中生白莲白鱼。（《草堂记》，《全唐文》卷六百七十六）

白居易作品中的白莲作为江南风物、幽居生活的点缀，少有深意。

当然也间有寄托之作，如《浔阳三题·东林寺白莲》：

> 东林北塘水，湛湛见底清。中生白芙蓉，菡萏三百茎。
> 白日发光彩，清飙散芳馨。泄香银囊破，泻露玉盘倾。我惭
> 尘垢眼，见此琼瑶英，乃知红莲花，虚得清净名。夏萼敷未歇，
> 秋房结才成。夜深众僧寝，独起绕池行。欲收一颗子，寄向
> 长安城。但恐出山去，人间种不生。

通过与红莲的对比，表达了诗人对白莲的喜爱之情，此处的"清净"主要还是一种视觉感受；末尾的"但恐出山去，人间种不生"，也只是"在山为远志，出山为小草""在山泉水清，出山泉水浊"的老调重弹，表达对隐与仕的观点。下面这首诗更是概念化的作品，犹显牵强。《感白莲花》：

> 白白芙蓉花，本生吴江濆。不与红者杂，色类自区分。
> 谁移尔至此，姑苏白使君。初来苦憔悴，久乃芳氛氲。月月
> 换新叶，年年根生根。陈根与故叶，销化成泥尘。化者日已远，
> 来者日复新。一为池中物，永别江南春。忽想西凉州，中有
> 天宝民。埋殁汉父祖，孽生胡子孙。已忘乡土恋，岂念君亲恩。
> 生人尚复尔，草木何足云。

与白居易同时，李德裕在洛阳的私家园林平泉山庄也引进了江南的白莲、重台莲。《平泉山居草木记》："余二十年间，三守吴门，一莅淮服。嘉树芳草，性之所耽。或致自同人，或得于樵客……因感于学诗者多识于草木之名，为骚者必尽芳荪之美，乃记所出……荷有蘋洲之重台莲，芙蓉湖之白莲。"（《全唐文》卷六百九十六）"蘋洲之重台莲"即"吴兴郡南白蘋亭"之重台莲（《重台芙蓉赋》，《全唐文》卷六百九十六）；"芙蓉湖之白莲"即"金陵城西"之白芙蓉。吴兴是今

天的浙江湖州，金陵是今天的江苏南京。

从上面所征引的白居易、李德裕的材料看，中唐之后私家园林的兴盛是白莲普及的物质基础。与白莲同时进入北方园林的还有太湖石，这也是可以顺便提及的。白、李二人普及了白莲，但白莲仍然未获得人格化象征内涵。

二、皮日休与陆龟蒙对白莲内涵的提升

白莲人格象征意义的形成是咸通时期以皮日休、陆龟蒙为代表的苏州诗人以及唐代末年以齐己为代表的庐山诗人的共同"结晶"。①

陆龟蒙、皮日休在苏州时期的唱和作品收录于《松陵集》中。《松陵集》摹写江南风光，流露出隐逸闲适情调。苏州是白莲最有名的产地，专题吟咏白莲之作最早即见于皮、陆二人作品。我们先看皮日休的白莲之作：

> 但恐醍醐难并洁，只应薝卜可齐香。半垂金粉知何似，静婉临溪照额黄。（《白莲》）

> 腻于琼粉白于脂，京兆夫人未画眉。静婉舞偷将动处，西施颦效半开时。通宵带露妆难洗，尽日凌波步不移。愿作水仙无别意，年年图与此花期（《咏白莲》其一）

> 细嗅深看暗断肠，从今无意爱红芳。折来只合琼为客，把种应须玉甃塘。向日但疑酥滴水，含风浑讶雪生香。吴王

① 关于这两个诗人群体的创作情况，可以参看贾晋华《唐代集会总集与诗人群体研究》上编第七章"《松陵集》与咸通苏州诗人群"以及下编第四章"唐末五代庐山诗人群考论"，北京大学出版社 2001 年版。

149

台下开多少，遥似西施上素妆。（《咏白莲》其二）

缟带与纶巾，轻舟荡赤门。千回紫萍岸，万顷白莲村。

荷露倾衣袖，松风入鬓根。潇疏今若此，争不尽余尊。（《赤
门堰白莲花》）

五律一首借白莲起兴，抒发"潇疏"之怀，不是严格意义上的咏
物作品。七绝一首、七律两首中，或取物比况，如醍醐、蒨卜、琼粉、
酥滴水、雪生香；或"美人"拟喻，如张静婉、京兆夫人、西施。拘
泥形似，描写手法也未脱窠臼。这三首作品更重要的价值是在于其题
材意义。真正提升白莲内涵、能够流露皮日休个人情志的反而是他的
一些散句，如：

幽鸟见贫留好语，白莲知卧送清香。（《夏景无事因怀章、
来二上人二首》）

白鸟白莲为梦寐，清风清月是吾乡。（《鲁望以轮钩相示，
缅怀高致，因作三篇》）

凉后每谋清月社，晚来专赴白莲期。（《新秋即事三首》）

白鸟、白莲、清风、清月等"清白"意象成为隐居生活的伴侣、
相亲相近，成为高洁、淡泊之志的对象化载体，具备了人格象征意义。

"凉后每谋清月社，晚来专赴白莲期"尤堪注意，两句在写法上是
互文。"社"，即结社，文人雅集。"白莲"成了隐士集会的信物、纽带，
具备了载体的功能。松陵诗人不独偏爱白莲，白菊也受到青睐。陆龟
蒙有《幽居有白菊一丛，因而成咏，呈一二知己》，司马都、郑璧、皮
日休、张贲等人均有和作。其后，避世栖遁的司空图更是对白菊三致
其意，作品中有《白菊杂书四首》《白菊三首》《白菊三首》。白莲、白
菊在晚唐时候大量见诸吟咏是隐逸之风盛行的结果。白色之花成了高

洁、淡泊之志的象征、载体。

我们再看陆龟蒙《和袭美木兰后池三咏·白莲》：

素花多蒙别艳欺，此花端合在瑶池。无情有恨何人觉，月晓风清欲堕时。

这首作品虽为和作，但却是后来居上，后出转精。皮日休的咏白莲之作拘泥形似，而陆龟蒙此作已经摆落畦径、脱略形迹。邹祗谟《远志斋词衷》："咏物固不可不似，尤忌刻意太似。取形不如取神，用事不若用意。"此诗即为"取神"之作。苏东坡评价说：

诗人有写物之功。"桑之未落，其叶沃若"，他木殆不可当此。林逋《梅花》诗云"疏影横斜水清浅，暗香浮动月黄昏"，决非桃李诗。皮日休《白莲》诗云"无情有恨何人见，月晓风清欲堕时"，决非红莲诗。此乃写物之功。若石曼卿《红梅》诗云"认桃无绿叶，辨杏有青枝"，此至陋语，盖村学中体也。[①]

王士禛《渔洋诗话》：

余谓陆鲁望"无情有恨何人见，月白风清欲堕时"二语，恰是咏白莲，移用不得，而俗人议之，以为咏白牡丹、白芍药亦可。此真盲人道黑白。在广陵祠有题露筋祠绝句（《再过露筋祠》："翠羽明珰尚俨然，湖云祠树碧如烟。行人系缆月初堕，门外野风开白莲。"）正拟其意。一后辈好雌黄，亦驳之云："安知此女非嫫母，而辄云翠羽明珰耶？"余闻之，一笑而已。

"翠羽明珰"是指翡翠鸟的羽毛以及明玉作成的耳饰，这里指美女；"嫫母"是上古传说中的丑女。

---

① 孔凡礼《苏轼文集》第 2143 页，中华书局 1986 年版。

图 26　白莲三。（网友提供）

　　苏东坡、王士禛二人从诗艺的角度对《白莲》诗作出很高的评价，笔者则侧重对这首诗的情感作一些解析。陆龟蒙作品中所流露出来的清苦、寂寞情怀是皮日休诗中所缺乏的。就数量、比重而言，白莲要远逊于红莲；就世俗的审美眼光而言，也大多是偏爱红莲。所以，在荷花世界中，白莲就显得落落寡合。诗人即由此切入，寄托自己的情怀。"月白风清欲堕时"中的"堕"字值得分析，"堕"就是贬谪、降落的意思；陆龟蒙不入时流的心态、处境全赖以发之。李德裕《白芙蓉赋》"且谓降元实于瑶池，徙灵根于天汉。怅霄路兮永绝，与时芳兮共玩"中的"降"字已启其端；这里的"天汉"与"瑶池"同义，都是指天界，"时芳"就是"别艳"。陆龟蒙的个性、经历使得他对"堕"产生了认同感，其《白芙蓉》"澹然相对却成劳，月染风裁个个高。似说玉皇亲谪堕，至今犹著水霜袍"，无独有偶，也出现了"堕"。吴融《高侍御话及皮博士池中白莲，因成一章寄博士兼奉呈》"看来应是云中堕，偷去须从月下移"，也是这种心态的展示；"皮博士"即皮日休。朱熹《莲花峰次韵敬夫韵》"月晓风清堕白莲，世间无物敢争妍"中的"堕"字明显借鉴陆作。由此数例，我们均可以看出白莲作为人格象征的情感基调。

三、齐己对白莲内涵的发展

白莲人格象征意义的形成与佛教的盛行有直接的关系。莲花在佛教中象征着清净、不染；白莲在佛典中有专名，即芬陀利，常用以比喻佛法。五代义楚《释氏六帖》中有《譬之白莲》条："以妙法能离生死淤泥，喻似莲花出水。"相传东晋时，高僧慧远曾在庐山建社，即名为"莲社"；谢灵运也曾在东林寺中栽种白莲。从晋至唐代，庐山一直是佛教胜地。自中唐以后，诗人多有描写庐山东林寺白莲的作品传世，如无可《寄题庐山二林寺诗》："塔留红舍利，池吐白芙蓉。"李咸用《和人游东林寺》："黄鸟不能言往事，白莲虚发至如今。"

唐末五代，文人骚客、僧道隐逸之士为了躲避战乱，庐山一度成为避难的渊薮、诗歌的中心。庐山自然风光成为诗歌的重要题材，作为佛门圣物、东林胜景的白莲屡见诸吟咏，前面提到的李咸用即为庐山诗人。庐山诗人与松陵诗人前后辉映，共同催生了白莲人格象征意义的生成。

庐山诗人中，齐己无论在诗艺或诗名上均当推渠首，他作于庐山和怀念庐山的作品独多，东林白莲频繁出现，其诗集即名《白莲集》。

五代孙光宪《白莲集序》曰："《白莲集》，盖以久栖东林，不忘胜事。"齐己作品中的白莲诗例抄缀几则：

大士生兜率，空池满白莲。秋风明月下，斋日影堂前。色后群芳坼，香殊百和燃。谁知不染性，一片好心田。（《题东林白莲》）

东林露坛畔，旧对白莲房。（《渚宫自勉二首》）

不见来香社，相思绕白莲。（《寄怀江西栖公》）

病起见白莲，风荷已飒然。开时闻馥郁，枕上在缠绵。本在沧江阔，移来碧沼圆。却思香社里，叶叶漏声连。（《病起见白莲》）

堪随乐天集，共伴白芙蕖。（《谢西川可准上人远寄诗集》）

乐天歌咏有遗编，留在东林伴白莲。[1]（《贺行军太傅得白氏东林集》）

旧栽花地添黄竹，新陷盆池换白莲。（《江居寄关中知己》）

但恐莲花七朵一时坼，朵朵似君心地白。（《赠念法华经僧》）

素萼金英喷雪开，倚风凝立独徘徊。应念潋滟秋池底，更有归天伴侣来。（《观盆池白莲》）

社莲惭与幕莲同，岳寺萧条俭府雄。冷淡独开香火里，殷妍行列绮罗中。秋加玉露何伤白，夜醉金缸不那红。闲忆

---

[1] 白居易生前曾自编文集，其中有一套藏于庐山东林寺，《东林白氏文集序》："余前后所著文，大小合二千九百六十四首，勒成六十卷。编次既毕，纳于藏中。且欲与二林结他生之缘，复曩岁之志也，故自忘其鄙拙焉。仍请本寺长老及主藏僧，依远公（笔者注：即慧远）文集例，不借外客，不出寺门，幸甚！"

遗民此心地，一般无染喻真空。①（《江寺春残寄幕中知己二首》）

类似的诗例还可以缉缀许多，不赘举。莲花"出淤泥而不染"为释氏常典，齐己为僧人，在描写白莲时，十分自然地用白莲比喻"心地""心田"的清净、不染，从而使得白莲具有了人格象征的内涵，如"谁知不染性，一片好心田""闲忆遗民此心地，一般无染喻真空""但恐莲花七朵一时坼，朵朵似君心地白"这是白居易、皮日休、陆龟蒙等人作品中不曾出现的新鲜质素。齐己之后，用白莲喻"心"成为惯常手法。"出淤泥而不染"本是荷花之共性，但是中国文人普遍喜爱用白莲表白心迹，除了"芬陀利"本身在莲花诸品中地位尊崇之外，还有另外一个重要的原因，那就是用清白之物来比拟心地洁白也是中国文学中的固有传统，属于"本地风光"，如陆机《汉高祖功臣颂》"心若怀冰"、鲍照《白头吟》"清如玉壶冰"、王昌龄《芙蓉楼送辛渐》"一

----

① 齐己的这首作品采用对比的手法，自明心迹。"社莲"是莲社之莲，"幕莲"是幕府之莲。《南史·庾杲之传》："（王俭）用杲之为卫将军长史，安陆侯萧缅与俭书曰：'盛府元僚，实难其选。庾景行泛渌水，依芙蓉，何其丽也。'时人以入俭府为'莲花池'，故缅书美之。"王俭是当时朝廷的重臣，他的幕府当中人才荟萃，就好像是莲花池一样熠熠生辉；庾杲之能够加入王俭的幕府实为不易，就好像泛舟绿水之中，倚靠于荷花之旁，何其壮丽！后来，"莲幕""莲府"等就成为幕府之美称。这里的"遗民"是指"刘遗民"，即晋代居士刘程之，"东林十八高贤"之一。南朝萧统《陶渊明传》记载："时周续之入庐山事释慧远。彭城刘遗民亦遁迹匡山，渊明又不应征命，谓之'浔阳三隐'。"《东林十八高贤传》："刘程之，字仲思，彭城人汉楚元王之后。妙善老庄，旁通百氏。少孤，事母以孝闻。自负其才，不预时俗。初，解褐为府参军，谢安刘裕嘉其贤，相推荐，皆力辞。性好佛理，乃之庐山，倾心自托。远公曰：'官禄巍巍，欲何不为？'答曰：'君臣相疑，吾何为之？'刘裕以其不屈，乃旌其号曰遗民。"

片冰心在玉壶"等。①

皮日休的高洁之志、陆龟蒙的孤寂之感、齐己的清白之心等多重情感交织，成为白莲人格化内涵的基本内容。南宋末年，这种情感取向成为遗民词人的一种普遍心理，白莲意象特别受到青睐，同时又融入了更为深沉的家国之悲。

四、宋末遗民词人对白莲内涵的升华

宋代的咏白莲作品甚多，有的纯为物色描摹，有的具有人格化象征内涵，基本上沿着皮日休、陆龟蒙、齐己所奠定的走向。白莲作品的联袂翩至是在《乐府补题》中。《乐府补题》一卷，不著编者姓名，有《知不足斋》本、《彊村丛书》本；所录王沂孙、周密、王易简、冯应瑞、唐艺孙、吕同老、李彭老、李居仁、陈恕可、唐珏、赵汝钠、张炎、王英孙、仇远 14 人词，以《天香》《水龙吟》《摸鱼儿》《齐天乐》《桂枝香》五调，分咏龙涎香、白莲、莼、蝉、蟹，共 37 首。夏承焘先生《乐府补题考》考证王沂孙等词皆为景炎三年（元至元十五年，1278）杨琏真伽发掘会稽高宗等帝后陵而作，"宋人咏物之词，至此编乃别有其深衷新义"。所谓的"深衷新义"大致即身世飘零之感、家国覆亡之悲。叶嘉莹先生在《碧山词析论》《王沂孙其人及其词》中有比较细致的微观、个案分析，可以参看②。

在这一组作品中，笔者认为咏白莲之作尤其值得重视。因为与其他四物相比，白莲是唯一具备人格象征内涵的意象。《水龙吟·拟赋白莲》

---

① 中国社会科学院文学研究所编《唐诗选》第 93 页，人民文学出版社 1990 年版。
② 叶嘉莹《迦陵论词丛稿》，河北教育出版社 1990 年版。

诸作是白莲作品的"集大成"，高洁之志、孤寂之感、清白之心是此时遗民词人的普遍心理；而白莲则是这种心理的对象化载体。更为重要的是，这一组"变雅"之作中借白莲意象寄托了"深衷新义"。夏承焘、叶嘉莹等先生已经有准确、深入的探讨，笔者拟结合《水龙吟·拟赋白莲》中的一个常见意象"太液芙蓉"略进一家之言，附骥前贤之论。

太液，即太液池，古池名。汉代太液池在长安未央宫西南，建章宫北；唐代亦有太液池，在大明宫北。后代之太液池不必专指，泛指宫殿内的池苑。唐代的太液池内种有荷花或白莲，前文已经引用了王昌龄《殿前曲二首》、王仁裕《开元天宝遗事》的记载；白居易《长恨歌》亦云"太液芙蓉未央柳"。"太液芙蓉"也是吟咏荷花的一个常典。

"太液池"是皇权、政权的象征物，在位者对于"太液池"之描写格外敏感，有"一字褒贬"之例。黄昇《花庵词选》：

> （柳）永为屯田员外郎，会太史奏老人星见，时秋霁，宴禁中，仁宗命左右词臣为乐章，内侍属柳应制，柳方冀用，作此词奏呈。上见首有"渐"字，色若不怿……又读至"太液波翻"，曰："何不言太液波澄？"投之于地，自此不复擢用。

此为"贬"之例，再看"褒"之例。晁端礼《并蒂芙蓉》："太液波澄，向鉴中照影，芙蓉同蒂。千柄绿荷深，并丹脸争媚。天心眷临圣日，殿宇分明敞嘉瑞。弄香嗅蕊，愿君王，寿与南山齐比。"《能改斋漫录》卷十六记载：

> 大晟乐成，嘉瑞既至。蔡元长以晁端礼次膺荐于徽宗，诏乘驿赴阙。次膺至都，会禁中嘉莲生，分苞合跗，夐出天造，人意有所不能形容者。次膺效乐府体，属词以进，名《并蒂芙蓉》。上览之，称善，除大晟府协律郎，不克受而卒。

大晟府是北宋官署名，掌管乐律；晁端礼是"大晟府"词人群中的一员。

太液池具有象征意义，"澄"与"翻"分别象征着海内宴清与海内鼎沸，所以甄别甚严。柳永以"翻"字受黜，而《乐府补题》词人却每每用"翻"或相近似的字眼，如

太液荒寒，海山旧约，断魂何许。（王沂孙《水龙吟·白莲》）

太液波翻，霓裳舞罢，断魂流水。（吕同老《水龙吟·浮翠山房拟赋白莲》）

太液池空。霓裳舞倦，不堪重记。（唐珏《水龙吟·浮翠山房拟赋白莲》）

元人凌云翰《木兰花慢·赋白莲和宇舜臣韵》亦云："恨太液波翻，谁留住，蕊珠仙……留得锦囊遗墨，魂消古汴宫前。"从"太液波翻"诸例，我们可以断定，《乐府补题》中的作品寓有故国之思、亡国之痛。而且不仅有"波翻"之语，还有更为直接的"断魂""魂消"之语。

在其他遗民词人的作品中，"太液芙蓉"也是常用的典故、意象，用以抒发故国之思，如：

太液芙蓉。浑不似、旧时颜色。（王清惠《满江红》）

悲欢尽梦里，玉骨从消瘦，空又思、太液芙蓉未央柳。（谭宣子《侧犯》）

分明仿佛，未央杨柳，太液芙蓉。（仇远《眼儿媚》）

《乐府补题》中的白莲意象是遗民心迹的载体，是白莲人格象征意义的变异表现，但同时又是发展的极致。

图 27 ［宋］冯大有《太液荷风图》。冯大有生卒年不详，当时人称"冯生"，以画荷花而著名，《太液荷风图》是他唯一传世的作品。中间位置的一枝白莲是特写，荷茎笔直。荷叶舒卷自如，但是姿态各不一样，有大有小、有正面有背面、有向右倾斜有向左倾斜，正是风吹荷塘的情形。叶背面的筋络历历分明。荷叶下方有水禽、上方有蝴蝶、燕子。整幅作品逼真、生动，而又生机盎然。原件现藏台北故宫博物院，图片来自"昵图网"。

结　语

　　荷花是中国文学中出现频率最高的花卉意象之一，具有丰富的文化内涵。荷花在印度佛教中有"出淤泥而不染"的寓意；中唐之后，荷花佛教寓意发生了明显的变化，宋代理学家援儒入禅、以儒解禅，荷花成为士大夫人格象征，即周敦颐《爱莲说》说所称"君子花"。这是荷花人格象征意义的最高表现形态。但是，荷花的人格象征意义并非"君子花"内涵所能囊括。"无情有恨何人见"的白莲、"倚风自笑"的秋水芙蓉都有着人格象征内涵。

　　（原载《沈阳师范大学学报》社会科学版 2003 年第 4 期，此处有补订。）

中国文学中的采莲主题研究

    采莲是风靡古代江南的农事、民俗活动，采莲歌曲产生于采莲过程中，具有鲜活的民间本色。南朝梁武帝模仿采莲歌曲，自制《采莲曲》，采莲从民歌走向文学，成为当时文学中常见的题材、意象。但是，在靡靡之风的文学情势下，《采莲曲》成为宫体诗同调。这是采莲歌曲的"蜕变"。唐代初年，南风北渐的进程加快，采莲活动、以《采莲曲》为代表的南方清乐均传入北方。唐太宗等人也"染指"采莲歌曲创作，但仍然因袭南朝宫体诗风。这是采莲歌曲的"惰性"。王勃时代开始，采莲歌曲从宫廷走向民间，经过贺知章、王昌龄、李白等诗人"北上南下"的共同努力，采莲歌曲恢复民间本色。这是采莲歌曲的"自赎"。采莲歌曲蕴含丰富，是一幅江南风情画卷，是采莲女子的恋歌，是游子思乡的离歌。采莲已经不单单是一个文学意象，而是一个文学母题，具有多重象征功能。本文即旨在描述采莲从民歌走向文学、从意象成长为母题的过程。

一、采莲民歌的产生：采莲最早盛行于楚、吴，是劳动与美的完美结合；采莲民歌产生于采莲过程中，主要有恋歌、离歌、"南音"三种抒情功能

荷花是南国水乡之花，广泛分布于古代的楚、吴、越等地；由于区域文化优势的递变，荷花的中心产地在文献记载中也有着相应的变化。大致说来，汉代之前，主要是楚地荷花；而东晋至南朝，主要是以建业（今天江苏南京）为中心的吴地荷花；唐代，主要是"唐诗之路"周边、沿带的越地荷花。

屈原是楚文化的代表，开创了"善鸟香花，以比忠贞"的比兴传统。芙蓉或荷是其作品中出现频率最高的"香花"之一，如《离骚》"制芰荷以为衣兮，集芙蓉以为裳"、《湘君》"采薜荔兮水中，搴芙蓉兮木末"、《思美人》"因芙蓉而为媒兮"；又如《湘夫人》中有"荷屋""荷盖"的建筑或器具，《招魂》中也有"芙蓉始发，杂芰荷兮"之句。《楚辞》书"楚地"之"楚物"，从屈原及其他楚辞作家的作品，我们可以知道，荷花是楚地广为分布的一种水生植物。采莲是伴随着荷花的经济性状与观赏价值的发掘而产生的农事活动，最早的文献记载见于汉乐府《江南》："江南可采莲，莲叶何田田。鱼戏莲叶间：鱼戏莲叶东，鱼戏莲叶西。鱼戏莲叶南，鱼戏莲叶北。"《江南》是汉武帝时期乐府采之于"吴楚汝南"的歌诗之一。"江南"的地域概念有一个变迁过程，汉代的江南一般指今湖北省长江以南部分及湖南省、江西省一带，大致相当于楚地。

1978 年四川新都县出土的东汉墓室汉代画像砖上有《采莲图》，与《江南》诗互证，更可见汉代这一农事活动的普遍。

六朝文学作品中还记载着楚地采莲的流风余韵，如：

渡江南，采莲花。（西晋傅玄《歌》）

结江南之流调。（梁昭明太子《芙蓉赋》）

望江南兮清且空……楚王暇日之欢，丽人妖艳之质……

唯欲回渡轻船，共采新莲。（梁简文帝《采莲赋》）

三处的"江南"均指楚地。又如梁元帝《采莲赋》："歌采莲于枉渚。""枉渚"出自屈原《九章·涉江》："朝发枉渚兮，夕宿辰阳。"《水经》："沅水东历水湾，谓之枉渚。""枉渚"位于沅水边，也属楚地。沈约《江南》："棹歌发江潭，采莲渡湘南。""湘南"即湖南南部，属楚地。以湖北江陵为中心的"西曲歌"中《青骢白马》一诗有"借问湖中采莲妇，莲子青荷可得否"的记载；"杂曲歌辞"的《西洲曲》更有关于采莲的生动记述："开门郎不至，出门采红莲。采莲南塘秋，莲花过人头。低头弄莲子，莲子清如水。置莲怀袖中，莲心彻底红。"而"西洲"很有可能就是在武昌附近，也是楚地[1]。

东晋南渡之后，加速了江南水乡泽国的开发，吴地的采莲风俗与记载蔚兴。《禹贡》九州，荆、扬二州为末，而《宋书·孔季恭传论》则云：

江南之为国盛矣……地广野丰，民勤本业，一岁或稔，则数郡忘饥。会土带海傍湖，良畴亦数十万顷，膏腴土地，亩值一金。鄠杜之间，不能比也。荆城跨南楚之富，扬部有全吴之沃。鱼盐杞梓之利，充仞八方；丝绵布帛之饶，覆衣

---

① 余冠英《汉魏六朝诗选》第 254 页，人民文学出版社 1997 版。

天下。

此处之江南盖兼指楚、吴。"会土"指会稽郡,在今天的浙江绍兴;"鄂杜"指鄂县和杜陵,"杜陵"是汉宣帝的陵墓,均在今天的陕西西安附近。可见,当时南方的经济已经超越了北方。南朝的扬州州治所在地是建业,也就是当时的首都;所以,南朝民歌中的扬州是指建业,这是我们须细辨的①。"吴声"歌曲的产地也主要在建业附近。在"吴声"歌曲中,荷花是所有的植物意象中出现频率最高的。据笔者统计,《子夜歌》42首中,出现荷花的有4首;《读曲歌》89首中,出现荷花的有14首;《子夜四时歌·夏歌》20首中,出现荷花的有5首。荷花的普种带来了采莲的普及,如:

朝登莲台上,夕宿莲池里。乘月采芙蓉,夜夜得莲子。(《子夜四时歌·夏歌》:)

"泛舟采菱叶,过摘芙蓉花。扣楫命童侣,齐声歌采莲";
"东湖扶菰童,西湖采菱芰。不持歌作乐,为持解愁思。(《采莲童曲》)

总之,到南朝时,采莲已经是风靡于楚、吴两地的农事、民俗活动,如陆厥《南郡歌》"江南可采莲,莲生荷已大"、江淹《青苔赋》亦云"淇上相送,江南采莲"。文学、艺术起源于劳动,所谓"劳者歌其事",采莲民歌即是伴随着采莲农事产生的一种创作。最早的采莲民歌可能产生于楚地。

楚国境内湖泊江湖星罗棋布,水路纵横,舟楫便利,流传下来的民歌大多是"船歌",如《招魂》:"造新歌些。《涉江》《采菱》,发《阳阿》些。"采菱也是盛行于吴、楚的农事劳动,《尔雅翼》:"吴楚之风俗,当菱熟时,

① 王运熙《六朝乐府与民歌》第29—30页,古典文学出版社1957版。

士女相与采之，故有《采菱》之歌以相和，为繁华流荡之极。"《采菱》是楚国的古曲，产生于士女相与采菱的劳动中；在采莲过程中也会产生相应的艺术创作。《采菱》与《阳阿》两曲往往并举，如《楚辞补注》引《淮南子》云："歌《采菱》，发《阳阿》。"而《文选》卷三十三《招魂》"阳阿"作"杨荷"。李善注云："楚人歌曲也。言已涉彼大江，南入湖池，采取菱芰，发杨荷叶。"《阳阿》很有可能就是早期的采莲民歌。产生于劳动过程中的采莲、采菱歌曲是属于"谣歌"，即"徒歌"，没有配入器乐。王昆吾有这样的论断："谣歌的对立概念是曲子。接受曲子艺术的影响，上升为曲子，是谣歌发展的一种趋势。"①采莲、采菱歌曲也不例外。

在农业社会中，采摘是妇女最经常从事的劳动，而在采摘的过程中，为了缓解劳动的单调、重复，配合劳动的节奏，产生了异彩纷呈的采摘民歌。我们可以援引清代方玉润《诗经原始》中对《芣苢》精辟入微的鉴赏：

> 读者试平心静气，涵咏此诗，恍听田家妇女，三三五五，于平原绣野、风和日丽中，群歌互答，余音袅袅，若远若近，忽断忽续，不知其情之何以移而神之何以旷，则此诗不必细绎而自得其妙焉……今南方妇女，登山采茶，结伴讴歌，犹有此遗风焉。

这段评语道出了采摘民歌的产生及其独特美感。而相比较其他采摘劳动，采莲活动泛舟于湖光山色之间，清风徐徐，花色、人面交映，更具美感。可以说，采莲是最美的劳动之一，这也就是千百年来，采莲不断为文人所讴歌的深层原因所在。

---

① 王昆吾《隋唐五代燕乐杂言歌辞研究》第5页，中华书局1996年版。

以上对采莲民歌的产生作了一些简单的推测。最早的"徒歌"时期的采莲民歌是"口头文学"，已经渺不可寻。"曲子"时期的采莲民歌有的曲子已佚，文辞尚存，如《江南》《西洲曲》以及"西曲""吴声"中的一些民歌；有的曲子、文辞均已不存，我们既无法从文本的角度进行文学方面的品评，也无法从音乐的角度进行科学的定性分析，只能从当时人所描述的听觉感受去"以意逆志"。我们从一些零碎的材料钩稽采莲民歌的声情，其抒情功能大约有三方面，即恋歌、离歌、"南音"。

（一）恋歌

采莲、采菱歌曲产生于采莲、采菱劳动过程中；青年男女相悦、相恋，通过歌声互达情愫。所以，采莲、采菱之歌承载着传递爱情的功能，歌词必是旖旎缠绵，《尔雅翼》即云："《采菱》之歌，为繁华流荡之极。"唐吴竞《乐府古题要解》卷上《江南曲》：

> 《江南曲》古辞云"江南可采莲，莲叶何田田"，又云"鱼戏莲叶东……鱼戏莲叶北"，盖美其芳辰美景，嬉游得时。若梁简文云"桂楫晚应旋"，唯歌游戏也。又有《采菱曲》等，疑皆出于此。[1]

我们仔细体味，吴竞语气中的"若""唯"似有轩轾之意。他推崇《江南》，原因是其"嬉游得时"，青年男女"得时"相恋；对梁简文帝之作有微词，正是因为其"唯歌游戏"，而没有古诗中的天籁纯真的男女之情。南朝乐府民歌中的《西洲曲》更是采莲民歌中的杰构，抒发了女子对男子的四季相思之情；运用了顶针、谐音、比喻、拟人等修辞手法，风神摇曳，情味悠长。至于"西曲""吴声"之作，也都是女性吟唱的"恋歌"。

---

[1] 丁福保辑《历代诗话续编》第 24 页，中华书局年 1996 版。

前面引的江淹《青苔赋》"淇水相送，江南采莲"也可略作申说；按照"赋"骈俪的创作手法，我们可以用上句来观照下句。"淇水"是《诗经》当中频繁出现的河流，在卫国境内；而所谓的"郑卫之音"是被视作靡靡之音的。"淇水"之边是男女相恋、相别、相思之地，《卫风·氓》中就三次出现了"淇"，如"送子涉淇"；又如《卫风·竹竿》："淇水悠悠，桧楫松舟。驾言出游，以写我忧。"我们可以判定，"江南采莲"也是与男女之情有关。

总之，"恋歌"是采莲歌曲表情功能的第一要义。作为"恋歌"的采莲民歌在抒发感情时，形成了一些特殊的模式。一，隐语模式，以《江南》为代表。在传统文化中，"鱼"是爱情的象征物或性爱隐语。闻一多先生《说鱼》："鱼是匹配的隐语。"《江南》中的"鱼戏莲叶东"四句即是男女自由自在交往、嬉戏的生动写照。二，谐音双关模式，以《西洲曲》为代表，"莲"谐"怜"，又如《子夜四时歌·夏歌》中"朝登莲台上，夕宿莲池里。乘月采芙蓉，夜夜得莲子"也运用了这种方式。"藕"谐"偶"是同类的例子。达两种模式在后代采莲题材的文学作品中是最常用的，不胜枚举。

作为"恋歌"的采莲歌曲在歌唱时，有着独特的方式，即以"齐声"与"和声"见长。《淮南子·说山训》曰："欲学讴者，必先徵为乐风。欲美和者，必先始于《阳阿》《采菱》。"可见，以"和"见长是楚声的一个重要特点，从宋玉《对楚王问》可知，《阳春》《白雪》《下里》《巴人》等均是采用相和的形式演唱的。《采莲童曲》："泛舟采菱叶，过摘芙蓉花。扣楫命童侣，齐声歌采莲。"我们可以想象波光粼粼中，年轻人一唱百和的热闹场景。

（二）离歌

"采莲"是江南人的"集体记忆"，是能够引发故乡之思的"语码"，如吴均《答萧新浦》："欲知故人者，江南共采莲。"采莲、采菱歌曲是产生于南方的地方民歌，具有浓郁的地域风情。吴、楚之人在分别时很有可能奏土风互慰离怀，寄托相思，并志不忘故土之意。所以《采莲》《采菱》两曲常与朋友间的离别有关。如：

> 秋云静晚天，寒叶方绵绵。闻君吹急管，相思杂采莲。（吴均《与柳恽相赠答六首》）

> 桂舟轻不定，菱歌引更长。采采嗟离别，无暇缉为裳。（祖孙登《赋得涉江采芙蓉》）

> 如何隔千里，无由举三爵。因君奏《采莲》，为余吟《别鹤》。
（何逊《寄江州褚咨议诗》）

何逊诗中《采莲》与《别鹤》并举。"别鹤"是离别的意象，如王僧孺《咏捣衣》："操写渔阳曲，别鹤悲不已。"而《别鹤》则是离别的乐曲，如吴均《与柳恽相赠答诗六首》："佳人今何在，迢递江之沂。一为《别鹤弄》，千里泪沾衣。"至如萧纲《伤离新体诗》"琴间玉徽调《别鹤》，别鹤千里别离声"，则更意旨显豁。所以，从《别鹤》我们也可以推断出《采莲》的音乐特性。

（三）"南音"

《左传·成公九年》记载，钟仪在晋鼓琴而操"南音"，被誉为"乐操土风，不忘旧也"。"南音"在后代就喻指故国之思。采莲歌曲也是属于南音，南人入北者可借以遥怀故土。王褒《和庾司业修渭桥诗》："空悦浮云赋，非复采莲讴。"这是与庾信"同在异乡为异客"的唱和之作，庾信集中有《忝在司水看治渭桥诗》。此处之"采莲讴"即指南音，流露出乡关之思。又如江总，历仕南朝的梁、陈，陈亡后入隋。《先秦汉魏晋南北朝诗》"陈诗卷八"收录其《秋日游昆明池诗》，作于隋时，诗结句云"此时临水叹，非复采莲歌"，也隐隐流露出对江南故国的怀念。其《内殿赋新诗》也有"偏着故人织素诗，愿奏秦声采莲调"之句。《采莲》本为吴楚声，以秦声歌之，已失去原滋原味，但是却不失为两全之举。一方面，可以让北方人领略南朝文明、文化之一二；另一方面，也可以慰情聊胜无，纾缓思乡之忧。

南朝时期形成的采莲民歌的三种表情功能，即恋歌、离歌、"南音"，除了"南音"功能随着统一王朝的建立而失去其土壤、趋向消亡之外，恋歌、离歌一直延续，成为采莲民歌的两大表情功能。恋歌中所形成的抒情模式也成了经典模式，被无数的文人效仿、借鉴。

二、采莲歌曲的"蜕变"：南朝时期，文人拟作《采莲曲》蜂起；采莲从民间音乐走向文学殿堂，成为当时常见的文学题材、意象；《采莲曲》最终蜕变为宫体诗，丧失生机

随着采莲的普及，文人作品中间也开始有关于采莲活动的记载，如：

于是姣童媛女，相与同游。攉素手于罗袖，接红葩于中流。

（曹植《芙蓉赋》）

而乃采红葩，摘圆质，折碧皮，食素食。（夏侯湛《芙蓉赋》）

渡江南，采莲花。芙蓉增敷，晔若星罗。绿叶映长波，

回风容与动纤柯。（傅玄《歌》）

南朝时，采莲习俗风靡，此时出现了详尽描写采莲的文学作品，

即《采莲曲》与《采莲赋》，采莲成为当时文学中常见的题材、意象。《采莲赋》有两篇，见于《全梁文》卷八和卷十五，为梁简文帝、梁元帝所作，对采莲场景、采莲女子心理的描摹均很细致。我们先看梁元帝的《采莲赋》：

> 紫茎兮文波，红莲兮芰荷。绿房兮翠盖，素实兮黄螺。
>
> 于是妖童媛女，荡舟心许，鹢首徐回，兼传羽杯。櫂将移而藻挂，船欲动而萍开。尔其纤腰束素，迁延顾步。夏始春余，叶嫩花初。恐沾裳而浅笑，畏倾船而敛裾。故以水溅兰桡，芦侵罗裤。菊泽未反，梧台迥见，荇湿沾衫，菱长绕钏。泛柏舟而容与，歌采莲于枉渚。
>
> 歌曰："碧玉小家女，来嫁汝南王。莲花乱脸色，荷叶杂衣香。因持荐君子，愿袭芙蓉裳。"

第一段采用颜色对比，介绍了荷花的各个部位，就如同植物形态解剖图；"绿房""翠盖"是用"房""盖"形容莲蓬、荷叶的形状，第二段描写采莲。这一段以"于是"领起，变为四字句，节奏一下子欢快起来；下文的"尔其""故以"都是发语词，推进文章发展，而且标志着韵脚的变化。句式上四、六句交错，语感上富于变化，就如同采莲节奏的变化一样。这一段文字无论是描写水面的景色（"藻挂""萍开"）还是女子的举止（"浅笑""敛裾"）都很细致。这篇《采莲赋》（包括下面的《采莲曲》）虽然沿袭了采莲题材，但与《江南》等早期民歌风格作品已是迥异其趣。《江南》风格朴素，而《采莲赋》绮靡、绮丽。《江南》纯粹用白描，而《采莲赋》运用了"柏舟""容与""枉渚"等来自于《诗经》《楚辞》的词语、典故。《江南》文辞简约，采莲动作、采莲过程往往不著一字，或者只是简略描写；《采莲赋》则文辞铺展，细腻描述采莲女子的动作、神情以及采莲过程。第三段以"歌"结尾。

我们再看《采莲曲》。《乐府诗集》"清商曲辞七"收录梁武帝《江南弄七首》。《古今乐录》解题曰："梁天监十一年(512)冬,武帝改西曲,制《江南上云乐》十四曲,《江南弄》七曲:一曰《江南弄》,二曰《龙笛曲》,三曰《采莲曲》,四曰《凤笛曲》,五曰《采菱曲》,六曰《游女曲》,七曰《朝云曲》。"梁武帝首制《采莲曲》,萧绎、萧纲二人继作,臣子附和者甚众,一时蔚为风尚,形成了《采莲曲》系列。

郭茂倩所编《乐府诗集》第五十卷"清商曲辞七"收录了11首《采莲曲》。本文拟对这一组作品进行较为细致的文本分析,以期对某些文学现象有更为深入的认识。

梁武帝《采莲曲》首句的"游戏五湖采莲归"中的"游戏"二字可堪注意。无独有偶,刘孝威、卢思道《采莲曲》中均出现了"戏"字,即"戏采江南莲""曲浦戏妖姬"。"戏"字标志着采莲主体的变化、采莲性质的变化。采莲者的身份已由"民女"变为"美女","妖姬"两字更能说明问题;细绎之下,我们还会发现,民歌中的采莲当主要是采"莲子",而南朝文人《采莲曲》中则主要是采"荷花"。采莲作为农事活动的色彩已经淡化,而作为娱乐活动、审美活动的特点已经凸现。从"民女"到"美女"的递变是诗歌阐释的一种模式。采桑是与采莲性质相近的,也是我国古典诗歌恒久歌咏的主题,我们将曹植的《美女篇》与《诗经·豳风·七月》、汉乐府《陌上桑》作一个比较,"民女"到"美女"的递变痕迹宛然①。

《采莲曲》最终蜕变为宫体诗同调,这有一个渐变过程。《乐府诗

---

① 于翠玲《采桑女—美女—君子:读曹植〈美女篇〉兼论诗歌阐释的一种模式》,《名作欣赏》1995年第3期

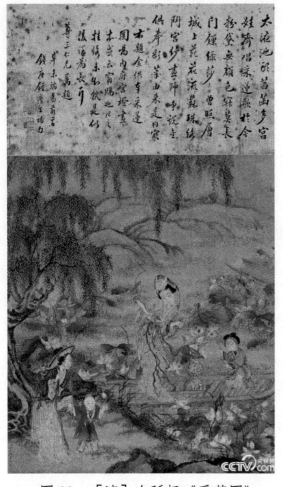

图28　[清]金廷标《采莲图》。
（图片来自网络）

集》中的 11 首《采莲曲》，以时代先后为序依次排列，研究其描写视角、描写技巧的转换、发展有助于把握梁陈之际诗歌艺术的发展以及宫体诗的形成、定型。梁武帝《采莲曲》的画面定格于采莲将归之时，"花发田叶芳袭衣"一句是描写的重心所在，写荷叶之形状、荷花之香气。而简文帝《采莲曲》的"桂楫兰桡浮碧水"之句写船具、水色，富丽堂皇，描写的视角、或者说重心在"江花玉面两相似"一句。这一句抓住了荷花与采莲女的相似点，一笔双写，可以说是锱铢相称、不偏不倚。

而到了陈后主的《采莲曲》，描写重心已经完全欹侧于采莲女。从女子的起床（"相催暗中起"）、化妆（"随宜巧注口，薄落点花黄"）、衣饰（"风住疑衫密，船小畏裾长"）写至采莲过程、采莲归来。从梁武帝、简文帝、陈后主三位帝王诗作的纵向比较中，我们可以看出描写视角、描述重心的渐变过程，从状荷花发展到状女子，与同时的闺阁、宫廷之作相比，两者只是空间场景不同，而抒情主人公、情感实质却并无二致。

南朝时期的采莲歌曲还存在着一些缺陷、不足。首先，采莲主体"采莲女"的形象苍白、虚饰。采莲民歌作品都是以第一人称吟唱爱情，重在主观抒情，而非人物形象塑造。鲍照《拟青青陵上柏》"棹女歌采莲"，第一次从旁观者的角度去展现"采莲女"，但是语焉不详。南朝《采莲曲》中倒是有采莲女子形象，但其实并不是真正意义上的民间"采莲女"，而是宫女、仕女。其次，江南风情、风俗的展示尚不充分。采莲民歌大多是抒情作品，描山摹水非其措意；《江南》中的"江南"、《西洲曲》中的"南塘"都只是泛称、虚指。南朝君臣的《采莲曲》诸作则本身即为宴乐图，而非风俗图。再次，由于南北隔阂，采莲活动尚局促江南一隅，并未风行天下；更甚者，文人拟作《采莲曲》虽然是采莲活动发展至极盛的产物，但是，由于统治者的嗜尚、提倡，采莲歌曲愈益脱离民间，成为宫体诗之同调，走向萎缩状态。

三、采莲歌曲的"惰性"：隋唐之际，北方宫廷、苑囿中盛行植莲；以《采莲曲》为代表的南朝清乐北传；唐太宗等人的采莲文学作品因袭南朝宫廷色彩

东晋以来，由于长期的分裂，南北文化发展不平衡，南风北渐是当时文化交流中总的态势。隋朝结束了长期分裂的局面，大运河成了连接南北交通的纽带，南方文化入北的进程加快了。采莲活动及相关的音乐、文学也传入北方；但是，唐初的采莲文学作品仍然是沿袭了南朝之习，具有鲜明的宫廷色彩。

北方宫廷、园林中植莲、采莲，汉代已有之，但是蔚然成风却是

隋唐时候。刘悚《隋唐嘉话》："京城南隅芙蓉园者，本名曲江园，隋文帝以曲江名不正，诏改之。"[①]"芙蓉园"，顾名思义，其中应该种植荷花。

唐代初年，安乐公主、长宁公主、义阳公主、太平公主等人的私人庄园，兴庆池、安德山池等皇家园林中，均种植了荷花。请看：

戚里欢娱地，园林瞩望新……台榭疑巫峡，荷蕖似洛滨。

（许敬宗《安德山池宴集》）

盖转绷荷接岸净。（苏瓌《兴庆池侍宴应制》）

杜若幽庭草，芙蓉曲沼花。宴游成野客，形胜得仙家……池莲摘未稀。（杜审言《和韦承庆过义阳公主山池五首》）

前池锦石莲花艳。（李适《侍宴安乐公主山庄应制》）

公主林亭地……夏早摘芙渠。（刘宪《侍宴长宁公主东庄》）

绿堤夏筱萦不散，冒水新荷卷复披……自然东海神仙处，何用西昆辙迹疲。（刘宪《兴庆池侍宴应制》）

折桂芙蓉浦。（张昌宗《太平公主山亭侍宴》）

风送荷香逐酒来。（武平一《兴庆池侍宴应制》）

王勃《采莲赋》记载了当时北方园林中植莲的盛况：

则有侯家琐第，戚里芳园，穿池灞岸之曲，蓄水河阳之源。堤防谷口，岛屿辕辕。嘉木毕植，灵草具繁。沉桂北之丹藕，荆南之紫根……尔其珍族广裹，淑类博传。藻河渭之空曲，被沮漳之沧涟。烛澄湾而烂烂，立修涨之田田。岂直水区泽国，

---

① 上海古籍出版社编《唐五代笔记小说大观》第 92 页，上海古籍出版社 2000 年版。

江渭海壖。①

采莲活动也开始在北方流行，王勃《采莲赋》中"虽迹兆水乡，遂风行天下"就是最好的写照。

《采莲曲》属于清乐之一种，在南朝文化北传的背景之下，清乐也流入北方，得到统治者的喜爱。隋高祖初启其端；隋炀帝萧规曹随，定九部乐，并且身体力行，用南朝乐府旧题进行创作；唐高祖即位之后，百废待举，在乐制上一仍前朝旧贯；唐太宗则从理论上对南朝清乐作出了肯定。

《隋书·志十》"音乐下"：

> 清乐其始即清商三调是也，并汉来旧曲……属晋朝迁播，夷羯窃据，其音分散。苻永固平张氏，始于凉州得之。宋武平关中，因而入南，不复存于内地。及平陈后获之。高祖听之，善其节奏，曰："此华夏正声也，昔因永嘉，流于江外。我受天明命，今复会同。虽赏逐时迁，而古致犹在。可以此为本，微更损益，去其哀怨，考而补之。"……

"清乐"是华夏正声，随着晋朝以来的动乱，流离失所；先是流于凉州、后又流于江南，隋朝统一天下之后方才"复位"。随着时代的变化，清乐在流传过程中，已不可能是全盘原貌。隋高祖虽然喜爱清乐，毕竟还是持一种理性的态度，有所抉择。

隋炀帝长期坐镇江都，受南朝文化浸润颇深；即位之后，更是多次沿运河南下。《隋书·裴蕴传》云：

> 至是，蕴揣知帝意，奏括天下周、齐、梁、陈乐家子弟，

---

① ［唐］王勃著、［清］蒋清翊集注《王子安集注》第 49 页，上海古籍出版社 1995 年版。

皆为乐户。其六品以下至庶民，有善音乐及倡优百戏者，皆置太常。是后，异技淫声，咸萃于府，皆置博士弟子，递相教传，增益乐人至三万余。

隋炀帝喜爱音乐，臣子望风承色，投其所好，他也是不辨良莠，"照单全收"；这和隋高祖是鲜明的对比。高祖喜欢的还是"正声"，对于清乐中的"哀怨"是摒弃的；炀帝则不弃"淫声"，古代以雅乐为正声，以俗乐为淫声。《隋书·志十》"音乐下"：

及大业中，炀帝乃定清乐、西凉、龟兹、天竺、康国、疏勒、安国、高丽、礼毕，以为九部……

隋炀帝创作了很多的乐府艳歌，诚如萧涤非先生《汉魏六朝乐府文学史》所云："南朝艳曲之复盛于炀帝之朝，原因盖亦有二，一为经济，一为好尚。"[1]他对南朝清乐中最富地方特色的采莲歌曲自不会视而不见，《江都夏》："菱潭落日双凫鲂，绿水红妆两摇橹。还似扶桑碧海上，谁肯空歌采莲唱。"

唐高祖即位之后，沿袭了隋炀帝制定的乐制。《新唐书·礼乐十一》："唐兴即用隋乐。"《旧唐书·志九》"音乐三"亦云："高祖登极之后，享宴因隋旧制，用九部之乐。"

唐太宗对南朝清乐回护、爱赏，所持观点庶几近乎嵇康之"声无哀乐论"。传统的儒家乐论认为，音乐表达哀、乐的情感，是一种教化手段，所谓"治世之音安以乐，亡国之音哀以思"《诗大序》)、"移风易俗，莫善于乐。"(《孝经·广要道章第十二》) 嵇康《声无哀乐论》中则认为："声音自当以美恶为主，则无关于哀乐；哀乐自当以情感为主，则无系于声音。"《新唐书·礼乐十一》载：

----

① 萧涤非《汉魏六朝乐府文学史》第314页，人民文学出版社1998年版。

太宗谓侍臣曰："古者圣人沿情以作乐，国之兴衰，未必由此。"御史大夫杜淹曰："陈之将亡也，有《玉树后庭花》，齐之将亡也，有《伴侣曲》，闻者悲泣，所谓'亡国之音哀以思'。以是观之，亦乐之所起。"帝曰："夫声之所感，各因人之哀乐。将亡之政，其民苦，故闻以悲。今《玉树》《伴侣》之曲尚存，为公奏之，知必不悲。"尚书右丞魏征进曰："孔子称'乐云乐云，钟鼓云乎哉'，乐在人和，不在音也。"

唐太宗的理论无疑为清乐的流行张目、开道；魏征站在唐太宗一边。

总之，在隋代、唐初南风北渐的大背景之下，清乐的流行已经不限于吴越楚汉南方范围，而已经传入北方；采莲歌曲也随着清乐的流行而传入北方。葛晓音先生《盛唐清乐的衰落和古乐府诗的兴盛》即有如下的论述：

采莲之事风向天下，正是北人倾慕江南文化一个典型例证。因采莲而产生大量"丽什""情诗"，原是南朝清商乐府的主要特色，如今也随着采莲之风遍及全国。[1]

宫廷宴乐时也奏《采莲》歌曲，如包何《阙下芙蓉》："一人理国致升平，万物呈祥助圣明。天上河从阙下过，江南花向殿前生。广云垂荫开难落，湛露为珠满不倾。更对乐悬张宴处，歌工欲奏采莲声。"

采莲活动、清乐北传，模仿南朝乐府的采莲文学也随之产生，具有代表性的是唐太宗的作品。但是，如同南朝后期的《采莲曲》一样，唐太宗的采莲作品呈现出宫廷色彩，继续在脱离民间的路子上徘徊，如《采芙蓉》："结伴戏方塘，携手上雕航。船移分细浪，风散动余香。游莺无定曲，惊凫有乱行。莲稀钏声断，水广棹歌长。栖乌还密树，

---

[1] 葛晓音《诗国高潮与盛唐文化》第147页，北京大学出版社1998年版。

泛流归建章。"此诗沿袭南朝旧制。"结伴戏方塘"句中的"戏"揭明了采莲主体的态度，采莲已经从一种民间的农事活动变成了宫廷的游戏活动。在南朝《采莲曲》中，"戏"字屡次出现，如梁武帝"游戏五湖采莲归"、刘孝威"戏采江南莲"、卢思道"曲浦戏妖姬"。再如"建章"，《史记·封禅书》："于是作建章宫，度为千门万户。""建章"后来成为宫殿的泛称。这里的采莲女子显然是宫女，而非民间女子。《帝京篇》之六："飞盖去芳园，兰桡游翠渚。萍间日彩乱，荷处香风举。桂楫满中川，弦歌振长屿。岂必汾河渠，方为欢宴所。"诗歌所要表达的是"欢宴"的情绪，诗前小序云：

> 予以万机之暇，游息艺文。观列代之皇王，考当时之行事……庶以尧舜之风，荡秦汉之弊；用咸英之曲，变烂漫之音；求人之情，不为难矣……皆节之于中和，不系之于淫放。

"咸英"是尧帝时期的乐曲《咸池》与帝喾时期的乐曲《六英》的并称；这里泛指古曲。"烂漫"则有淫靡、放荡之意，《列女传》"夏桀末喜"："造烂漫之乐，日夜与末喜及宫女饮酒，无时休息。"唐太宗虽然有意识地用"中和""尧舜之风"去节制"淫放""亡国之音"，但是，他最多也只能回到梁武帝《采莲曲》那样的文人拟作的原初点。

要之，由于传统惯性使然，唐太宗的采莲文学作品仍然沿袭着梁陈宫掖之风，有着苍白、病态；采莲歌曲呼唤着转变、等待着新生。

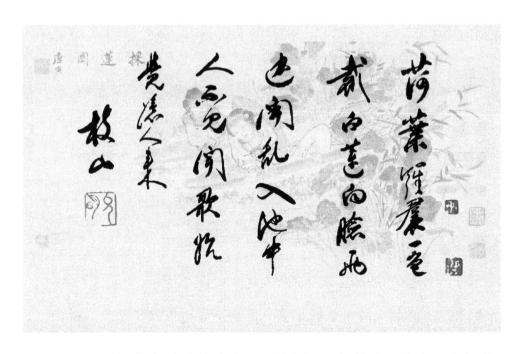

图29 ［明］祝枝山题唐寅《采莲图》。祝枝山、唐寅、文征明、徐祯卿并为"吴门四才子"。唐寅的《采莲图》为长卷，现藏台北故宫博物院；祝枝山所题诗为王昌龄《采莲曲》。

四、采莲歌曲的"自赎"：王勃时代，采莲文学作品从宫廷走向民间，经过贺知章、李白等人的努力、发展，采莲文学焕发生机

王勃的出现是一个转折。闻一多先生在《唐诗杂论》中认为王勃时代，诗歌"从宫廷走向了江山和塞漠"。我们只须将唐太宗的《采芙蓉》与王勃《采莲曲》作一比较，就可以印证闻一多先生的著名论断。陶文鹏先生在《传神肖貌·诗画交融——论唐诗对唐代人物画的借鉴》

一文中也说道：

> 唐代人物画发展的另一趋势是从宫廷走向民间。人物画的这一发展趋势，颇得力于诗风演变的推动。其中王勃的《采莲曲》写"罗裙玉腕轻摇橹"的采莲女的劳动和对征夫的思念，形象新美动人。这是唐诗中最早描绘劳动妇女形象的作品。①

王勃的《采莲曲》从宫廷走向了民间，采莲主体也由宫女恢复了民女之身，我们看全诗：

> 采莲归，绿水芙蓉衣。秋风起浪凫雁飞。桂棹兰桡下长浦，罗裙玉腕轻摇橹。叶屿花潭极望平，江讴越吹相思苦。相思苦，佳期不可驻。塞外征夫犹未还，江南采莲今已暮。今已暮，采莲花，渠今那必尽娼家。官道城南把桑叶，何如江上采莲花。莲花复莲花，花叶何稠叠。叶翠本羞眉，花红强如颊。佳人不在兹，怅望别离时。牵花怜共蒂，折藕爱连丝。 故情无处所，新物从华滋。不惜西津交佩解，还羞北海雁书迟。采莲歌有节，采莲夜未歇。正逢浩荡江上风，又值裴回江上月。裴回莲浦夜相逢，吴姬越女何丰茸。共问寒江千里外，征客关山路几重。

在艺术上，王勃最大限度地吸收了采莲民歌的"双璧"《江南》与《西洲曲》的营养，我们可以看出两首诗对他影响的痕迹。如"莲花复莲花，花叶何重叠"借鉴了《江南》的"莲叶何田田"；"莲花复莲花"也是典型的民歌句式，如《古诗十九首》"行行重行行"、《木兰诗》"唧唧复唧唧"；顶针格的运用则是借鉴了《西洲曲》，极富乐府情调。另外，我们也可以看出王勃与前代旧作的延续性、一贯性。如"不惜南津交

---

① 《唐代文学研究》，广西师范大学出版社 1996 年版。

解佩"中"解佩"典故在梁武帝《采菱曲》之"和"声部分、徐勉《采菱曲》中已出现;"塞外征夫犹未还,江南采莲今已暮""共问寒江千里外,征客关山几万重"与吴均《采莲曲》中的"问子今何去,出采江南莲。辽西三千里,欲寄无因缘。愿君早还家,及此荷花鲜"同写对征夫的思念,契若合符。王勃《采莲曲》是前代民歌、文人作品在语词、方法、艺术上的"集大成"。《采莲赋》则是王勃的炫才之作,《旧唐书·王勃传》:"上元二年,勃往交趾省父,道出江中,为《采莲赋》以见其意,其辞甚美。"这篇赋对前代文学作品中关于荷花、采莲的典事几乎是囊括无遗;认为"游咏一致,悲欣万绪",对采莲者的性别、身份、心态有细致的分类、分析。衡诸上述两点,《采莲赋》也可称之为"集大成"之作。

《采莲曲》本已沦为宫体诗之同流,王勃为之解脱桎梏,回归民间,"拨乱反正"之功不可没。特别值得我们注意的是,"吴姬越女""江讴越吹",这已是盛唐"越地"采莲作品、采莲女子的先声。唐代的采莲文学总体上是沿着王勃的这一路线发展的,如王勃不久之后的阎朝隐《采莲女》:"采莲女,采莲舟,春日春江碧水流……"采用三三七句式、首句唱题,将采莲活动从宫廷拉至广阔的春江碧水之上,无一不体现了回归民间、学习民歌的特点。但是,这首作品却有致命的"硬伤"。采莲是夏秋之间的农事活动,怎么会是"春日"之时、"春江"之上呢?阎朝隐很有可能并没有见过真正的采莲活动,他对采莲所有的认识只是来源于前代的文学作品;想象发生偏差时,就出现了"春日春江"这种春行夏令的错误。其实,从他作品的"莲衣承玉钏,莲刺罥银钩"等句子,我们也确实能够嗅出梁陈《采莲曲》的痕迹。非独阎朝隐,即便是王勃,他对采莲活动也仅仅是"道出江中",偶一见之;但是这"惊鸿一瞥"却激活了他脑海中关于采莲的所有存储、记忆。这一诗一赋都是"集大成"之作，"集大成"体现了王勃的博赡赅富，却也暴露了他的生活经验的不足。王勃将采莲文学拉出了宫闱，开风气之先；但是，由于生活经验的缺乏、采莲活动的地域性特点，他及其同时代的北方人都未能写出真正贴近生活的作品，还残留着旧时代的痕迹。有时候，甚至会有"逆流"。如郑愔《采莲曲》："锦楫沙棠舰，罗带石榴裙。绿潭采荷芰，清江日稍曛。鱼鸟争喋喋，花叶相芬氲。不觉芳洲暮，菱歌处处闻。"如果将之置于南朝《采莲曲》中，又安能辨彼此？

王勃和他同时代人的缺陷、不彻底性，从另一方面验证了一句老话：生活是创作的源泉。真正具有民间特色的文人采莲作品要到贺知章时期才出现。

东晋南渡之后，加强了对吴越地区的开发，历宋、齐、梁、陈四代，吴越地区的文化优势就已经凸现。到开元前期，江左文士最先崛起。武后朝中后期，由于州县学的普及，寒士的文化程度得到普遍的提高，由于江左素有重文学的传统，江左文士遂在中宗朝、睿宗朝崛起。《旧唐书》卷一九零《文苑中·贺知章传》："先是神龙中，知章与越州贺朝、万齐融、扬州张若虚、邢巨，湖州包融，俱以吴越之士，文词俊秀……名扬于上京。"再根据《新唐书·艺文志四》"包融传"的小注，可知，开元中前期活跃诗坛的吴越文士还有十数人："融与储光羲皆延陵人，曲阿有余杭尉丁仙芝、塥氏主簿蔡隐丘、监察御史蔡希周、渭南尉蔡希寂、处士张彦雄、张潮、校书郎张晕、吏部常选周瑀、长洲尉谈戬，句容有忠王府仓曹参军殷遥、硖石主簿樊光、横阳主簿沈如筠，江宁有右拾遗孙处玄、处士徐延寿，丹徒有江都主簿马挺、武进尉申堂构，十八人皆有诗名。"

从上面两则材料，我们可以知道，在开元中前期之前，"北上"的江左文人已经在当时的文坛颇有影响。吴、越民歌很早就发达，江左文人生于斯、长于斯，对本地的民歌自然是熟悉的，他们也创作了一些流转、婉媚的乐府民歌，如贺知章的《采莲曲》、丁仙芝的《江南曲五首》、张潮的《采莲词》与《江南行》、徐延寿的《南州行》等。江左文人以其创作展现了南国风情、吴越文化。盛唐时五绝、七绝之所以音调流转、意境空灵，也与吴越民歌在开元中期再次兴起有关，而吴越民歌的复兴又离不开吴越诗人的创作、入京等传播途径[①]。

我们看贺知章及张潮的《采莲曲》。贺知章："稽山雾罢郁嵯峨，镜水无风也自波。莫言中渡芳菲尽，另有中流采芰荷。"张潮："朝出沙头日正红，晚来云起半江中。赖逢邻女曾相识，并著莲舟不畏风。"均是模仿民歌之作。贺知章的作品中有地理位置的确指，如"稽山""镜水"，这和前此作品中地名的泛指不同，显示了其生活基础，比王勃向前迈了一步。贺知章现存作品十九首，其中就有三首作品出现了镜湖，可见他对家乡这一湖泊的感情之深，再如《回乡偶书二首》第二首"唯有门前镜湖水，春风不改旧时波"、《答朝士》"镜湖莼菜乱如丝"。

唐代采莲文学吴越特色的形成除了与开元中前期江左文人的"北上"不可分外，开元中后期，李白、王昌龄等诗人的"南下"之功也不可没。唐代，在浙江有一条"唐诗之路"，浙东之风土人情在诗歌中频繁出现。浙东荷花盛开的状况，在南朝宋谢灵运的作品中即有集中的体现。谢灵运曾在剡溪岸边，今上虞县、嵊县交界处经营"始宁山庄"，庄内湖沼中广植荷花。《山居赋》："虽备物之偕美，独扶藻之华鲜。播绿叶之郁茂，含红敷之缤翻。"《自石壁精舍还湖中》也有"芰荷迭映蔚"之句。浙东的采莲盛地当首推镜湖。唐代的镜湖面积与今

---

① 杜晓勤《初盛唐诗歌的文化阐释》"通论"，东方出版社1997年版。

天相比不可同日而语。唐代的镜湖方圆 206 平方公里，是今天的 110 倍，湖内荷花盛开，贺知章《采莲曲》中写的就是镜湖采莲，李白也有"荷花镜里香"之句。李白、王昌龄从北方南下，秀丽的江南水乡对其产生了"陌生化"的审美效应，他们以热烈的笔调去讴歌、描绘江南风情。与贺知章、张潮相比，李、王二人的采莲文学作品在艺术上更胜一筹、更具示范性。下面试作分析。

浙东的山水可用"山明水秀"四字来概括。唐代的采莲作品根植于越地，得山水之助，也大多染上一层明秀的亮色。王昌龄《采莲曲》之二：

荷叶罗裙一色裁，芙蓉向脸两边开。乱入池中看不见，闻歌始觉有人来。

吴娃越女的娇态宛然可见。次句"芙蓉向脸两边开"可能受到梁元帝的"莲花乱脸色"的启发，但是梁元帝只是一种静态的比拟，而王昌龄是一种动态的展现，更为生动、传神。宋词中的"绣面芙蓉一笑开"又是脱胎于王昌龄的诗句，两个"开"字同样精彩。而"乱入池中看不见"又有一种花面交相映、花深不知处的浑然、悠远的意味。《全唐诗》卷五零五何希尧《操莲曲》："锦莲浮处水粼粼，风外香生袜底尘。荷叶荷裙相映色，闻歌不见采莲人。""荷叶荷裙相映色""闻歌不见采莲人"对王昌龄的诗或顺承、或翻案，也是佳作。王昌龄的这首作品强化、固化了荷花描写中的一种模式，即人面、荷花映照模式。

又如，李白《采莲曲》：

若耶溪边采莲女，笑摘荷花共人语。日照新妆水底明，风飘香袖空中举。岸上谁家游冶郎，三三五五映垂杨。紫骝嘶入落花去，见此踟蹰空断肠。

平湖之中，一片融融泄泄的劳动场景；即便有忧伤，也只是一层淡淡的表色。"若耶溪"又称"耶溪"，即今天的平水江；这是绍兴境内一条著名的河流，是古代镜湖的支流。李白的这首作品写少年郎与采莲女，"多情却被无情恼"，也成为采莲文学中的一种常见模式，如李中《采莲女》"晚凉含笑上兰舟，波底红妆影欲浮。陌上少年休植足，荷香深处不回头"、宋代秦观《调笑令·采莲》"若耶溪边天气秋，采莲女儿溪岸头……肠断谁家游冶郎，尽日踟蹰临岸柳"。王昌龄、李白作品中，江南"采莲女"明艳、活泼、娇羞，弥补了六朝以来"采莲女"形象的苍白、虚饰，开始成熟，这些作品描写"采莲女"，从各个角度展现"采莲女"的生活，采莲女形象丰满、可感，又如李白《越女词五首》："耶溪采莲女，见客棹歌回。笑入荷花去，佯羞不出来。"

五、采莲歌曲的文化内涵：采莲歌曲展示江南风情，是女子恋歌、游子的思乡之曲；采莲从文学意象上升为文学母题，具备多重象征功能

南朝时期，采莲歌曲最终蜕变成宫体诗；唐太宗沿袭了这种对峙、疏离状态。经过王勃、贺知章、李白等人的扭转、发展，采莲歌曲重又焕发生机。唐代以《采莲曲》为题进行创作的作家除了李白、王昌龄外，尚有崔国辅、徐彦伯、储光羲、鲍溶、张籍、白居易等，作品主要见于《乐府诗集》五十卷"清商曲辞七"及《全唐诗》卷二十一"相和歌辞"中。这些作品体现了采莲歌曲的文化传统，具有丰富的文化内涵。

采莲歌曲展示的是江南风情、江南风俗。在南朝采莲歌曲中，所展示的是楚、吴两地的风情，但是并不充分，所用地名大多是泛称、虚指。而到了唐代，情况不同，越地的区域文化优势胜出，大量作品是描写越地采莲风俗，"江南"的概念更加完整、丰富。而且，地名也大多是实指，如"若耶溪""镜湖""越江""越溪"等，信而有征。采莲成了江南最富地方风情的一种农事活动，成了一个"语码"，唤起我们对水乡的联想。

采莲是以"采莲女"为主体的劳动，在南朝采莲歌曲中，"采莲女"的形象尚显薄弱，而王昌龄、李白以客观叙述、全知视角，以赞赏、讴歌的笔调去描写"采莲女"，"采莲女"形象趋于丰满。"采莲女"成了江南女子的代称、特称，如施肩吾《遇越州贺仲宣》："门前几个采莲女，欲泊莲舟无主人。"有趣的是，西施、虞姬、苏小小等江南女子，无论在历史上的真实身份为何，在采莲文化的功能笼罩之下，最后都变成了"采莲女"，如冯待徵《虞姬怨》"妾本江南采莲女，君是江东学剑人"、李白的《子夜四时歌·夏歌》"镜湖三百里，菡萏发荷花。五月西施采，人看隘若耶。回舟不待月，归去越王家"。采莲活动成了江南女子最日常的劳动，如程长文《狱中书情上使君》："妾家本住鄱阳曲……有时极浦采莲归。"

采莲歌曲展示的是江南女子在采莲过程中的心曲，是"恋歌"，汉朝的《江南》、南朝的《西洲曲》如是；早期的南朝《采莲曲》亦如是，我们仍然可以看作是女子吟唱的恋曲。请看：梁武帝"为君艳歌世所稀"、简文帝"采莲曲，使君迷"、简文帝"千秋谁与乐，惟有妾随君"、梁元帝"因持荐君子，愿袭芙蓉裳"，"为君""使君迷""妾随君""荐君子"等等都是女子以呼告的口吻向对方表白爱慕之情，这和南朝乐府民歌中的女子向"郎""子"等第二人称的男子表述感情的方式并没有区别。当然，其感情本质还是不一样的。梁武帝《采莲曲》"为君艳歌世所稀"王勃《采莲曲》"薄言采之，兴言报之。发文扃之丽什，动幽幌之情诗"均揭示了采莲歌曲的这一特质。

采莲歌曲是一种地域文化，通过采莲歌曲来表达思乡、相思之情也是其重要内涵。南朝例子不举，且看唐代的诗例：

明岁渌阳水，相思寄采莲。（万齐融《赠别江头》）

明月挂青天，遥遥如目前。故人游画阁，却望似云边。水宿依渔父，歌声好采莲。采莲江上曲，今夕为君传。（储光羲《泊江潭贻马校书》）

郢人唱白雪，越女歌采莲。听此更肠断，凭崖泪如泉。（李白《秋登巴陵望洞庭》）

渚莲愁红荡碧波，吴娃齐唱采莲歌。横塘一别已千里，芦苇萧萧风雨多。（许浑《夜泊永乐有怀》）

何处思乡甚，歌声闻采莲。（储嗣宗《宿范水》）

《采莲》歌曲的江南特色、传达乡思友情的特点，与同产生于江南民间的《采菱》相同。唐代民间《采菱》的风调情形，我们有刘禹锡的序文可资借鉴。"他山之石，可以攻玉"，由于其同源性，我们也可以由此探入，去认识民间的《采莲》歌曲。《采菱行》序："武陵俗嗜菱芰。岁秋矣，有女郎盛游于白马湖，薄言采之，归以御客。古有《采菱》曲，罕传其词，故赋之以俟采诗者。"诗末六句为："携觞荐芰夜经过，醉踏大堤相应歌。屈平祠下沅江水，月照寒波白烟起。一曲南音此地闻，长安北望三千里。"唐代民间的《竹枝》亦如是。可见，传达离别、相思、乡思之情可能是这一类民歌的共性。

作为思乡之曲的《竹枝》《采莲》歌曲常在月夜响起，如：

独有凄清难改处，月明闻唱竹枝歌。（王周《再经秭归一首》）

巡堤听唱竹枝词，正是月高风静时。独向东南人不会，弟兄俱在楚江湄。（蒋吉《闻歌竹枝》）

月下扣舷声，烟中闻采莲。（刘长卿《奉使新安，自桐庐县经严陵钓台，宿七里滩下寄使院诸公》）

一声明月采莲女。（杜牧《怀钟陵旧游四首》）

总之，有唐一代，经过王昌龄、李白等人的创作，采莲歌曲文化传统已经成熟，采莲也由一个意象上升为母题。陈鹏翔先生在《主题学研究与中国文学》中主张将意象研究纳入母题研究范围之内，他说：

假使我们不故步自封，愿意把主题学的范围从民间故事的研治扩展开来，把抒情诗也包括在内的话，则意象和套语也应占有一定的地位。在诗中，意象和套语的应用都有积极的功能存在，它们还常常承担起象征的角色……意象除了提供视听等效果外，最重要的是它们所潜藏包括的意义功能。①

到了唐代，采莲具备了丰富的象征功能。采莲成为南方水乡最具特征性、代表性的场景；采莲活动是南方女子最日常的劳动；采莲女是江南女子的代名词。采莲是自由生活的方式,如杜荀鹤《春宫怨》："年年越溪女，相忆采芙蓉。"采莲代表了与宗教生活相对的世俗生活，如施肩吾《赠女道士郑玉华》"明镜湖中休采莲,却师阿母学神仙"、德诚《拔棹歌》"别人只看采芙蓉，香气长黏绕指风。两岸映，一船红，何曾解

---

① 陈鹏翔《主题学研究论文集》，台北东大图书有限公司 1983 年版。

染得虚空"。总之，到了唐代，采莲已成为文学中的一个母题，具有丰富的内涵、多重的象征功能。

以上主要分析的是民间采莲歌曲的文化内涵。关于宫廷采莲文化，附缀几笔。宫廷采莲在唐代并未衰歇，如花蕊夫人《宫词》："内家追逐采莲时，惊起沙鸥两岸飞。兰棹把来齐拍水，并船相斗湿罗衣……少年相逐采莲回，罗袜罗衫巧制裁。每到岸头齐拍水，竞提纤手出船来。"宫廷采莲是一种宴游、娱乐文化。

六、采莲歌曲的文化形态及其影响：音乐、文学、舞蹈结合，对大曲、词产生了重要的影响

上节主要分析了采莲歌曲的文化内涵；采莲歌曲从文化形态上来讲，主要是一种音乐、文学、舞蹈相结合的文化，这也是中国文化中的传统。三要素中，音乐是主体。南朝乐府是音乐与文学结合的产物，这已经是常识，无须赘述；但另一个重要的元素，舞蹈，却常常被忽略。我们试对梁武帝改制西曲的《江南弄》七曲作简单的分析。《江南弄》七曲中直接提到舞蹈的就有四处：

连手蹀躞舞春心。舞春心，临岁腴，中人望踯躅。（《江南弄》）

采莲渚，窈窕舞佳人。（《采莲曲》和云）

当年少，歌舞承酒笑。（《游女曲》和云）

舞飞阁，歌长生。（《游女曲》）

另外，提到舞蹈动作的也有几处，如《凤笙曲》和云"弦吹席，

长袖善留客"、《采菱曲》"翳罗袖，望所思"。采莲音乐以及采莲歌曲中音乐、舞蹈结合，音乐、文学结合的方式对后代的艺术产生了重要的影响，尤其是早期的词。下面，笔者就从三方面展开论述。

首先，采莲音乐的影响。隋唐之前即有《采莲》之曲。"□□□□宜，美人秋水似天仙，红娘子本住□□，蝶儿终日绕花间。　　举头聚落秋□□，悔上采莲船。杨柳枝柔，堕落西番。"原辞载敦煌写本斯5643，此据《敦煌曲辞总编》转录，其中含有《天仙子》《红娘子》《玉蝴蝶》《绕花间》《采莲》《杨柳枝》《落西番》等曲名。岑参《田使君美人舞如莲花北鋋歌》云："始知诸曲不能比，《采莲》《落梅》徒聒耳。"采莲音乐对词调及宋大曲均有影响。晚唐时，皇甫松创作了两首《采莲子》：

菡萏香连十顷陂举棹，小姑贪戏采莲迟年少。晚来弄水船头湿举棹，更脱红裙裹鸭儿年少。

船动湖光滟滟秋举棹，贪看年少信船流年少。无端隔水抛莲子举棹，遥被人知半日羞年少。

这两首词是咏"本题"之作，描画采莲少女的心理细腻入微，很有情趣。《采莲子》句末有"和声"形式，对研究唐代曲辞与歌舞、齐言与长短句的密切关系有重要价值。很显然，《采莲子》句末的"举棹"和声是从民间歌曲而来。《尔雅翼》及《淮南子》均提到《采莲》与《采菱》以"和"见长的特点；梁武帝学习、改造西曲而作的《采莲曲》也继承了民歌中的和声传统。《采莲子》中的和声被宋人称之为"俳调"，也从另一个角度说明，《采莲子》及其和声与民歌有着天然的关系。以"子"命名的词调均有同名大曲，可见至少在唐代，就已经产生了大曲《采莲》。宋之大曲，由唐之大曲发展而来。《宋史·乐志》所载四十大曲中有《采莲》,入双调 (中吕商)。宋大曲曲辞尚存者有董颖《薄媚》、曾布《水调歌头》、史浩《采莲》;所存三首大曲曲辞中就有《采莲》。宋官本杂剧中用大曲《采莲》者有三本,即《唐辅采莲》《双哮采莲》《病和采莲》。①

歌、舞结合是采莲歌曲文化形态的重要特点。唐代有"踏采莲"的记载。和凝《宫词》:

> 云行风静早秋天,竞绕盆池踏采莲。

"竞绕盆池踏采莲"一句颇具史料价值。首先,我们可以知道,在唐代,"盆池"荷花已经出现,这是荷花的一种栽种方式。其次,唐代宫中也有踏歌这种歌舞方式。关于"踏歌"这种歌舞方式,文献记载、学者论述甚多。《岳阳风土记》:"荆湖民俗,岁时会集或祷祠,多击鼓,令男女踏歌,谓之'歌场'。"可见,踏歌本是荆湖之俗,也即楚地之俗。采莲活动、采莲歌曲最早就是流行于楚地的民间农事活动、音乐活动。在民间,踏歌与采莲歌曲应该很早就联姻,宫中的"踏采莲"是宫廷文化向民间文化学习的结果。此处之"踏采莲"兼具两义:一种是用"踏歌"这种艺术方式来再现采莲这种活动;一种是"踏歌"时采用"采莲"这种民间音乐为曲拍。参以其他文献,此处似更接近第二义。唐末路德延《小儿诗》:"合调歌杨柳,齐声踏采莲。"《杨柳》一名《柳枝》,名载《教坊记》,多用于笛乐;《采莲》与之对仗,也是曲子名。唐代崔令钦《教坊记》列大曲四十六,中有《踏金莲》一曲②,其体制、事迹皆不详,但从其调名看,可能就是根据民间歌曲加工而成。

---

① 此处参考王国维《宋元戏曲史》中关于"宋之乐曲"中的部分论述,上海古籍出版社 1998 年版。

② [唐] 崔令钦撰、曹中孚校点《教坊记》,收录于上海古籍出版社编《唐五代笔记小说大观》,上海古籍出版社 2000 年版。

宋代转踏、队舞均受到采莲歌舞的影响。转踏是宋代的一种歌舞伎艺。曾慥《乐府雅词》卷上录郑仅《调笑·转踏》,中有"拾翠每寻芳草路,采莲时过绿蘋洲"之句,即是用歌舞的形式来再现采莲活动。《调笑·转踏》序云,"良辰易失,信四者之难并;佳客相逢,实一时之盛事。用陈妙曲,上助清欢。女伴相将,调笑入队",又有"白鸟孤飞烟柳杪,采莲越女清歌妙、"调笑,楚江渺。粉面修眉斗花好。擎荷折柳争相调。惊起鸳鸯多少。渔歌齐唱催残照。一叶归舟轻小"之句,其受采莲歌舞影响的痕迹是很明显的。队舞是宋代一种人数众多的大型歌舞,《宋史·乐志》:

> 队舞之制,其名各十……女弟子队凡一百五十三人……
>
> 六曰采莲队。

采莲队手执莲花,载歌载舞,也可见民间采莲习俗之影响。《彊村丛书》本《鄮峰真隐大曲》中还收录了史浩作《采莲舞》,也是歌、舞结合。《东京梦华录》卷九亦记载:

> 宰执、亲王、宗室、百官入内上寿,进前成列,或舞采莲,
>
> 则殿前皆列莲花……口号且舞且唱,乐部断送《采莲曲》讫。

南朝乐府是音乐与文学结合的成功范例,而词也是音乐与文学结合产生的"宁馨儿"。以采莲歌曲为代表的南朝乐府对后起的词产生了重要的影响。有人认为梁武帝萧衍的《江南弄》已采用长短句形式,可谓粗具词体。《江南弄》是萧衍根据西曲改制的,"不是词的雏形,而是清商曲的变体;不是新诗体的先声,而是旧时代的遗音"。[1]又,吴庚舜、董乃斌先生主编《唐代文学史》:"至盛唐,长短句调大兴于民间,而文人方面,填制尚少,今传仅有玄宗《好时光》、崔怀宝《忆

---

[1] 吴熊和《唐宋词通论》第一章"词源"前言,浙江古籍出版社 1998 年版。

江南》和李康成《采莲曲》等几首。"①《好时光》《忆江南》不论，且看李康成《采莲曲》："采莲去，月没春江曙。翠袖红钿水中央。青荷莲子杂衣香。云起风生归路长。归路长，那得久。急回船，两摇手。"这首作品的句式与萧衍的《采莲曲》极为相近，显然是乐府旧题之作，是诗而非词。曾昭岷、曹济平等编撰《全唐五代词》即将这首作品列于"附编"，对其词的身份质疑。总之，梁武帝《采莲曲》本身并不是词，但是他所代表的音乐与文学结合的方式却是对词产生了影响。

中国词史上第一篇词论是欧阳炯《花间集序》：

> 《杨柳》《大堤》之句，乐府相传；"芙蓉""曲渚"之篇，豪家自制。莫不争高门下，三千玳瑁之簪；竞富樽前，数十珊瑚之树。则有绮筵公子，绣幌佳人，递叶叶之花笺，文抽丽锦；举纤纤之玉指，拍按香檀。不无清绝之词，用助妖娆之态。自南朝之宫体，扇北里之娼风。何止言之不文，所谓秀而不实……昔郢人有歌《白雪》者，号为绝唱，乃命之为《花间集》。庶使西园英哲，用资羽盖之欢；南国婵娟，休唱莲舟之引。

欧阳炯对"芙蓉"之篇、"莲舟"之引，即采莲歌曲所代表的南朝乐府有着自觉的批判意识，并且宣示以《花间集》取而代之。但是，我们却发现一个"悖论"，在《花间集》中出现了许多与采莲歌曲神似的作品，如：

> 江畔，相唤，晓妆鲜，仙景歌女采莲。请君莫向那岸边。
> 少年。好花新满船。　　红袖摇曳逐风暖。垂玉腕，肠向柳丝断。

① 吴庚舜、董乃斌主编《唐代文学史》（下册）第 632 页，人民文学出版社 2000 年版。

浦南归，浦北归。莫知。晚来人已稀。（温庭筠《河传》，《花间集校》卷二）①

镜水夜来秋月，如雪。采莲时。小娘红粉对寒浪。惆怅，正思惟。（温庭筠《荷叶杯》，《花间集校》卷二）

平江波暖鸳鸯语，两两钓船归极浦。芦洲一夜风和雨，飞起浅沙翘雪鹭。　　渔灯明远渚，兰棹今宵何处。罗袂从风轻举，愁杀采莲女。（毛文锡《应天长》，《花间集校》卷五）

"兰棹举，水纹开。竞携藤笼采莲来。回塘深处遥相见。邀同宴。绿酒一卮红上面"；"乘彩舫，过莲塘。棹歌惊起睡鸳鸯。游女带香偎伴笑。争窈窕，竞折团荷遮晚照"；"登画舸，泛清波，采莲时唱采莲歌。栏櫂声齐罗袖敛，池光飐，惊起沙鸥八九点"。

（李珣《南乡子》，《花间集校》卷九）

描写采莲、采菱的水乡生活的作品在《花间集》中我们还可以找到很多。为什么会出现这种看似矛盾的现象？词的美学风格有先天的"南国情调"②，这个观点已被学界认同。而采莲是最富江南风情的活动，在词中出现采莲场景是自然的。此外，笔者在分析采莲歌曲的文化内涵时曾剖析，采莲歌曲是采莲女子吟唱的"恋歌"，是"艳歌""丽什""情诗"。而"词为艳科"是词体的文学特性，《花间集》更是歌女所吟唱的"谢娘心曲"③；也就是说，花间词也是女子所吟唱的"恋歌"，是"艳歌""丽什""情诗"。两者在精神实质上是相同的。花间词的"南国情调""谢

---

① ［后蜀］赵崇祚编、李一氓校《花间集校》，人民文学出版社1958年版；下面所引"花间词"版本相同。

② 杨海明《唐宋词史》第10页，江苏古籍出版社1987年版。

③ 具体可以参看沈松勤《唐宋词社会文化学研究》上编第四"'谢娘心曲'与'歌妓情节'：'花间范式'的确立"，浙江大学出版社2001年版。

娘心曲"决定了欧阳炯及其他花间词人不可能规避、超越采莲歌曲。

胡适在《词选》序言中曾将词概括、划分为三个时期，苏东坡以前是教坊乐工与娼家妓女歌唱的词，是"歌者之词"，这样的划分、命名有一定的词史依据。于是，我们发现，在"独重女音"的"歌者之词"时期，采莲题材在词中出现的频率很高，最具代表性的就是欧阳修、晏殊。晏殊、欧阳修生活在"歌者之词"向"诗人之词"过渡的阶段，文人意味已很浓，但是，表现南国情调、女子恋歌的作品在他们的作品中也不少见，如：

"为爱莲房都一柄，双苞双蕊双红影。雨势断来风色定。秋水静，仙郎彩女临鸾镜。　妾有容华君不省，花无恩爱犹相并。花却有情人薄幸。心耿耿，因花又染相思病"；"昨日采花花欲尽，隔花闻道潮来近，风猎紫荷声又紧。低难奔，莲茎刺惹香腮损。　一缕艳痕红隐隐，新霞点破秋蟾晕。罗袖挹残心不稳。羞人问，归来剩把胭脂衬"；"一夜越溪秋水满，荷花开过溪南岸。贪采嫩香星眼慢。疏回眄，郎船不觉来身畔。　罢采金英收玉腕，回身急打船头转，荷叶又浓波又浅，教人只得抬娇面"；"近日门前溪水涨，郎船几度偷相访。船小难开红斗帐。无计向，合欢影里空惆怅。　愿妾身为红菡萏，年年生在秋江上。重愿妾为花底浪。无隔障，随风逐雨长来往"。（欧阳修《渔家傲》）

在欧词中，类似的作品尚可找出几首。再如，晏殊《渔家傲》中采莲题材的作品也约有十首。我们还可以发现一个现象，晏殊、欧阳修采莲题材的作品采用的"联章"之体，这和南朝乐府中的《子夜》歌等是相同的，是一种有意识的学习。而当词慢慢地远离"歌者之词"

后，词中采莲题材的作品也顿减，只能偶一见之了。

总之，南朝采莲歌曲是音乐与文学结合的典范，这样一种结合的范式，以及其中所流露出来的情感、风情对早期的词产生了重要的影响。欧阳炯《花间集》中的主张并未能在实践的层面展开。

结　语

采莲从民歌走向文坛，从文学题材、意象成为文学母题，具有多重象征功能；采莲歌曲具备了丰富的文化内涵。从形态上来看，采莲歌曲是音乐、文学、舞蹈三者的结合，而音乐为其基本属性。采莲歌曲的音乐属性及其结合方式对后代的大曲、转踏、队舞、官本杂剧，尤其是早期的词产生了重要的影响。元、明、清时期，随着经济的发展，荷花的栽植更加普遍。江南农历六七月间，莲藕成熟之日，泛舟采莲是民间重要的农事活动。明代汪氏《诗余画谱》中有版画《采莲》，记录了采莲景观。明清时期，嘉庆节日，还流行采莲船舞。"采莲"流风未歇。总之，无论是内涵或者形态，采莲歌曲均值得深入分析。

（原载《南京师范大学文学院学报》2002 年第 4 期，此处有补订。）

白居易的花木审美贡献与意义

"诗到元和体变新"，中唐时期，无论是诗歌题材或是风格，都产生了新变。日本学者市川桃子发现了诗坛风气、题材的一个动向：

> 中唐诗……更关心具象的事物……自白居易、韩愈以降……普遍流行欣赏植物的风气、这个时期，许多植物都被人欣赏，它们的姿态描绘在诗中。爱花而至于自己种植，自然会观察得更加细致，描写得更加具体，而且感情会随之移入到作为描写对象的植物中去。[1]

花木审美与栽植成为中唐文人日常生活、诗意生活的一部分；其中最具代表性的作家即为白居易。

白居易的园林理念、园林实践在中国古典园林史上具有重要的地位[2]；他热衷于莳弄花木，其园林中的花木品类丰富，周维权先生曾经进行过统计[3]。白居易的花木审美发展了传统"比德"方式，周敦颐"中通外直"之说在白氏的梧桐、竹子观照中已初见端倪；白居易重视诗歌的"美刺兴比"功能，理性思考，在花木审美中寄寓其政治、社会批评；白居易的人生感慨、友朋切磋也借花木审美以发。白居易极大地拓展了花木审美范围，他"发现"了白色花、紫色花、南国花、村

---

[1] 市川桃子《中唐诗在唐诗之流中的位置——由樱桃的描写方式来分析》，《古典文学知识》1995 年第 5 期。

[2] 岳毅平《中国古代园林人物研究》第 71—108 页，三秦出版社 2004 年版。

[3] 岳毅平《中国古代园林人物研究》第 89 页，三秦出版社 2004 年版。

野花；白莲花、白牡丹、紫薇花、紫桐花、杜鹃花、迎春花等诸多花卉都是借助于他的作品而提高了"知名度"。白居易的花木审美是在中唐的社会思想背景之下展开的，同时又具有范式效应，在中唐之后产生了广泛而深远的影响。

一、"比德"方式：平易亲和的物我关系；"中心有通理"的视点转向

中唐以来在儒学复兴的背景之下，"比德"花木审美方式再兴。凌寒不凋、直节高耸的传统意象松、竹在白居易的作品中频繁出现，对应着文人士大夫坚贞的品格，如《秋池二首》："前池秋始半，卉物多摧坏。欲暮槿先萎，未霜荷已败……本不种松筠，早凋何足怪。"《浔阳三题》的序言揭明了白居易的审美旨趣："庐山多桂树，溢浦多修竹，东林寺有白莲花，皆植物之贞劲秀异者，虽宫阃省寺中，未必能尽有。夫物以多为贱，故南方人不贵重之……予惜其不生于北土也，因赋三题以唁之。"言在此而意在彼，白居易所真正"唁"的乃是"贞劲秀异"、不为世用的贤士。

"比德"审美方式在精神上遥接孔子、屈原等先贤，与中唐思想风云际会。白居易的贡献乃在于审美态度的变化与"比德"视点的转向。

汉代末年刘桢《赠从弟》"亭亭山上松，瑟瑟谷中风……岂不罹凝寒，松柏有本性"是《论语》"岁寒然后知松柏之后凋也"的诗化表述。刘桢作品中的松树形象挺立山端、"仰之弥高"；而白居易作品中的松树意象却往往临近居处，朝夕晤对。这体现了中唐以来庶族知识分子、

198

官僚阶层的精神意趣。《栽松二首》："爱君抱晚节，怜君含直文……知君死则已，不死会凌云"诗中的"君"、《寄题周至厅前双松，两松自仙游山移植县厅》"忆昨为吏日，折腰多苦辛。归家不自适，无计慰心神。手栽两树松，聊以当嘉宾"中的"嘉宾"、《玩松竹二首》"窗竹多好风，檐松有嘉色……在尔虽无情，于予即有得"中的"尔"均视松树为投契良朋。如果说原型意义的松树是"望之俨然"的"师"的话，那么白居易诗歌中的松树意象则是"即之也温"的"友"。我们还可以用他的《北窗三友》诗来参照：

今日北窗下，自问何所为。欣然得三友，三友者为谁？

琴罢辄举酒，酒罢辄吟诗。

这种与物为友的审美态度可以视为宋代林林总总的"三友""五友"之端。"比德"审美方式肇始于先秦，但是传统审美活动中的主体与花木其实一直处于"对峙"的状态；借用李泽厚对六朝山水诗的评价，花木只是"人的思辨或观赏的外化或表现"。[①]中唐时期，审美主体与自然花木双向对流、忘形尔汝的关系才真正形成；白居易的花木审美具有典型性。宋朝，随着道德伦理意识的高涨，花木"比德"内涵进一步明确、花木品格进一步提升，"岁寒三友""花中十友"等朋侪关系不一而足；这都是中唐花卉审美方式的逻辑延续与深化。

白居易"比德"视点具有历史性的转折。《云居寺孤桐》：

一株青玉立，千叶绿云委。亭亭五丈余，高意犹未已。山僧年九十，清静老不死。自云手种时，一棵青桐子。直从萌芽拔，高自毫末始。四面无附枝，中心有通理。寄言立身者，孤直当如此。

---

① 李泽厚《美的历程》第94页，中国社会科学出版社1989年版。

《酬元九对新栽竹有怀见寄》：

　　昔我十年前，与君始相识。曾将秋竹竿，比君孤且直。

中心一以合，外事纷无极。

　　"孤直"是特立独行的君子人格，这在"朋党"之患渐显的中唐时期具有警世价值；白居易的花木审美更从桐、竹"孤直"的外在形象而直探"中心"的内里构造。白居易并非桐、竹虚空特点的发现者，却是首先三致其意、郑重道之的文人。这种方式的转变既有儒家内视的自省功夫，也有释道心性的理论浸染；亦契合中唐以后士人心理由外放向内敛的变化。我们再看其《养竹记》：

　　竹似贤，何哉……竹性直，直以立身；君子见其性，则

思中立不倚者。竹心空，空以体道；君子见其心，则思应用

虚受者。

　　"性直"与"心空"亦分别对应着君子人格；这与周敦颐《爱莲说》中理学观照下的"中通外直"已只是"一步之遥"。

　　荷花直立水中，荷梗中虚而外直，这与桐、竹相似。《爱莲说》以"中通外直"形象化地阐释了理学家的本体论、方法论。"中"指心性本体，"通"是对心性本体状态的描述，即透脱通达，这是周敦颐《通书》中反复申述的一个概念。"外"是指立身处世，"直"是指端毅刚直。"中通"则"外直"，"中通"为体，"外直"为用；"中通外直"是理学心性修养学说、道德自隆意识与立身处世、伦理责任的有机统一，本体论与方法论的有机统一①。我们再看两条证据：

　　内正外自直，三揖美所争。端居得深玩，君子非虚名。（朱

熹《题君子亭》）

----

① 俞香顺《〈爱莲说〉主旨新探》，《江海学刊》2002 年第 5 期。

见说中通能外直，此心端合与花盟。（李东阳《内阁五月莲花盛开，和太子太保刘公韵二首》）

"自"和"能"均揭示了"内正"与"外直"之间的因果、体用关系。白居易"心空"与"性直"二者之间只是并列关系；"虚受"带有虚静无为色彩，而缺乏理学的自觉能动。周敦颐"中通外直"之说很可能受到了白氏的影响，但是却有出蓝胜蓝之妙。

二、"美刺兴比"：民本情怀；政治生态；功利主义；概念图解

白居易在物色征逐、赏玩之余，常抽身远离审美客体、滔滔世俗，作理性思考；在花木审美中寄寓社会、政治评价，强调风雅比兴、"美刺兴比"。

白居易的牡丹题材作品在当时堪称"另类"。贞元以来，社会风气、社会心理、行为方式的"尚荡"之风鲜明体现在游赏牡丹的"民俗"之中。李肇《唐国史补》载："京城贵游，尚牡丹三十余年矣。每春暮，车马若狂，以不耽玩为耻。执金吾铺官围外，寺观种以求利，一本有直数万者。"刘禹锡《赏牡丹》："唯有牡丹真国色，花开时节动京城。"这是当时写实。白居易则不然，我们看他的两首以牡丹为题的作品：

牡丹芳，牡丹芳，黄金蕊绽红玉房。千片赤英霞烂烂，百枝绛点灯煌煌……花开花落二十日，一城之人皆若狂。三代以降文胜质，人心重华不重实……我愿暂求造化力，减却牡丹妖艳色。少回卿士爱花心，同似吾君忧稼穑。（《牡丹芳》）

帝城春欲暮，喧喧车马度。共道牡丹时，相随买花去。
贵贱无常价，酬直看花数。灼灼百朵红，戋戋五束素。上张
幄幕庇，旁织笆篱护。水洒复泥封，移来色如故。家家习为俗，
人人迷不悟。有一田舍翁，偶来买花处。低头独长叹，此叹
无人喻。一丛深色花，十户中人赋！（《买花》）

　　这两首牡丹题材作品针砭时俗，似乎有点"煞风景"，但是农本思想、
民本情怀流露其中。

　　《有木诗八首》的小序则可以看作是白居易的花卉审美宣言：

　　　　余尝读《汉书》列传，见佞顺拂婉，图身忘国，如张禹辈者；
见惑上蛊下，交乱君亲，如江充辈者；见暴狠跋扈，壅君树党，
如梁冀辈者；见色仁行违，先德后贼，如王莽辈者；又见外
状恢弘，中无实用者；又见附离权势，随之覆亡者，其初皆
有动人之才，足以惑众媚主，莫不合于始而败于终也。因引
风人骚人之兴，赋《有木》八章，不独讽前人，欲儆后代尔。

　　作者以此为宗旨，吟咏了弱柳、樱桃、洞庭橘树、杜梨、水柽、凌霄、
丹桂以及一种不知名植物；花木群像其实映射了官场群僚、政治生态。
这种审美、创作方式此前偶一见之，但以组诗形式出现，应该是白居
易的创造，体现了其自觉意识。白居易另有《紫藤》一诗，虽不列于《有
木诗》八首，但是在创作旨趣上如出一辙。

　　白居易的花木题材作品以其政治兴寄而超拔流俗，自有高格。然
而正如罗宗强先生所说的，他将"儒家功利主义的诗歌理论发展到了
极致"[①]；有些作品流于概念图解、牵率勉强，反而破坏了诗美、削弱
了力量。我们仅看一例，《感白莲花》：

① 罗宗强《隋唐五代文学思想史》第299页，上海古籍出版社1986年版。

白白芙蓉花，本生吴江濆。不与红者杂，色类自区分。谁移尔至此，姑苏白使君。初来苦憔悴，久乃纷氤氲。月月换新叶，年年根生根。陈根与故叶，销化成泥尘。化者日已远，来者日复新。一为池中物，永别江南春。忽想西凉州，中有天宝民。埋殁汉父祖，孽生胡子孙。已忘乡土恋，岂念君亲恩。生人尚复尔，草木何足云。

这首诗用"白芙蓉"的易地而生，来隐忧"天宝民"的与胡俗俱化。唐肃宗乾元元年（758年），改武威郡为凉州。公元764年，武威被吐蕃占据。细绎之下，前后相比实有不伦。"白芙蓉"虽然易地而生，但其实"物"性未变，而白居易所担忧的是"民"性将改，所以意思是脱榫的。

三、人生感慨：仕隐矛盾；思乡之情

白居易的花木作品不仅"为君、为臣、为民、为物、为事"而作，而且"为己"而作，其仕途感慨、人生况味均借花木发之。色泽素雅的白牡丹等是其落寞闲冷的心态、处境的"对象化载体"。

《京兆府新栽莲》：

污沟贮浊水，水上叶田田。我来一长叹，知是东溪莲。下有青泥污，馨香无复全。上有红尘扑，颜色不得鲜。物性犹如此，人事亦宜然。托根非其所，不如遭弃捐。昔在溪中日，花叶媚清涟。今来不得地，憔悴府门前。

其主旨即为"在山泉水清，出山泉水浊"。值得我们注意的是其中的"托根"模式与此前的作品相比，貌似神非、南北异辙。野生荷花很早就作为观赏嘉卉移种于宫廷园囿之中；文人常用荷花这一传统香花意象的命运迁徙来抒发政治愿望，如：

> 勿言草卉贱，幸宅天池中。微根才出浪，短干未摇风。(沈约《咏新荷应诏诗》)

> 泽陂有微草，能花复能实。碧叶喜翻风，红英宜照日。移居玉池上，托根庶非失。如何霜霰飞，应与飞蓬匹。(江洪《咏荷诗》)

> 碧荷生幽泉，朝日艳且鲜。秋花冒绿水，密叶罗轻烟。秀色空绝世，馨香竟谁传。坐看飞霜满，凋此红芳年。结根未得所，愿托华池边。(李白《古风》)

文人视荷花生于"玉池""天池""华池"之上为"托根"得所，从而寄托其用世之志；而白居易诗中的荷花虽然生于"府门"之前，却是生意憔悴、"托根不得所"，流露了归隐之念。这与前面的政治兴寄作品相比，正好体现了中唐开始酝酿的"深刻的矛盾"，即"独善其身"与"文以载道""诗以采风"的矛盾①。

白居易"发现"了白牡丹、白菊，这是他花卉审美的重大贡献，"避熟就生"的蹊径独辟是其"独善其身"、落落寡合的心态使然。

> 城中看花客，旦暮走营营。素华人不顾，亦占牡丹名。闲在深寺中，车马无来声……唐昌玉蕊花，攀玩众所争。折来比颜色，一种如瑶琼。彼因稀见贵，此以多为轻。始知无正色，爱恶随人情。岂惟花独尔，理与人事并。君看入时者，紫艳与红英。(《白牡丹》)

---

① 李泽厚《美的历程》第144—145页，中国社会科学出版社1989年版。

白花冷澹无人爱，亦占芳名道牡丹。应似东宫白赞善，被人还唤作朝官。(《白牡丹》)

满园花菊郁金黄，中有孤丛色似霜。还似今朝歌酒席，白头翁入少年场。(《重阳席上赋白菊》)

作者借赏花吐露牢骚、自嘲、同情；反观中唐以前，绝少有文人关注白牡丹、白菊；白居易开启了另一种审美取向。

白居易曾被贬江州、忠州等地，无论是他乡故物，或是异乡风物，都引发了他的身世之感。《庭槐》："南方饶竹树，唯有青槐稀……我家渭水上，此树荫前墀。忽向天涯见，忆在故园时。人生有情感，遇物牵所思。树木犹复尔，况见旧亲知！"槐树是典型的北方树种，唐代更是长安、洛阳的行道树，所以引发作者的乡关之思。桐花更是白居易作品中思乡的触媒，如：

春令有常候，清明桐始发。何此巴峡中，桐花开十月？岂伊物理变？信是土宜别。地气反寒暄，天时倒生杀。草木坚强物，所禀固难夺。风候一参差，荣枯遂乖刺。况吾北人性，不耐南方热。强羸寿夭间，安得依时节？(《桐花》)

闻莺树下沉吟立，信马江头取次行。忽见紫桐花怅望，下邽明日是清明。(《寒食江畔》)

桐花是清明物候之花，清明兼具"节气"与"节日"的双重身份，慎终追远、祭祀思祖是清明节日的重要内涵；白居易远在"江头"，却因桐花而怅望"下邽"。除了北方花木之外，南方花木也往往让他感慨系之，《木莲树生巴峡山谷间巴民亦呼为黄心树……惜其退僻因题三绝句云》："已愁花落荒岩底，复恨根生乱石间。几度欲移移不得，天教抛掷在深山。"

四、友朋酬和：心灵慰藉；精神勖勉

中唐诗坛的一个基本特点是酬和之风盛行，元稹与白居易之间递相往还的作品颇多，花卉草木是其主要的酬和题材之一；这体现了他们共同的兴趣爱好。除了竹子、牡丹等传统与常见的花木之外，元白二人更有杜鹃、山枇杷等酬和之作。

白居易颇为赞赏元稹的审美鉴赏能力，"别花人"一词即是奉赠元稹的，《见紫薇花忆微之》："除却微之应见爱，人间少有别花人。""别"，鉴别品评之意，其《谢李六郎中寄新蜀茶》"不寄他人先寄我，应缘我是别茶人"诗中的"别"也是此意。元白诗歌中酬和的花木往往是贬谪经历中所见，所以这类作品是两人之间的心灵慰藉、精神勖勉。《山石榴寄元九》：

山石榴，一名山踯躅，一名杜鹃花，杜鹃啼时花扑扑。九江三月杜鹃来，一声催得一枝开……奇芳绝艳别者谁，通州迁客元拾遗。拾遗初贬江陵去，去时正值青春暮。商山秦岭愁杀君，山石榴花红夹路。题诗报我何所云，苦云色似石榴裙。当时丛畔唯思我，今日阑前只忆君。忆君不见坐销落，日西风起红纷纷。

"别者谁"与"别花人"中的"别"同义。元白二人声气相通，"以乐景写哀"；漫山的杜鹃花徒为"思我""忆君"之诱因。"商山"在今天的陕西省商县境内，位于秦岭南麓；元稹曾经被贬四川通州（今天的达州），"山石榴花"是他从陕西到四川，经行秦岭途中所见。又如《武关南见元九题山石榴花见寄》云：

> 往来同路不同时，前后相思两不知。行过关门三四里，
> 榴花不见见君诗。

元稹集中则有《酬乐天武关南见微之题山石榴花诗》。"武关"，位于今天陕西省商洛市丹凤县东武关河的北岸，与函谷关、萧关、大散关称为"秦之四塞"，"武关"是元稹被贬的出秦通道。李白已有《宣城见杜鹃花》诗，但是杜鹃花题材的作品一直寥寥、知名度也不高；杜鹃花声名传闻还是有赖于元白二人，尤其是白居易。

元稹同样推许白居易、惺惺相惜，《山枇杷》："山枇杷，花似牡丹殷泼血。往年乘传过青山，正值山花好时节……秾姿秀色人皆爱，怨媚羞容我偏别。说向闲人人不听，曾向乐天时一说……""我偏别"中的"别"同样为鉴别品评。白居易《酬和元九东川路诗十二首》"山枇杷花二首"其一云：

> 万重青嶂蜀门口，一树红花山顶头。春尽忆家归未得，
> 低红如解替君愁。

诗歌则采用拟人的手法，以山枇杷花的善解人意来宽解元稹。

尤其值得注意的是元白二人的桐花唱和之作。虽然《夏小正》《周书》中已有桐花的记载，但桐花只是作为物候标记，并未作为独立的审美对象；最早以桐花为诗歌题材的当为元白二人。元稹有《桐花》《三月二十四日宿曾峰馆，夜对桐花，寄乐天》；白居易有《和答诗十首·答桐花》《初与元九别后，忽梦见之，及寤而书适至，兼寄桐花诗，怅然感怀，因以此寄》[1]。元、白的桐花唱和之作充满惆怅、怨慕之情，这也是两人花木酬和作品的常见基调，乃时代心理使然。

---

[1] 俞香顺《桐花意象考论》，《南京师范大学文学院学报》2010 年第 2 期。

中唐以后，元白所开创的花卉题材诗歌唱和成为常见的诗歌题材与创作方式，比如晚唐时期陆龟蒙、皮日休两人的白莲酬和；《松陵集》中所收录的陆龟蒙、司马都、郑璧、皮日休、张贲的白菊酬和。宋朝的梅花酬和更是蔚为大观，难以遍举。

五、审美拓展：白花；紫花；南花；微花

白居易作品中的花木除了传统的松、竹、荷花、桂花以及具有时代特点的牡丹之外，颇多拓展发现。这体现了中唐以后诗歌趋向生活化、世俗化的特点，也折射了白居易本人的审美情趣、人生经历。白花、紫花、南花、微花等在白居易的诗歌中纷纭绽放。

（一）白花与紫花：白莲；紫薇花；紫桐花

白居易偏嗜白花，上文已有提及，他特别对白莲情有独钟。江州司马任上所经营的遗爱草堂的小池中即种有白莲，《草堂前新开一池，养鱼种荷，日有幽趣》："红鲤二三寸，白莲八九枝。"前文所提到的白牡丹、白菊花，北方本有，白居易具有"发现"之功，深致其意；而对于白莲花，白居易则有"引种"之功，晚年的洛阳履道坊宅院中种植了他从江南所带回的白莲，程大昌《演繁录》：

> 洛阳无白莲，白乐天自吴中带种归，乃始有之，有《白莲池泛舟诗》曰："白藕新花照水开，红窗小舫信风回。谁教一片江南兴，逐我殷勤万里来。"又有《种白莲》诗曰："吴中白藕洛中栽，莫恋江南花懒开。万里携归尔知否，红蕉朱槿不将来。"

白莲的幽姿雅韵同样寄托了白居易别于流俗的情怀，此外白莲的原型意义也契合其"中隐"思想，《赠别宣上人》："上人处世界，清净何所似。似彼白莲花，在水不著水。"

白居易开风气之先，中唐以后，文人普遍钟情白色花卉，借以抒发孤洁避世之志，如晚唐司空图作品中就有《白菊杂书四首》《白菊三首》。宋朝之后，以白色为主的梅花更成为文人"清"标、"清"格的象征。

图 30　紫薇花。（网友提供）

沉静、淡紫的紫薇花、紫桐花亦与白居易的心绪形成同构关系。白居易《见紫薇花忆微之》"一丛暗淡将何比，浅碧笼裙衬紫巾"，描写了紫薇花的色泽；他另有两首《紫薇花》诗，把紫薇当作了"相看两不厌"的朋友，"独坐黄昏谁是伴，紫薇花对紫薇郎""紫薇花对紫微翁，名目虽同貌不同"。紫桐花则成为元白二人的酬和之因，上文已有论述。

（二）南花：木莲；木芙蓉

南国花卉，如白莲、杜鹃花、山枇杷花等都是经由白居易而"扬名"的。中唐时期，伴随着文人官员的南迁，南国花卉进入审美视野，甚至被引种北方。白居易是居功至伟的一人，他曾仕宦于江西、四川、江浙。我们再看其作品中的两种"木莲"。

"木莲"为木兰科木兰属植物，又名黄心树，《木莲树生巴峡山谷间，巴民亦呼为黄心树……惜其遐僻因题三绝句云》："如折芙蓉栽旱地，似抛芍药挂高枝。云埋水隔无人识，唯有南宾太守知。""南宾"即南宾郡，忠州的旧称。白居易吟咏之余还丹青摹写，寄诸同好，《画木莲花图寄元郎中》。白居易笔下的"木莲"往往又指"木芙蓉"，为锦葵科木槿属。《吴中好风景三首》："吴中好风景，八月如三月。水荇叶仍香，木莲花未歇。"《木芙蓉花下招饮》："莫怕秋无伴醉物，水莲花尽木莲开。"李德裕曾经在"平泉山庄"中引种的木芙蓉也是来自南方的浙江、江西，《广群芳谱》卷三十九引《平泉草木记》："己未岁得会稽之百叶木芙蓉，又得钟陵之同心木芙蓉。"

（三）微花：迎春花；蔓菁花；荠花

图 31　迎春花。（网友提供）

中唐时期，与社会的世俗化进程同步，大量形小、色雅、香淡、名微但又常见的花卉"忽如一夜春风来"出现在诗歌中。白居易作品中的迎春花、栯李花即是，《玩迎春花赠杨郎中》："金英翠萼带春寒，黄色花中有几般。凭君与向游人道，莫作蔓菁花眼看。"他还有"代言体"的《代迎春花招刘郎中》。

图 32　蔓菁花。（图片来自"昵图网"）

特别值得我们注意的是，白居易作品中用来与迎春花作比的"蔓菁花"，这是一种菜花。蔓菁又名芜菁，《诗经·邶风·谷风》"采葑采菲"的"葑"即为芜菁；这是历史悠久、民间日常的食用蔬菜；芜菁花"不登大雅之堂"，历来为文人所疏略。芜菁花的"登堂入室"，进入审美视野乃在中唐时期；我们可以再举两例来印证，元稹《村花晚》"三春已暮桃李伤，棠梨花白蔓菁黄"、韩愈《感春三首》"黄黄芜菁花桃李春已退"。

无独有偶，白居易还提到了另一种菜花，荠花。荠即荠菜，这是常见的食用野菜，《诗经·邶风·谷风》亦有"其甘如荠"之句。文人作品中的"荠"，不外乎两义：用荠菜来形容味道之"甘"，如杜甫《狄明府》"时危始识不世才，谁谓荼苦甘如荠"；用荠子形容形状之"小"，如孟浩然《秋登兰山寄张五》"天边树若荠"。《全唐诗》中的荠花有三例，两例即出自白居易。《春风》："荠花榆荚深村里，亦道春风为我来。"《东墙夜合树去秋为风雨所摧，今年花时，怅然有感》："惆怅去年墙下地，今春唯有荠花开。"

图 33　荠菜花。（网友提供）

中唐以后，鼓子花、豆花、稻花等野花、菜花、农作物花等"微花"都成为诗歌意象。

结　语

本文从比德方式、"美刺比兴"、人生感慨、友朋酬和、审美拓展五个方面论述了白居易的花木审美贡献。白居易的花木审美是社会政治、思想文化与个人经历、文学主张等综合作用的结果；通过研究白居易的花木审美，我们可以见微知著地认识中唐文学。同时，正如陈寅恪先生在《论韩愈》一文中所指出的："唐代之史可分前后两期，前期结束南北朝相承之旧局面，后期开启赵宋以降之新局面，关于政治社会经济如此，关于文化学术者亦莫不如此。"[①]白居易的花木审美方式在中唐以后产生了深远的影响，折射了民族文化的特征。

（原载《江苏社会科学》2011 年第 1 期）

---

① 陈寅恪《金明馆丛稿初编》第 332 页，生活·读书·新知三联书店 2009 年版。

元稹花木审美特点刍议

和白居易一样，元稹也爱花、种花，他的花卉鉴赏水平颇受白居易推崇。元稹的花卉审美带有"私人印记"，夜合花、桐花分别是他两段情感的"证物"。元稹沿袭了儒家"比德"的花木审美方式，然而并未做到道德自足，仕途得失之患始终萦心。元稹常常借花木以抒发迁谪之悲，他推扬了杜鹃花。元稹深情锐感，他对牡丹的审美迥异时俗。

一、"别花"、种花、乞花

元稹热爱花卉，白居易以"别花人"称许他，"别花"之号此前未有，此后也未有，是属于元稹的"专利"。"别"即鉴赏的意思，[1]如白居易《见紫薇花忆微之》"一丛暗淡将何比，浅碧笼裙衬紫巾。除却微之见应爱，人间少有别花人"、白居易《山石榴寄元九》"奇芳绝艳别者谁？通州迁客元拾遗"。元稹也自诩为花之知音，能够赏人之所未赏，《山枇杷》：

---

① 施蛰存先生认为"别"是鉴赏的意思，见陈子善、徐如麟编选《施蛰存七十年文选》（三）"诗话、词话、书话"之"别枝"条："白居易《见紫薇花怀元微之》诗句云：'除却微之见应爱，人间少有别花人。'又《戏题卢秘书新移蔷薇》诗句云：'移它到此须为主，不别花人莫使看。'这两个'别花'，都应当解作'鉴别花卉'。'不别花人'，就是不会赏花的人。郑谷诗中两次用到'别画'：'别画长忆吴寺壁''别画能琴又解棋'，都是鉴别（欣赏）名画的意思。"上海文艺出版社1996年版。

"秾姿秀色人皆爱，怨媚羞容我偏别。"元稹"发现"了夜合花、桐花、杜鹃花等，这在后文将有详论。

元稹喜好莳弄花木，其京城宅院种植了牡丹，数次见于白居易诗作，如《微之宅残牡丹》："残红零落无人赏，雨打风摧花不全。诸处见时犹怅望，况当元九小亭前。"元稹《和乐天秋题牡丹丛》也自云："敝宅艳山卉，别来长叹息。"① 当他在贬所的时候，更是以种植花木自遣自娱。元稹不仅自己种花，也向人乞花，《辛夷花》："韩员外家好辛夷，开时乞取三两枝。折枝为赠君莫惜，纵君不折风亦吹。"

元稹《有酒十章》"第六"如同花卉"月历牌"，诗云：

> 有酒有酒歌且哀，江春例早多早梅。樱桃桃李相续开，间以木兰之秀香装回。东风吹尽南风来，莺声渐涩花摧颓。四月清和艳残卉，芍药翻红蒲映水。夏龙痛毒雷雨多，蒲叶离披艳红死。红艳犹存榴树花，紫芭欲绽高笋牙。笋牙成竹冒霜雪，榴花落地还销歇……

从春天的"早梅"一直写到夏天的石榴花，这种"历时性"的描写在中唐以前的诗歌中很少见；这从一个角度体现了元稹乃至中唐诗人对自然花卉持久而专注的观察。

卞孝萱、刘维治《元稹》总结元稹诗歌艺术特色，有"浓墨重彩

---

① 元稹虽然是白居易的好友、在京城宅院中经营花木，但是白居易诗中的"元家花""元家"却应该另有所指，《元家花》："今日元家花，樱桃发几枝。"《和元八侍御升平新居绝句四首·看花屋》又云："忽惊映树新开屋，却似当檐故种花。可惜年年红似火，今春始得属元家。""元八侍御"为元宗简。又如《慈恩寺有感》(时杓直初逝，居敬方病)"李家哭泣元家病，柿叶红时独自来"，"居敬"是元宗简的字。

的画笔""曲尽其情的铺叙"等特点①；元稹的花卉诗描写繁复、细致，类似于工笔画。中唐时期，花卉不复只是简单的比兴之具，品鉴花卉已经成为生活、文学的一部分。《红芍药》：

> 芍药绽红绡，巴篱织青琐。繁丝蠭金蕊，高焰当炉火。翦刻彤云片，开张赤霞裹。烟轻琉璃叶，风亚珊瑚朵。受露色低迷，向人娇婀娜。酡颜醉后泣，小女妆成坐。艳艳锦不如，夭夭桃未可。晴霞畏欲散，晚日愁将堕。

这段文字着力渲染描摹芍药的花色、花形、姿态，穷形尽相，既有女性化的比喻，又有与锦、桃的比量。《与杨十二、李三早入永寿寺看牡丹》"压砌锦地铺，当霞日轮映。蝶舞香暂飘，蜂牵蕊难正。笼处彩云合，露湛红珠莹。结叶影自交，摇风光不定……"，也是刻镂形似。

元稹对花期的精准把握、对花卉的细密描写，是中唐时期文人雅好花卉风习的典型体现。

二、花木与情事

元稹作品中的花木意象往往是感情的"见证者"；事过境迁之后，在特定的场合，这些花木让作者触景生情，重回往事，如宇文所安《追忆》所云：

> 引起记忆的对象和景物把我们的注意力引向不复存在的完整的情景，两者程度无别，处在同一水平上。一件纪念品，譬如一束头发，不能代替往事；它把现在同过去连结起来，

---

① 《中国历代著名文学家评传》（第二卷）第 571—581 页，山东教育出版社 1983 年版。

把我们引向已经消逝的完整的情景。①

这些花木意象带有鲜明的元稹个人情感烙印。

陈寅恪《元白诗笺证稿》第四章"艳诗及悼亡诗"云:"微之自编诗集,以悼亡诗与艳诗分归两类。其悼亡诗即为元配韦丛而作。其艳诗则多为其少日之情人所谓崔莺莺者而作。""悼亡诗"中"桐花"意象显著,而"艳诗"中"夜合"与"墙头花"显著。

(一)"莺莺":夜合;墙头花

元稹《梦游春七十韵》诗中除了用桃、莲、牡丹等常见花卉意象比喻女子外,更用了鲜见的"夜合":"身回夜合偏,态敛晨霞聚。"无独有偶,又如《莺莺诗》"夜合带烟笼晓日",两诗中的"夜合"均描写了纤弱、娇媚的女性形象。夜合花树姿小巧玲珑,夏季开出球状小花,昼开夜闭,又名合欢、合昏。《全唐诗》中篇名含"夜合"的作品共有四首,元稹即有两首,如《感小株夜合诗》:"纤干未盈把,高条才过眉。不禁风苦动,偏受露先萎。不分秋同尽,深嗟小便衰。伤心落残叶,犹识合婚期。"元稹借弱质盈盈、信守"合婚"之期的夜合,嗟叹那段"只是当时已惘然"的少年情事。另一首《夜合》则云"叶密烟蒙火,枝低绣拂墙","拂墙"花在元稹的作品中频频出现,应该不是无谓之闲言。我们再看他的《杂忆五首》第四:"山榴似火叶相兼,亚拂砖阶半拂檐。忆得双文独披掩,满头花草倚新帘。"出现了"拂檐",这和"拂

① [美]宇文所安著、郑学勤译《追忆》第1页,上海古籍出版社1990年版。

墙"意思相近；这五首诗都是回忆"双文"，都是少年情事①。

图 34　夜合花。（网友提供）

《会真记》："（莺莺）题其篇曰《明月三五夜》。其词曰：'待月西厢下，迎风户半开。拂墙花影动，疑是玉人来。'张亦微喻其旨。是夕，岁二月旬有四日矣。崔之东有杏花一株，攀援可逾。既望之夕，张因梯其树而逾焉，达于西厢，则户半开矣。"鲁迅、陈寅恪、孙望、卞孝萱等先生均认为《会真记》中的张生为元稹自寓。参之以元稹诗歌，"拂墙

① 这首诗中出现了"山榴"，"山榴"是"山石榴"简称，是指杜鹃花，但是古人常常将"山榴"与"石榴"混为一谈，详参笔者《海榴辨》，《文学遗产》2004 年第 2 期。计有功《唐诗纪事》卷三十七、尤袤《全唐诗话》卷之二均收录了元稹的断句"儿歌杨柳叶，妾拂石榴花"，如果和《杂忆五首》第四参照、对读，这两句诗很有可能也是与他的少年情事有关。"石榴花"也是他少年情事的"证物"。

花影"当为其亲历之境，《压墙花》："野性大都迷里巷，爱将高树记人家。春来偏认平阳宅，为见墙头拂面花。""平阳"用汉代平阳公主典故，"莺莺"或为贵族家的歌女，地位不高。《酬翰林白学士代书一百韵》："山岫当衔翠，墙花拂面枝。莺声爱娇小，燕翼玩逶迤。""墙花拂面枝"下自注："昔予赋诗云'为见墙头拂面花'，时唯乐天知此。"白居易为元稹知交，元稹应该向他道及往日情事，正如白居易《和梦游春诗一百韵》序云："微之既到江陵，又以《梦游春》诗七十韵寄予，且题其序曰：'斯言也，不可使不知吾者知，知吾者亦不可使不知。乐天知吾也，吾不敢不使吾子知。'"再如《古艳词二首》："春来频到宋东家，垂袖开怀待好风。莺藏柳暗无人语，惟有墙花满树红。"与前面所引的《酬翰林白学士代书一百韵》一样，诗句中有"莺"字，应是语带双关。

元稹的这段情事"不足与外人道也"，但他却是"中心藏之，何日忘之"，在拂墙花影的触发下便会"昔日重来"，再如《嘉陵驿二首》："嘉陵驿上空床客，一夜嘉陵江水声。仍对墙南满山树，野花撩乱月胧明"；"墙外花枝压短墙，月明还照半张床。无人会得此时意，一夜独眠西畔廊"。"短墙""月明""西畔廊"等词语和《明月三五夜》何其相似；元稹的"此时意"大约也不难知晓。

（二）韦丛：桐花；樱桃花

韦丛为元稹的原配，与元稹相濡以沫七载后早逝。元稹所居住的院子后门有一棵梧桐树，元稹与韦丛曾在桐阴下指点桐花。先秦时期，桐花即作为清明的标志，然而桐花题材、意象的文学作品并不多；元稹第一个对桐花"情有独钟"，这当与他的生活经历有关。《桐花落》："莎草遍桐阴，桐花满莎落。盖覆相团圆，可怜无厚薄。昔岁幽院中，深堂下帘幕。同在后门前，因论花好恶……我作绣桐诗，系君裙带著。

别来苦修道，此意都萧索。今日竟相牵，思量偶然错。""别来苦修道"
与《离思》"半缘修道半缘君"相似。再如《忆事》："夜深闲到戟门边，
却绕行廊又独眠。明月满庭池水渌，桐花垂在翠帘前。"虽未明说所忆
何事，但从"桐花"意象我们也可推断。

图35　泡桐花。我们通常所说的"桐花"其实约定俗成，
是泡桐花。梧桐，又名青桐，则是夏季开花，雌雄同株，花小，
淡黄绿色，并不显眼。图片来自网友提供。

根据周相录《元稹年谱新编》考证，《才调集》中所录元稹艳诗中
《春别》《离思》(五首)《桐花落》《梦昔时》《暮秋》《樱桃花》《桃花》
《白衣裳》(二首)《蔷薇架》《忆事》等共十五首皆应为韦丛而作。韦
丛的父亲是韦夏卿，韦氏的宅院中种有樱桃树，如元稹《追昔游》："谢
傅堂前音乐和……醉摘樱桃投小玉。""谢傅"用的是谢太傅，也就是

谢安的典故。其《遣悲怀三首》亦云："谢公最小偏怜女。"韦夏卿曾经担任太子少保，太子少保和太傅都是教育太子的官职，所以元稹用谢安来比韦夏卿。元稹《同醉》（吕子元、庾及之、杜归和同隐客泛韦氏池）诗云："心源一种闲如水，同醉樱桃林下春。"这里的"韦氏池"也极可能是韦夏卿的家池。

元稹与韦丛曾在樱桃花下相别，《樱桃花》："樱桃花，一枝两枝千万朵。花砖曾立摘花人，窣破罗裙红似火。"白色的樱桃花满枝满林，一袭红裙的韦丛伫立花树下；这一幕已定格在元稹的记忆深处。再如《折枝花赠行》："樱桃花下送君时，一寸春心逐折枝。别后相思最多处，千株万片绕林垂。"

图 36　樱桃花。（网友提供）

三、花木与"比德"

中唐时期，在儒学思想复兴的背景之下，以花木比附、比喻士大夫品格的"比德"审美方式再兴。白居易曾以"秋竹"的刚健劲直赞许元稹，元稹《种竹》小序云："昔乐天赠予诗云：无波古井水，有节秋竹竿……"，元稹也以竹自况，如《新竹》："新篁才解箨，寒色已青葱……惟有团团节，坚贞大小同。"此外，元稹作品中既有源自《论语》"岁寒然后之松柏之后凋也"的坚贞意象"松"，也有源自《离骚》"集芙蓉以为裳"的芬芳意象"荷"。《高荷》："种藕百余根，高荷才四叶。飔闪碧云扇，团圆青玉叠。亭亭自抬举，鼎鼎难藏摩。不学著水荃，一生长怗怗。"藏摩，遮藏；著水荃，指贴水而生的水草；怗怗，安静驯服的样子。荷是耸立水面的，而一般的水草是贴服于水面的；元稹的这一首作品将两者进行对比，有评价、抑扬。荷常常采用分株，也就是"种藕"的方法繁殖。一百余根藕才有四片萌芽，可见为时尚早。虽然"才"四片叶子，可是作者已经是喜不可耐地细细欣赏、迫不及待地神思飞越。"碧云""青玉"形容荷叶的色泽；"团圆"形容荷叶的形状，"飔闪"形容荷叶的动态；这是眼前之景。"亭亭"是形容荷叶的高挺，"鼎鼎"是形容荷叶的阔大；这是想象之词。作者见微知著、由近到远，赞美荷的自然生机、超然不同；这里的"自""难"和"天生丽质难自弃"中的"难自"用法大致相似。最后两句将荷与"荃"进行对比，衬托出荷的矫矫不群；"不学"两字可以看作是荷的自觉选择。

作者赋予了"高荷"人格象征意味。

不过，总体来说，元稹的"比德"花木缺少自惬自足、乐天知命，而具有怨慕、清苦的特点。元稹与白居易的桐花唱和诗作最能体现这一特点，其《桐花》诗云：

> 胧月上山馆，紫桐垂好阴。可惜暗澹色，无人知此心。
> 舜没苍梧野，凤归丹穴岑。遗落在人世，光华那复深。年年
> 怨春意，不竞桃杏林。唯占清明后，牡丹还复侵。况此空馆闲，
> 云谁恣幽寻。徒烦鸟噪集，不语山敧岑。满院青苔地，一树
> 莲花簪。自开还自落，暗芳终暗沉。尔生不得所，我愿裁为
> 琴……

桐花生长于山岳之中，人迹罕至；开花时节又受到桃杏、牡丹的前后"夹击"。既乏"地利"，也乏"天时"。通过时、地等物性特点寄托政治、表明心迹是植物花卉吟咏的一个常见模式①。"舜"帝已殁、"凤"凰已归，梧桐无人欣赏，桐花自开自落。

元稹作品中的松、竹往往"失地"，或者误入蓬麻、或者禽虫盘踞、或者尘土覆盖、或者地处幽僻，如：

> 孤竹逆荒园，误与蓬麻列。久拥萧萧风，空长高高节。
> 严霜荡群秽，蓬断麻亦折。独立转亭亭，心期凤凰别。(《遣
> 兴十首》)

> 昔公怜我直，比之秋竹竿。秋来苦相忆，种竹厅前看。
> 失地颜色改，伤根枝叶残……鸣蝉聒暮景，跳蛙集幽栏。尘
> 土复昼夜，梢云良独难……瘴江冬草绿，何人惊岁寒？可怜
> 亭亭干，一一青琅玕。孤凤竟不至，坐伤时节阑。(《种竹》)

---

① 俞香顺《桐花意象考论》，《南京师范大学文学院学报》2010 年第 2 期。

我们可以比较一下两首诗的结尾。《遣兴十首》"心期凤凰别"的"别"是发现、青睐、鉴赏的意思，前文已经提到，据说凤凰是以"竹实"为食的，这里作者还是有所期待的；而《种竹》"孤凤竟不至"则是希望的落空。"空长高高节"之"空"、"可怜亭亭干"之"可怜"，均有悲苦、无望之意。

再如《西斋小松二首》："松树短于我，清风亦已多。况乃枝上雪，动摇微月波。幽姿得闲地，讵感岁蹉跎！但恐厦终构，藉君当奈何？"《寺院新竹》："佳色有鲜妍，修茎无拥肿。节高迷玉镞，箨缀疑花捧。讵必太山根，本自仙坛种。谁令植幽壤，复此依闲冗。居然霄汉姿，坐受藩篱壅。噪集倦鸱乌，炎昏繁蟠蠓。""闲地""闲冗"都是元稹的托物自叹。《遣兴十首》中的荷花则是"失水"："艳艳翦红英，团团削翠茎。托根在褊浅，因依泥滓生。中有合欢蕊，池枯难遽呈。凉宵露华重，低徊当月明。"

此外，元稹作品中的松、竹意象又往往是孤立孤苦、"忧心悄悄，愠于群小"，如《和乐天感鹤》"因兹谕直质，未免柔细牵。君看孤松树，左右萝茑缠"，又如《遣兴十首》"孤竹进荒园，误与蓬麻列"。《和东川李相公慈竹十二韵》"应怜孤生者，摧折成病瘵"，则将孤生之竹与丛生慈竹进行了对比。

《孟子·离娄下》云："君子有终身之忧，无一朝之患也。"元稹固然以"比德"花木勖勉砥砺品行，有"终身之忧"，但仕途得失"之患"却始终如影随形。与白居易相比，元稹无法安于"独善其身"，而热中躁进，这也是其政治品格为人所非议的原因。这些在他的花木"比德"诗作中已见端倪。

224

四、花木与人生感慨

元稹的花卉审美作品常哀怨低回，这源自于其敏感心性；最能体现这一特点的是其牡丹题材诗作。中唐时期，文人贬谪成为"常态"，花卉审美视野也随着迁谪之旅而拓展。元稹"发现"了杜鹃花，这是其花卉审美贡献之一。

（一）牡丹

"物色之动，心亦摇焉"，芳物凋谢、触绪惆怅，这是人之常情，元稹也不例外。元稹的特殊之处在于对牡丹的审美，足见其敏感、善感。牡丹在唐代"艳冠群芳"，牡丹题材作品大多极尽描摹、赞美之能事，例子不一而足。我们仅将元稹与同时代的刘禹锡作一"横向比较"，我们先看刘禹锡的牡丹题材作品。《赏牡丹》："庭前芍药妖无格，池上芙蓉净少情。唯有牡丹真国色，花开时节动京城。"芍药"过"、芙蓉"不及"，刘禹锡黜降这两种传统名花以抬升牡丹的地位。《浑侍中宅牡丹》"径尺千余朵，人间有此花。今朝见颜色，更不向诸家"、《思黯南墅赏牡丹》"有此倾城好颜色，天教晚发赛诸花"，则描写了牡丹的繁密、硕大以及"颜色"，兴致高昂。

然而，我们在元稹的诗歌中却很少见到这种笔调。《牡丹二首》："簇蕊风频坏，裁红雨更新。眼看吹落地，便别一年春"；"繁绿阴全合，衰红展渐难。风光一抬举，犹得暂时看"。牡丹于清明、谷雨间开放，已近春暮，"眼看""暂时"所流露的都是伤春情绪。再如《酬胡三凭人问牡丹》:"窃见胡三问牡丹,为言依旧满西栏。花时何处偏相忆,寥落衰红雨后看。"元稹喜欢描写牡丹风雨之后的"衰红",这可以看作是李商隐《回中牡丹为雨所败歌》"浪笑榴花不及春,先期零落更愁人"的先声。《和乐天秋题牡丹丛》:"敝宅艳山卉,别来长叹息。吟君晚丛咏,似见摧颓色。欲识别后容,勤过晚丛侧。"颜色摧颓的"晚丛"秋牡丹也绝不类"国色朝酣酒"的春牡丹。

《与杨十二、李三早入永寿寺看牡丹》:"晓入白莲宫,琉璃花界净。开敷多喻草,凌乱被幽径……繁华有时节,安得保全盛。色见尽浮荣,希君了真性。"诗歌结尾处以佛家"空幻"思想观照,如醍醐灌顶,这在唐代的牡丹题材作品中也是极为罕见的。

(二)梧桐;杜鹃花;石榴

元稹曾被贬江陵、通州,山程水驿的沿途花木常常引发元稹的仕途播迁、人生无常之感,元稹《桐孙诗》:"去日桐花半桐叶,别来桐树老桐孙。城中过尽无穷事,白发满头归故园。"诗前有小序云:"元和五年,予贬掾江陵。三月二十四日,宿曾峰馆。山月晓时,见桐花满地,因有八韵寄白翰林诗。当时草瘗,未暇纪题。及今六年,诏许西归,去时桐树上孙枝已拱矣,予亦白须两茎,而苍然斑鬓。感念前事,因题旧诗,仍赋《桐孙诗》一绝。又不知几何年复来商山道中。元和十年正月题。"作品情绪低沉,人生如浮萍飘梗,而梧桐树兀自立于山巅,迎来送往、阅人无数;元稹正是从梧桐树形之"变"与地点之"不变"兴起人生感慨。

《紫踯躅》:"紫踯躅,灭紫拢裙倚山腹。文君新寡乍归来,羞怨春风不能哭。我从相识便相怜,但是花丛不回目。去年春别湘水头,今年夏见青山曲……乐踯躅,我向通州尔幽独。可怜今夜宿青山,何年

226

却向青山宿？山花渐暗月渐明，月照空山满山绿。山空月午夜无人，何处知我颜如玉？"①"踯躅"即杜鹃花；"通州"即四川达州；"青山"即青山驿，元稹《望云骓马歌》诗："五六百里真符县，八十四盘青山驿"；"真符"即陕西洋县。元稹由陕入川、穿越秦岭，杜鹃花遍野，慰藉旅途寂寞。元稹《离思》云"取次花丛懒回顾"，《梦游春七十韵》则云："觉来八九年，不向花回顾"，《紫踯躅》又云"但是花丛不回目"，三致其意；然而，他却为"紫踯躅"青眼复开。整首诗有点絮絮叨叨，正体现了缠绵的情致，以"尔"这种拟人、呼告的方式来称谓自然之物，这在杜甫的诗歌中很常见；这或者可以看作杜甫"物与"情怀的延承。

《山枇杷》："山枇杷，花似牡丹殷泼血。往年乘传过青山，正值山花好时节……秾姿秀色人皆爱，怨媚羞容我偏别。说向闲人人不听，曾向乐天时一说。昨来谷口先相问，及到山前已消歇。左降通州十日迟，又与幽花一年别。山枇杷，尔托深山何太拙……"这首诗的创作背景与创作题材与《紫踯躅》相似。"山枇杷"即是高山杜鹃花，亦为川、陕风光。"羞怨""怨媚羞容"之"怨"与元稹此时的心态"异质同构"。白居易《山枇杷二首》为答和元稹之作，深谙对方心曲，亦有"怨"词："万重青嶂蜀门口，一树红花山顶头。春尽忆家归未得，低红如解替君愁。"杜鹃花之"名扬天下"乃在中唐之后，元稹、白居易与有功焉。

---

① "我向通州尔幽独"，用"幽独"形容杜鹃花，也可稍作分析。"幽独"，幽静、孤独，这两个字原本是形容人的一种生存、心理状态，如屈原《九章·涉江》："哀吾生之无乐兮，幽独处于山中。"后来，陈子昂在《感遇》诗中用来形容山林中的兰草、杜若："幽独空林色"；元稹延续了陈子昂的用法。从此，"幽独"常常用来形容名花的处境，而带有文人心境的投射，如苏轼《寓居定惠院之东杂花满山，有海棠一株，土人不知贵也》："江城地瘴蕃草木，只有名花苦幽独"、苏轼《贺新郎》："待浮花浪蕊都尽，伴君幽独"、姜夔《疏影》："想佩环、月夜归来，化作此花幽独。"

元稹《赠柔之》云："自恨风尘眼,常看远地花。"南国花木对于"北来"之人有"陌生化"的审美效应。"红荆"广泛分布于中国西北、北方,春夏开花,《红荆》:"庭中栽得红荆树,十月花开不待春。直到孩提尽惊怪,一家同是北来人";原本在故乡熟悉的"土物"却在异乡产生了"变异",让人"惊怪",更让人唏嘘。元稹自南还北时,购得"南花"随行,《花栽二首》:"买得山花一两栽,离乡别土易摧颓。欲知北客居南意,看取南花北地来。""安土重迁"不仅是花性,更是人性。

原产西域的石榴更是引发了元稹的"同是天涯沦落人"之感,《感石榴二十韵》:

> 何年安石国,万里贡榴花。迢递河源道,因依汉使槎。酸辛犯葱岭,憔悴涉龙沙。初到摽珍木,多来比乱麻。深抛故园里,少种贵人家。唯我荆州见,怜君胡地赊……俗态能嫌旧,芳姿尚可嘉。非专爱颜色,同恨阻幽遐。满眼思乡泪,相嗟亦自嗟。

结　语

元稹的花木审美既有时代特色,也有个人特点。元稹等中唐文人普遍爱好植物、以花木"比德";这种风气、方式影响了后世文人。元稹"发现"了桐花、杜鹃花、夜合花等。元稹的花木审美融入了其情感经历,缠绵低回。他的花木"比德"也"大醇小疵",并没有达到"廓其无求""苏世独立"的道德自足境界,而是汲汲于名位。元稹的牡丹题材诗作在当时颇为"另类",衰飒悲惋,体现了其敏感心性。此外,元稹的《兔丝》《芳树》等诗则是讽喻之作,影射政治,这与白居易同调;本文避免枝芜, 不再论述。分析元稹的花木审美可以从一个切口认识其人其作, 对于了解中唐文化、中唐文学亦有帮助。

（原载《阅江学刊》2011 年第 4 期，此处有补订。）

韩愈的花木审美特点与意义

在中唐花木审美的热潮中,韩愈其实是比较特殊的一位,朱国伟《论韩愈的感春诗》一文有提及:

> 韩愈《感春》诗多北方树木花草,自然与其生长北方有关,多写桃李、榆荚、梨、杏,而牡丹、芍药、蔷薇仅偶尔及之(南方典型花木更是少见),这与其他诗人似乎颇异其趣。[①]

确实,韩愈作品中的花木品类较少、描写简单,也不像白居易赋予"比德"深意;然而,他拓宽了审美范围,其盆池题材与李花、杏花描写均产生了较大的影响,仍有钩沉发覆之价值。

一、韩愈的花木审美态度:若即若离、不以为意

韩愈一生致力于攘斥佛老,以接续"道统"自任,对花木审美的态度是若即若离、不以为意,不似同时代的元稹、白居易那样投以热情。综观韩愈的创作,其花木吟咏之作在数量上远逊于元、白。韩愈对"众乐乐"的牡丹、芍药等都缺乏浓厚兴趣;他超然于时俗以及元、白等人的花木"比德"方式之外;他对花木移情保持着理性与克制。韩愈的花木观念根植于他的"道统"意识与儒学实践。

---

① 朱国伟《论韩愈的感春诗》,《南阳师范学院学报》2007 年第 7 期。

中唐时期，游赏牡丹渐成风习，正如刘禹锡《赏牡丹》云："唯有牡丹真国色，花开时节动京城。"《全唐诗》中，元稹以"牡丹"为题之作有七首，在京城宅第中，元稹还自己栽种了牡丹；白居易以"牡丹"为题之作则有十二首，剔除《秦中吟·买花》(又题《牡丹》)《牡丹芳》两首是借牡丹以讽世忧民之外，仍有十首。韩愈则并未狃于时俗，只有一首游戏之作《戏题牡丹》，这在中唐诗人中是相当特立独行的。其他如诗人们趋之若鹜的芍药、菊花等，韩愈留下的作品也是寥寥。元、白的花木描写都有浓墨重彩、繁复细致的特点，这种笔触在韩愈的作品中也绝少见。韩愈以"弘道"为己任，表现在诗文中的闲情逸致远不如元、白丰富，不喜欢刻镂花草枝叶也是势之必然。

元、白远绍并且推扬中国儒家的花木"比德"传统，韩愈对此似也并不在意。松、竹是两大传统"比德"意象，元稹以"松"为题之作有《松树》《松鹤》《画松》《题翰林东阁前小松》《西斋小松二首》等，白居易以"松"为题之作则有十余首，如《和答诗十首·和松树》《涧底松》《栽松二首》《庭松》《玩松竹二首》等。检视韩愈，则无以"松"为题之作。韩愈显然也不像元、白那样寄意于竹。白居易曾以"有节秋竹竿"称许元稹。元稹以"竹"为题之作有《种竹》《竹》《寺院新竹》《新竹》等；白居易以"竹"为题之作同样有十余首，如《酬元九对新栽竹有怀见寄》《新栽竹》《画竹歌》《问竹行》《北窗竹石》等。检视韩愈，明确以"竹"为题的作品只有《新竹》一首，另《奉和虢州刘给事使君新题二十一咏》有"竹洞""竹溪""竹径"三首。《新竹》中有"高标陵秋严，贞色夺春媚"的比德之语，这是咏竹的"现成思路"；《竹径》一首则对竹子等闲视之，云："若要添风月，应除数百竿。"

中唐时期的花木"比德"是在儒学复兴的背景之下展开的，韩愈是儒学复兴的中坚力量，却几无"比德"之作，耐人寻味。韩愈《原道》云："夫所谓先王之教者何也？博爱之谓仁，行而宜之之谓义，由是而之焉之谓道，足乎己、无待于外之谓德。"杜牧《登池州九峰楼寄张祜》"道非身外更何求"可以和韩愈的"足乎己、无待于外"相互映发。我们可以这么说，韩愈有着充分的"道""德"自信，不假旁求，并不汲汲于借花木的观照、参证以提升自己的"道""德"水准。元、白与韩愈的道德实践路径略有差异，元、白注重"外师造化"，而韩愈则更注重"中得心源"。这大约就是韩愈少有花木"比德"之作的原因。

刘勰《文心雕龙·明诗篇》云："人禀七情，应物斯感，感物吟志，莫非自然。"元稹、白居易花木题材作品中的伤春与伤别、迁谪情绪复调交织，俯拾即是。韩愈当然并不能完全绝缘于此，不过其作品中同时又有"意志与理性的力量"[1]，克制、消解负面情绪，如《感春三首》其一云："偶坐藤树下，暮春下旬间……时节适当尔，怀悲自无端。""梧桐夜雨"是传统的悲秋意象，而杜牧《齐安郡中偶题》却云："秋声无不搅离心，梦泽蒹葭楚雨深。自滴阶前大梧叶，干君何事动哀吟？"韩愈采用陈述的句式，已为杜牧"导夫先路"；杜牧则采用反诘的句式，更加有力地否定了传统的"情以物迁"的心物关系。也正是因为"意志与理性"的力量，虽然与元、白等人一样都曾被贬南方，韩愈的作品中却很少有引发愁怀的南方花木的印记。

韩愈不以春天的花花草草为意，他甚至有点排斥春天、超然于春天之外、对李白与杜甫以自然花草为题材的吟咏不以为然，《感春四首》："皇天平分成四时，春气漫诞最可悲。杂花妆林草盖地，白日坐上倾天维"；"为此径须沽酒饮，自外天地弃不疑"；"近怜李杜无检束，烂漫

---

① 程杰《宋诗学通论》第 141 页，天津人民出版社 1999 年版。

长醉多文辞"。到了宋代，理学家程颐则有意反对"闲言语"，《河南程氏遗书》卷十八《伊川先生语四》载：

> 某素不作诗，亦非是禁止不作，但不欲为此闲言语。且如今言能诗无如杜甫，如云："穿花蛱蝶深深见，弄水蜻蜓款款飞。"如此闲言语，道出做甚。

程颐的主张可看作是韩愈的逻辑延续。

韩愈不措意于花木审美，并非"不能"也，而是"不为"也。韩愈对花期有着精准的把握，《寒食日出游》：

> 李花初发君始病，我往看君花转盛……迤来又见桃与梨，交开红白如争竞……桐华最晚今已繁，君不强起时难更。

从李花到桃花、梨花、桐花，历历写来，暗合于"二十四番花信风"中的次序。这有点类似于元稹《有酒十章》"第六"：

> 有酒有酒歌且哀，江春例早多早梅。樱桃桃李相续开，间以木兰之秀香裴回。东风吹尽南风来，莺声渐涩花摧颓。四月清和艳残卉，芍药翻红蒲映水。夏龙痛毒雷雨多，蒲叶离披艳红死。红艳犹存榴树花，紫苞欲绽高笋牙。笋牙成竹冒霜雪，榴花落地还销歇……

元稹也是从早梅到石榴花，依次写来。可见中唐时期，文人对花卉、花期的观察、把握相当精细、准确。

在中唐的花木审美风习中，韩愈自有其特点与贡献，其《和席八十二韵》所云"花与思俱新"正是夫子自道。他"无意而工"，其花木审美个人特色鲜明，并对后代产生了一定的影响。

二、韩愈的楸树题材作品：体现"高""大"的审美取向

韩愈喜欢大笔挥洒，纷红骇绿，夺目炫神，如《送侯参谋赴河中幕》："三月嵩少步，踯躅红千层。""嵩少"指嵩山和少室山，"踯躅"即杜鹃花。再如《酬卢给事曲江荷花行》："曲江千顷秋波净，平铺红云盖明镜。""千层""千顷"分别以"千"来形容杜鹃花、荷花的层叠与铺张的"壮美"。《全唐诗》中以"红云"比喻花势的仅有两例，皆出自韩愈，另如《奉和虢州刘给事使君三堂新题二十一咏·花岛》："欲知花岛处，水上觅红云。"韩愈诗文以笔力雄大著称，于此可见一斑。宋代，韩愈所创辟的"红云"之喻则为诗人共赏，推而广之用以形容牡丹、红梅、芙蓉、海棠、杏花等，如韩琦《赏西禅牡丹》"万叶红云砌宝冠"、虞俦《芙蓉盛开》"红云不尽绿云多"。

他还喜欢以"大""肥"摹状花叶，返朴用拙，元气淋漓，如《感春三首》其一"矗矗新叶大"、《山石》"芭蕉叶大栀子肥"。金代元好问将秦观的摹写花卉与韩愈的描写方式进行了对比，扬韩而抑秦，《论诗绝句三十首》："'有情芍药含春泪，无力蔷薇卧晓枝。' 拈出退之山石句，始知渠是女郎诗。"秦观用女性的表情、体态与比拟花卉，细腻却略伤于婉弱，所以元好问将秦观的作品评为"女郎诗"。再如《古意》"太华峰头玉井莲，开花十丈藕如船"的夸张也与前面的"大"有同趣。

韩愈除了喜欢"大"花之外，还喜欢"高"花，如《楸树二首》"看吐高花万万层"、《游城南十六首·风折花枝》"侵天浮艳难就看"。

韩愈"高""大"审美偏好的典型体现是他的楸树题材作品。楸树树姿俊秀，高大挺拔，树干可达 30 米，枝繁叶茂，花形若钟，红斑点缀白色花冠，宋代陆佃《埤雅》云："楸，美木也，茎干乔耸凌云，高华可爱。"

图 37　楸树。(图片来自"中国自然植物标本馆")

《全唐诗》中以"楸"为题的作品共 4 首，皆出自韩愈，即《庭楸》《游城南十六首 · 楸树二首》《游城南十六首 · 楸树》。《庭楸》云："庭楸止五株，共生十步间。各有藤绕之，上各相钩联。下叶各垂地，树颠各云连……我已自顽钝，重遭五楸牵。客来尚不见，肯到权门前！"韩愈端坐庭楸之间，风骨凛凛，程学恂曰："知公性爱此树也。"[1]在另一首《示儿》诗中，也有与"庭楸"相应之句："庭内无所有，高树八九株。有藤娄络之，春华夏阴敷。"韩愈楸树题材作品中多有"藤""蔓"

---

① 钱仲联《韩昌黎诗系年集释》第 978 页，上海古籍出版社 1984 年版。

意象，似有感而发，《游城南十六首·楸树二首》："几岁生成为大树，一朝缠绕困长藤"；"幸自枝条能树立，可烦萝蔓作交加"。"幸自"即本来、原来之意。楸树有韩愈自喻意味，而"藤""蔓"则当指群小。

三、韩愈的草色、榆荚、石榴描写：填补审美"盲区"

韩愈的散文创作追求"惟陈言之务去"，在花木审美上则往往力避时芳艳物，另辟蹊径，如楸树、李花题材作品。此外，韩愈还注目于一些"微物"，这些"微物"不在三春繁花之列，是审美之"盲区"，如早春之草色、晚春之榆荚、初夏之榴花。

《早春呈水部张十八员外》："天街小雨润如酥，草色遥看近却无。最是一年春好处，绝胜烟柳满皇都。"韩愈对光影的明灭变化有着很强的捕捉与表现能力，程千帆先生在《韩诗〈李花赠张十一署〉篇发微》有详论；[①]"草色遥看近却无"一句可以和王维《终南山》的"青霭入看无"并而观之。"绝胜"，远远超过。草色、柳色难分轩轾，如王维《送元二使安西》"草色青青柳色新"，世人可能还更偏赏后者。韩愈别有会心之处，独爱早春、雨中的嫩草之色，这是姹紫嫣红的春天的"序曲"，往往被世俗之人所疏略。韩愈在另一首诗里也抒发了看到春草嫩芽的惊喜之情，《春雪》："新年都未有芳华，二月初惊见草芽。"

榆荚即榆钱，榆树的种子，是春天的"尾声"。韩愈有三首诗中出现了榆荚，这也拓展了审美视野，《晚春》"草树知春不久归，百般红紫斗芳菲。杨花榆荚无才思，惟解漫天作雪飞"、《题城南十六首·题

---

① 巩本栋编、程千帆著《俭腹钞》第 264—270 页，上海文艺出版社 1998 版。

于宾客庄》"榆荚车前盖地皮，蔷薇蘸水笋穿篱"、《晚春》"榆荚只能随柳絮，等闲撩乱走空园"。

特别值得一提的是石榴花。唐诗中的"榴花"往往指山石榴花或海石榴花，前者即杜鹃花，后者即山茶花，[1]真正题咏石榴花的作品其实很少。《题张十一旅舍三咏·榴花》："五月榴花照眼明，枝间时见子初成。可怜此地无车马，颠倒青苔落绛英。"[2]五月石榴花填补了春天众芳芜秽之后的审美"空档"。到了宋代，吟咏石榴花之作才大大增加，如苏轼著名的《贺新郎·夏景》借石榴花以抒发女子心曲。

四、韩愈的"盆池"实践："物性""理趣"的范式效应

中唐时期，以李德裕、白居易为代表的文人热衷于兴建园林，叠石理水。"盆池"规模与园林自不可同日而语，但是"聊复尔耳"、简单易行，所以也很风行。盆池，埋"盆"作"池"，或者掘"池"为"盆"形，如姚合《咏盆池》："浮萍重叠水团圆，客绕千遭屧齿痕，莫惊池里寻常满，一井清泉是上源。"唐彦谦《西明寺威公盆池新稻》："盆池积润分畦水，藻井垂阴擢秀稀。"盆池最常见的用途是栽种荷花，韩愈《奉和钱七兄曹长盆池所植》："翻翻江浦荷，而今生在此……但取主人知，谁言盆盎是？"韩愈有《盆池五首》：

老翁真个似童儿，汲水埋盆作小池。一夜青蛙鸣到晓，

---

① 俞香顺《海榴辨》，《文学遗产》2004 年第 2 期。

② 可怜，可爱的意思。陈迩冬《韩愈诗选》解释诗意："末二句正是爱其无游人来赏，爱其满地'青苔''绛英'；倘有人来赏，则车辙马蹄践踏得不堪了。此正是意调新而笔锋偏出处。"详参顾农注评《千家诗》第 133—134 页，凤凰出版社 2006 年版。

恰如方口钓鱼时。

　　莫道盆池作不成，藕梢初种已齐生。从今有雨君须记，
来听萧萧打叶声。

　　瓦沼晨朝水自清，小虫无数不知名。忽然分散无踪影，
惟有鱼儿作队行。

　　泥盆浅小讵成池，夜半青蛙圣得知。一听暗来将伴侣，
不烦鸣唤斗雄雌。

　　池光天影共青青，拍岸才添水数瓶。且待夜深明月去，
试看涵泳几多星。

小小的盆池类似于一个小型的"生态园"，主要栽种荷花，青
蛙、小鱼、小虫与之共生。"方口"是地名，与盘谷同在山东济源
，盘谷是韩愈朋友李愿的归隐之地，韩愈也曾"到此一游"：

　　昔寻李愿向盘谷，正见高崖巨壁争开张……平沙绿浪榜
　　方口，雁鸭飞起穿垂杨。穷探极览颇恣横，物外日月本不忙。
　　归来辛苦欲谁为，坐令再往之计堕渺茫。(《卢郎中云夫寄示
　　送盘谷子诗两章，歌以和之》)

　　钓于水，鲜可食……从子于盘兮，终吾生以徜徉。(《送
　　李愿归盘谷序》)

盆池虽小，却尺幅千里。白居易等人营造园林以践行"中隐"之道，
韩愈则谛观盆池而有江湖之思，借用当下的广告词就是"身未动，心
已远。"两人殊途同归，而相比较白居易的耗费资财，韩愈可称得上"惠
而不费"。

我们看第二首。"藕梢初种"诗指用埋藕的方法"分株繁殖"。"莫
道"一句充满了自得、炫耀。"从今"两句是对未来的展望、对朋友的

邀约。荷叶雨声是常见的意象，但是韩愈这里流露的情绪和李商隐"留得残荷听雨声"完全不一样，是一种清雅的兴致。

《盆池五首》平易自然，充满谐趣，善于写生，这种风格和南宋杨万里的"诚斋体"已经是声气相通。我们看一例。"圣得知"，迅速敏锐地知道，金代王若虚《滹南诗话》卷上："言初不成池，而蛙已知之，速如圣耳。""圣"和杨万里《小池》："小荷才露尖尖角，早有蜻蜓立上头"的"才""早"有异曲同工之妙。

宋代，"盆池"荷花依然是常见的栽植方式，《全宋诗》中以盆池为题的作品即有48首，如杨万里《西府直舍盆池种莲二首》、袁说友《盆池荷花》。宋人"盆池"植莲往往不是出于单纯的观赏，而是观"造化之妙"，以"即物究理""格物致知"为目的；他们着眼的不是荷花的姿态、色香之美，而是其"活泼泼地"生机。从"盆池"中荷花的舒卷自如、小鱼的浮沉随意去把握"物性""理趣"，从而培养潇洒自如、无往不乐的胸襟修养、人生态度①。这种盆池审美方式、情趣之肇始则为韩愈。陈寅恪《论韩愈》云："唐代之史可分前后两期，前期结束南北朝相承之旧局面，后期开启赵宋以降之新局面，关于政治社会经济如此，关于文化学术者亦莫不如此。退之者，唐代文化学术史上承先启后、转旧为新关捩点之人物也。"②盆池欣赏即是一例。

---

① 俞香顺《中国荷花审美文化研究》第306—307页，巴蜀书社2005年版。
② 陈寅恪《金明馆丛稿初编》第332页，生活·读书·新知三联书店2009年版。

五、韩愈的李花与杏花描写：意新而语工

图38　李花。（网友提供）

李花的花期为4~5月，白花，虽小而繁茂，素雅清新。中国文化中，"李"的独立品格不强，似乎是作为"桃"的附庸而存在，如"桃李不言，下自成蹊""李代桃僵"等成语。李花亦是如此，如贺知章《望人家桃李花》、李益《听唱赤白桃李花》。韩愈张皇幽眇，有三首咏李花之作，即《李花赠张十一署》《李花二首》。中唐以后，李花虽然仍然无法与桃花分庭抗礼，但也自成一小"格局"，韩愈居功至伟；李商隐、梅尧臣、王安石、杨万里等都有李花题材作品。我们看他的两首"李花"作品：

《李花赠张十一署》："江陵城西二月尾，花不见桃惟见李。

240

风揉雨练雪羞比，波涛翻空杳无涘。君知此处花何似，白花倒烛天夜明，群鸡惊鸣官吏起。金乌海底初飞来，朱辉散射青霞开……"

《李花二首》："当春天地争奢华，洛阳园苑尤纷挐。谁将平地万堆雪，剪刻作此连天花。日光赤色照未好，明月暂入都交加……"

韩愈描写满园满林的李花，同样泼洒壮观。桃花、李花并时而开、并列而称，白昼桃花的光华掩盖了李花的素白；而到了暗夜，桃花匿迹而李花彰显。程千帆先生《韩诗〈李花赠张十一署〉篇发微》从光学的角度阐释了"花不见桃唯见李"这一句：

至无月时则照度弱，照度弱则神经所受之刺激亦弱；红色反光不强，即不可见；视觉所及，但有白光存，故唯见白李，不见红桃。此诗所赋，时当月尾，是以云"花不见桃唯见李"也。①

韩愈对于李花色彩的变化观察入微，描写工妙。后代步武、阐释、叹服韩愈李花描写者众多，足见其影响之大：

自退之创格，后来师其词意者，则有唐之李商隐、郑谷，宋之王安石；悉其原委者，则有宋之陆游、吴可，清之马位；服其工妙者，则有宋之苏轼、周紫芝、杨万里，清之李怀民，今之陈衍。②

杏花是中国北方的常见花卉，唐代长安即有"杏园"，韩愈的《杏花》借杏花起兴，抒发身世之感、乡关之思："居邻北郭古寺空，杏花

---

① 巩本栋编、程千帆著《俭腹钞》第 267 页，上海文艺出版社 1998 年版。
② 巩本栋编、程千帆著《俭腹钞》第 270 页，上海文艺出版社 1998 年版。

两株能白红。曲江满园不可到，看此宁避雨与风！二年流窜出岭外，所见草木多异同。冬寒不严地恒泄，阳气发乱无全功。浮花浪蕊镇长有，才开还落瘴雾中……"此诗为韩愈为江陵府法曹参军时所作，这首作品借题发挥，真正描写的杏花姿色的仅"杏花两株能白红"一句。李黼平评曰："凡十韵，只此句是写杏花……一篇纯是写情，无半字半句粘着杏花，岂非奇作……"[①]而就是这一句，又为后人的花卉描写开一"法门"。杏花虽只两株，却已涵盖红、白两种常见花色，"能"即能够、善于的意思。

宋代人讲究"以故为新""以俗为雅"，韩愈造语生新，往往暗合于宋人主张，"能"字的运用即为一例。宋人借鉴"能"字用法者颇多，如唐庚《剑州道中见桃李盛开，而梅花犹有存者》"桃花能红李能白，春深无处无颜色"、王庭圭《湖头观桃李四绝句》其四"春入千林烟雨中，桃花李花能白红"、朱淑真《黄花》"土花能白又能红"。李渔《闲情偶寄》"种植部·木本第一"尤其称道唐庚诗句："凡言草木之花，矢口即称桃李，是桃李二物，领袖群芳者也。其所以领袖群芳者，以色之大都不出红白二种，桃色为红之极纯，李色为白之至洁，'桃花能红李能白'一语，足尽二物之能事。"

韩愈《杏花》中还有一语戛戛独造，即"浮花浪蕊"，形容春花之纷繁易落，"浮""浪"是轻浮、孟浪、短暂之意，略带贬义。这一词语在宋代同样被频频借用，如苏轼《贺新郎》"待浮花浪蕊都尽、伴君幽独"、张载《春晚》其二"浮花浪蕊自纷纷"、晁补之《和东坡先生梅花三首》其三"浮花浪蕊空满园"。

---

① 钱仲联《韩昌黎诗系年集释》第 358 页。

图 39　杏花。（网友提供）

结　语

在中唐的花木审美风习中，韩愈是相当特殊的一位，他对花木审美"不以为意"。他对"众乐乐"的牡丹、芍药等都缺乏浓厚兴趣；他超然于元、白等人的花木"比德"方式之外；他对花木移情保持着理性与克制。他对待花木的态度影响了后人，尤其是宋代理学家。同时，韩愈的花木审美却又"无意而工"。他"独乐乐"于"高""大"的花木以及"人弃我取"的花木，拓宽了审美范围。他的"盆池"作品开创了审美范式，宋人喜欢从"盆池"中发现"物性""理趣"。另外，他的李花、杏花作品意新而语工，其描写方式及语汇均被后人所借鉴。

（原载《北京林业大学学报》社会科学版 2015 年第 1 期）

柳宗元的花木种植与审美

中唐时期，无论是诗歌题材还是风格，都产生了新变。这一时期的文人普遍留意植物、倾心植物审美，如元稹、白居易。柳宗元的花木题材作品数量颇多，但专题研究尚不足，袁茹认为：

> 柳宗元将南国许多特有的植物引入花木诗，较其之前的诗歌是一大创新；诗人以花木诗曲折反映其处境、心境、人格及身世命运之感慨……花木诗所采用的比兴手法，是对屈原所开创的香草美人传统的继承和创新。[①]

本文在袁文的基础上更做拓展与深究，通过研究柳宗元的花木诗去"想见其人"。

柳宗元早年为京官，种树艺花活动已不可考。永贞元年（805），他因参加"永贞革新"而被贬永州；元和十年（815）春回京师，旋即又被贬柳州；元和十四年（819）卒于任所。永州司马、柳州刺史任间，柳宗元大量种植花木，粗略统计，有药草、松、竹、桂树、柑树、漆树、柳树、芍药、海石榴、木槲花等。他的花木审美具有鲜明的个人印迹。

他的花木种植是担任地方官的"惠政"之一。在永州时，他栽植了漆树，《冉溪》云："却学寿张樊敬侯，种漆南园待成器。"漆树的经济利用价值很高，有木材、油料、涂料之用，柳宗元这里用了《后汉书》卷三十二《樊宏传》的典故："父重，字君云，世善农稼，好货殖……

---

① 袁茹《柳宗元的花木诗》，《广西教育学院学报》2005 年第 1 期。

尝欲作器物，先种梓漆，时人嗤之，然积以岁月，皆得其用，向之笑者咸求假焉。赀至巨万，而赈赡宗族，恩加乡闾。"在柳州时，他栽种了柳树，《种柳戏题》："柳州柳刺史，种柳柳江边。谈笑为故事，推移成昔年。垂阴当覆地，耸干会参天。好作思人树，惭无惠化传。"这首诗笔调轻松戏谑，篇末用了召公的典故《史记·燕召公世家》："召公巡行乡邑，有棠树，决狱政事其下，自侯伯至庶人各得其所，无失职者。召公卒，而民思召公之政，怀棠树不敢伐，歌咏之，作《甘棠》之诗。""惠化"指惠政、化俗。

他种植花木也是为了疗病。他所栽种的仙灵毗、白术、白蘘荷等都是药草。此外，他借花木种植与审美来养志、言志，寄寓了个人的身世感慨。他南迁楚地，对屈原作品中所描写的"香草"目验心证，花木成为品德、人格砥砺之具；他借花木种植阐发了他的人才观点、治民理念。

一、种植药草与养生养志

花、药往往联缀而言，如于邵《游李校书花药园序》、钱起《山居新种花药，与道士同游赋诗》等；许多花卉兼具药用与审美价值。文人种植药草，出于"清玩"者居多，而柳宗元却不同，确实出于治疗沉疴之目的。

永州、柳州为蛮荒瘴疠之地，湿气过重，加之心情郁积，柳宗元南迁之后，众病辐辏。他患有脚气病，《答韦中立论师道书》："仆自谪过以来，益少志虑。居南中九年，增脚气病。"《新唐书·柳宗元传》："居

245

蛮夷中久，惯习炎毒，昏眊重膇，意以为常。""重膇"即脚肿，柳宗元在病发时，只能借助于杖策勉强而行。《种仙灵毗》云："杖藜下庭际，曳踵不及门。"此外，他还患有痞气（脾脏肿大），《与李翰林建书》：

> 仆自去年八月来，痞疾稍已。往时间一二日作，今一月
> 乃二三作……用南人槟榔余甘，破决壅隔太过，阴邪虽败，
> 已伤正气，行则膝颤，坐则髀痹。所欲者，补气丰血，强筋骨，
> 辅心力。有与此宜者，更致数物。

"槟榔"与"余甘"都是南方水果，"槟榔"我们比较熟悉，"余甘"又名余甘果、余甘子等，因为先苦后甜、"口有余甘"而得名。《与杨京兆凭书》亦云："一二年来，痞气尤甚，加以众疾，动作不常。"

他在邻居的指导之下种植竹子，《茅檐下始栽竹》："瘴茅葺为宇，溽暑常侵肌。适有重膇疾，蒸郁宁所宜。东邻幸导我，树竹邀凉飔。"竹林清幽的环境有益于他的休养。他还种植了灵寿木，期以扶持病体，《植灵寿木》："敢期齿杖赐，聊且移孤茎……安能事翦伐，持用资徒行。"古代皇帝授予年高者以行杖，是为"齿杖"《汉书·孔光传》："赐太师灵寿杖。"柳宗元以逐臣之身，不敢期望"齿杖"恩典，唯有"自求多福"。灵寿木是上好的杖材，灵寿木质地坚硬、枝节光滑，稍加削制即成杖形。

中国历史上精研本草、以利众生者不乏其人，但是种植药草、专门"利己"者不多，柳宗元颇具代表性。柳宗元有《种仙灵毗》《种术》《白蘘荷》，这些诗题中的药草都是对症之药。仙灵毗，又名"淫羊藿"，具有很高的药用价值，可以补肾阳、强筋骨、祛风湿，《种仙灵毗》云"神哉辅吾足，幸及儿女奔"，可见颇为奏效。他还种有"芍药"，芍药

对于痞气也有功效。[①]

　　早年的柳宗元蹈厉风发、锋芒外露，积极抗争；而南迁之后，英华内敛，"不屈志、不降身"，《送萧炼登第后南归序》云："君子志正而气一，诚纯而分定，未尝标出处为二道，判屈伸为异门也。固其本，养其正，如斯而已矣。"柳宗元的种植药草与道家的服食养生迥异其趣，仍然是以儒家价值观念为主导；换言之，"养生"是途径，而非目的，"养生"是固本培元，以期养气、养志，如《种术》"悟拙甘自足，激清愧同波。单豹且理内，高门复如何"、《种白蘘荷》"崎岖乃有得，托以全余身"。"单豹"用的是《庄子》中的典故，《庄子·达生》："鲁有单豹者岩居而水饮，不与民共利，行年七十而犹有婴儿之色。"

二、南国风情与乡关之思

　　中唐时期，伴随着众多诗人的南迁，南国花卉开始大量进入审美视野，如白莲、木芙蓉、杜鹃等。[②]柳宗元"发现"了海石榴、榕树、木芙蓉、红蕉等南国花木。《袁家渴记》："其树多枫、柟、石楠、梗、楮、樟、柚；草则兰、芷，又有异卉，类合欢而蔓生……"所记花木也大多为南国特产。

　　纷红骇绿的南国花木带来了"陌生化"的审美体验，也引发了柳宗元的故园之思。我们看海石榴与橘柚两例。

---

① 张绪伯《柳宗元诗〈戏题阶前芍药〉中的芍药不是牡丹》，《柳宗元研究》第 12 辑。

② 俞香顺《白居易的花木审美贡献与意义》，《江苏社会科学》2011 第 1 期；俞香顺《元稹花木审美特点刍议》，《阅江学刊》2011 年第 4 期。

海石榴即山茶花①，中唐以前的诗歌中鲜见，柳宗元有两首吟咏海石榴的作品。山茶花为常绿灌木或小乔木，繁花满枝、岁暮开放，其《新植海石榴》"弱植不盈尺""莓苔插琼英""徂岁为谁荣"均抓住了海石榴植株较小、花色艳丽、花发越冬的植物特点。南国花卉的艳质与诗人的衰颜形成了鲜明的对比，益增伤感，《始见白发，题所植海石榴》："几年封植爱芳丛，韶艳朱颜竟不同。从此休论上春事，看成古木对衰翁。""上春"即孟春之意。

橘柚为偏义复词，往往仅指橘，这也是盛产于南方。《同刘十八院长述旧言……》："寒初荣橘柚，夏首荐枇杷。"《得卢衡州书因以诗寄》："蒹葭淅沥含秋雾，橘柚玲珑透夕阳。"两首作品都点明了橘柚的时令特点。《南中荣橘柚》诗则描写了橘柚的地域、时令、果叶，更为详细，而且借此抒发了自己的故园之思："橘柚怀贞质，受命此炎方。密林耀朱绿，晚岁有馀芳。殊风限清汉，飞雪滞故乡。攀条何所叹？北望熊与湘。"屈原《橘颂》云："受命不迁，生南国兮。""受命"句即用《橘颂》典故。橘树为南国树，柳宗元则为北方人，虽然南北有别，但都是"深固难徙"，"易地则皆然"。柳宗元以南窜之身不免睹南物而生思乡之情。"北望熊与湘"，"熊"即熊耳山，在河南卢氏县内，"湘"即湘山，又名君山，在洞庭湖中。

天涯羁旅之思时时横亘于柳宗元心中，有时种植花木就是无聊之举，《种木槲花》："上苑年年占物华，飘零今日在天涯。只因长作龙城守，剩种庭前木槲花。""龙城"即柳州。

---

① 俞香顺《海榴辨》，《文学遗产》2004 年第 2 期。

三、香草比德与政治寓意

图 40　橘子树。（网友提供）

中国的花木"比德"有两个源流，相得益彰。其一是《论语》"岁寒然后知松柏之后凋也"的刚贞取向，其二是《离骚》"扈江离与辟芷兮,纫秋兰以为佩"的芳洁取向。前者偏向于儒者的"社会"表现,威武不能屈；后者偏向于儒者的"慎独"表现，道德自洽。如果更细究，这两种取向也体现了北方文化与南方文化的不同意趣。柳宗元是中唐儒学复兴的重要参与者，其作品中的花木"比德"体现了这两种取向；由于南迁的独特经历，柳宗元对于《离骚》传统更是"别有会心"。

先看前者，《茅檐下始栽竹》"贞根期永固"、《酬贾鹏山人郡内新栽松寓兴见赠二首》"劲色不改旧"、《植灵寿木》"柔条乍反植，劲节常对生"。竹与松都是传统的"比德"意象，柳宗元借松竹的贞姿劲节来抒发"君子固穷"、穷且益坚之志。再看后者，《戏题阶前芍药》："凡卉与时谢，妍华丽兹晨。欹红醉浓露，窈窕留余春……愿致溱洧赠，悠悠南国人。"柳宗元与屈原"萧条异代不同时"，被贬南方之后，得地利之便，对屈原其人其作悠然心会，他撰有《吊屈原文》，也继承了屈原《离骚》所开创的"香草"比兴传统。姚范《援鹑堂笔记》卷四十四："花卉九首……元裕之尝请赵闲闲秉文共作一轴，自题其后云：'柳州（柳宗元）怨之愈深，其辞愈缓，得古诗之正，其清新婉丽，六朝辞人少有及者……'"所谓"正"，其实就是柳宗元与屈原在精神上的一脉相承，而六朝文人却往往只是流连光景、刻镂形似。《柳州城西北隅种柑树》："手种黄柑二百株，春来新叶遍城隅。方同楚客怜皇树，不学荆州利木奴……""楚客怜皇树"即用屈原《橘颂》之典。

南国植物往往具有常绿的特点，与时令抗行，于岁末、秋冬开放，柳宗元作品中的南国花木体现了芳洁与刚贞"合流"的特点，如《南中荣橘柚》"橘柚怀贞质，受命此炎方"、《红蕉》"晚英值穷节，绿润含朱光。以兹正阳色，窈窕凌清霜"。

《离骚》开创了以"香草"比喻政治命运的模式，柳宗元于此也有继承。柳宗元《登柳州城楼寄漳汀封连四州》："惊风乱飐芙蓉水，密雨斜侵薜荔墙。"这并非泛泛写景，"芙蓉"与"薜荔"都是《离骚》中出现的"香草"意象。俞陛云《诗境浅说》"丙编"曰："子厚柳州诗多哀怨之音……三、四句言临水芙蓉，覆墙薜荔，本有天然之态，乃密雨惊风横加侵袭，致嫣红生翠，全失其度。以风雨喻谗人之高张，以薜荔芙蓉喻贤人之摈斥，犹《楚辞》以兰蕙喻君子，以雷雨喻摧残。"

四、花木种植与人才观、民本观

韩愈《师说》针砭时弊，柳宗元的《师友箴》《答韦中立论师道说》等都为同声相应之作，时有愤激之语。《师友箴》云："今之世，为人师者众笑之。"《答韦中立论师道说》云："今之世，不闻有师，有辄哗笑之，以为狂人。"然而，柳宗元在当时却是"师"望甚隆，韩愈《柳子厚墓志铭》："衡、湘以南，为进士者，皆以子厚为师。"柳宗元也以擢拔、培育人才为己任。

《酬贾鹏山人郡内新栽松寓兴见赠二首》云："青松遗涧底，擢莳兹庭中。""涧底松"出自西晋左思的《咏史诗》"郁郁涧底松，离离山上苗"，比喻沉沦不偶的英俊人才。后人沿袭了这一意象，如刘希夷《孤松篇》"吁嗟深涧底，弃捐广厦材"、李华《尚书都堂瓦松》："宁知深涧底，霜雪岁兼封"。柳宗元与此前对"涧底松"的徒然"吁嗟"感叹不同，起而行之，"迁于幽谷"，改变了松树的命运。他有"不忍人之心"、行"不忍人之政"，"喧卑岂所安，任物非我情"。"树木"即为"树人"，这与

251

屈原《离骚》的"滋兰""树蕙"也是遥接的。再如《自衡阳移桂十余本植零陵所住精舍》:"离披得幽桂,芳本欣盈握。火耕困烟烬,薪采久摧剥……南人始珍重,微我谁先觉。芳意不可传,丹心徒自渥。"桂树也是《楚辞》系统中的芳树,如《湘夫人》:"美要眇兮宜修,沛吾乘兮桂舟。"这一首作品中桂树的命运与上面所提到的"涧底松"相似,受困于"火耕""薪采",柳宗元慧眼辨材,将之"移"栽于所住的精舍。正因为对人才拳拳在念,当他看到对人才的摧残时不免大声疾呼,《行路难》:"群材未成质已夭,突兀哮豁空岩峦……君不见南山栋梁益稀少,爱材养育谁复论。"

柳宗元早年曾参与"永贞革新",锐力于政治改革,他继承了先秦以来儒家的民本思想。《种树郭橐驼传》借种树人之口阐述了"养人"之术:

> 能顺木之天以致其性焉尔。凡植木之性,其本欲舒,其培欲平,其土欲故,其筑欲密。既然已,勿动勿虑,去不复顾。其莳也若子,其置也若弃,则其天者全而其性得矣。故吾不害其长而已,非有能硕茂之也;不抑耗其实而已,非有能早而蕃之也。

中唐时期,置办园林、莳弄花木成为文人风尚,在园林花木实践中,感悟与印证"政道"者亦不乏其人。柳宗元的《种树郭橐驼传》可以与白居易的《东坡种花二首》互相参照:"东坡春向暮,树木今何如……划土壅其本,引泉溉其枯。养树既如此,养民亦何殊。将欲茂枝叶,必先救根株。云何救根株,劝农均赋租。云何茂枝叶,省事宽刑书。"

从以上的分析我们可以发现,柳宗元的花木种植与审美活动具有时代文化、地域文化的特点,折射了柳宗元的政治观念、人格修养,也体现了柳宗元的内心情感。解读柳宗元的花木诗对认识中唐文化、南方文化以及其人其作都有一定的帮助。

（原载《江苏教育学院学报》社会科学版 2012 年第 5 期）

红叶辨

题叶是一种富有诗意的题诗方式，由来已久；举凡叶形阔大者，无不成为诗人信手拈来的题诗工具，如芭蕉叶、菖蒲叶、荷叶、柿叶等。树叶随风飘荡、任水漂流，于是古人就在题叶的传播功能上做文章，以题叶作为现实中无法实现的爱情的"红丝绳"，"红叶题诗"是其中最具浪漫气息的意象①。红叶，据《汉语大词典》的解释："秋天，枫、槭、黄栌等树的叶子都变成红色，统称红叶。"红叶是一个统称、泛称，如唐杜牧《朱坡》："倚川红叶岭，连寺绿杨堤。"唐人有以红叶题诗者，如许浑《长庆寺遇常州阮秀才》："晚收红叶题诗遍，秋待黄花酿酒浓。"

"红叶题诗"是诗歌里的一个常用典故，出处甚多，可见于唐孟棨《本事诗》、唐范摅《云溪友议》、五代孙光宪《北梦琐言》、宋刘斧《青琐高议》、宋王铚《补侍儿小名录》等。其中尤以《青琐高议》所收录的张实的传奇《流红记》传播最广。此处的"红叶"为何叶？无须细辨，也无人细辨。近日读上海文艺出版社出版的周瘦鹃先生《花语》，里面有一篇谈枫叶的《霜叶红于二月花》，文中写道：

> 枫叶入秋之后……便泛红色，到了初冬，愈泛愈红，因
> 此红叶就成了枫叶的代名词。"红叶传媒"是唐代的一段佳话，
> 至今传播人口。

---

① 吴承学《论题壁诗——兼及相关的诗歌制作与传播形式》，《文学遗产》，1994 年第 4 期。

周先生径指"红叶题诗"中的红叶为枫叶。笔者认为,若要确指的话,此处的红叶应为桐叶,即梧桐叶,而非枫叶。

枫树,中国古代也称为枫香树,分布于我国自淮河流域至四川西部以南地区,喜光、喜生山麓河谷。"红叶题诗"的地点是长安禁衢,不是枫树的生长之地。枫树树身高大,叶小而秀,有三角、五角、七角之分,也有状如鸡脚、鸭掌或蓑衣的。从枫叶的形状、大小而言,不适合题诗。《流红记》云:"有一脱叶,差大于他叶。""差大于他叶",非枫叶甚明。遍检《全唐诗》,也鲜见唐人有枫叶题诗的记载。

梧桐又称青桐,广泛分布于我国及日本,叶如掌形,阔大。从桐叶的形状及大小看,可以题诗。唐诗中关于桐叶题诗的作品有好几首,如杜甫《重过何氏五首》"石栏斜点笔,桐叶坐题诗"、韦应物《题桐叶》"参差剪绿绮,潇洒覆庭柯。忆在沣东寺,偏书此叶多"、杜牧《题桐叶》"去年桐落故溪头,把笔偶题归燕诗。江楼今日送归燕,正是去年题叶时"。宋人也有桐叶题诗的记载,如晏几道《少年游》"黄花醉了,碧梧题罢,闲卧对高秋"、蔡柟《鹧鸪天》"休将桐叶更题诗。不知桥下无情水,流到天涯是几时"。

《全唐诗》卷七九九收录的任氏的《书桐叶》凄婉动人。诗云:

拭翠敛蛾眉,郁郁心中事。搦管下庭除,书成相思字。此字不书石,此字不书纸。书在桐叶上,愿逐秋风起。天下有心人,尽解相思死。天下无心人,不识相思字。有心与无心,不知落何地。

诗前小序云:

继图读书大慈寺,忽桐叶飘坠,上有诗句。后数年卜婚任氏,方知桐叶句乃任氏在左绵书也。

这首诗以及小序可能是根据《绣谷春容》。据《本事诗·情感第一》记载：

> 顾况在洛，乘间与一、二诗友游于苑中，流水上得大梧叶，上题诗曰："一入深宫里，年年不见春。聊题一片叶，寄与有情人。"

这是《流红记》的蓝本之一，也是最早的一种。这是一个很重要的讯息。又《广群芳谱》引《已虐编》也有桐叶题诗的记载：

> 张士杰客寿阳，被酒历淮阳滨，入龙祠见后帐中龙女塑像甚美，乃取桐叶题诗投帐中。

以上三者都是小说家言。从上述三个例子可以看出，小说家在以树叶作为传情之具时，并非是不加选择的，而是对桐叶特别情有独钟。这大约是与中国古老的文化传统、与桐之属性密不可分。桐是一种古老的树木，《诗经》中就已见，如《大雅·卷阿》："凤凰鸣矣，于彼高冈；梧桐生矣，于彼朝阳。"而在中国文学中，凤或凤凰是与爱情有着一种对等的联系的；所以，梧桐也就与爱情有了不解之缘。以桐叶题诗来传达爱情信息不是偶然的，它包含着对传统的认同，因之而有了更为丰富的含义。

入秋以后，梧桐叶落，我们一般称它的落叶为"黄叶"，而在唐宋的作品里，桐叶并非一以概之的称为"黄叶"，也可以称作"红叶"，红、黄两色本就相近。唐代孟郊《秋怀》："棘枝风哭酸，桐叶霜颜高。"《全芳备祖》引苏轼诗句"霜叶秋高梧"，霜颜或霜叶即红颜、红叶。宋代祖可《小重山》"西风簌簌低红叶，梧桐影里银河匝"、《全芳备祖》引顾吴峤"井梧惊秋风，叶叶雕萎红"，均以红色状桐叶。宋人更有直接将桐叶与"流红""题红"结合在一起者。如晏几道《诉衷情》："凭舸静忆去年秋，桐落故溪头。诗成自写红叶，和泪寄东流。"

《流红记》故事追本溯源应该是《本事诗》的记载，而在其后的诸多记载中，虽然故事轮廓大致相同，但是人物、地点均不同。这其实体现了民间文学的某些特质，如口传性、变异性，也可以看出，这类故事是有着广泛的群众心理基础的，它是封闭社会中青年男女的一种普遍的美好愿望。至《流红记》始定于一尊，"桐叶"也就完全让位于"红叶"了。仅是一字之别，由特指而变为泛化，成了文学作品中一个常用的典故、常见的意象。"红"是一种热烈的颜色，是爱情故事中最常见的色调，而且中国古代情人之间用的信笺也往往是红色的，如薛涛笺为粉红色，晏殊《清平乐》有名句："红笺小字，说尽平生意。"红叶有着与红笺相同的功能，又更具一种浪漫色彩。

以上可证，"红叶题诗"中的红叶若要确指，当为桐叶，而非枫叶。《全唐诗》中枫叶题诗的记载仅见一处，钱起《江行绝句》："停船披好句，题叶赠江枫。"这是诗人兴到之言，与上述言之凿凿、数量籍籍者无法相比。枫叶是红叶的代表，大约南宋以降，在确指时，桐叶慢慢失去了它在"红叶题诗"中的地位，枫叶取而代之。文人用典，只要能抒情写意即可，我们自不能胶柱鼓瑟、苛以物理。南宋陈允平的《糖多令·吴江道上赠郑可大》、周密的《南楼令·又次君衡韵》两首作品中，桐叶、枫叶并见，红叶所指，浑不可辨。

> 何处是秋风，月明霜露中。算凄凉、未到梧桐。曾向垂虹桥上看，有几树，水边枫。　客路怕相逢，酒浓愁更浓。数归期，犹是初冬。欲寄相思无好句，聊折赠、雁来红。（陈允平《糖多令·吴江道上赠郑可大》）

> 欹枕听西风，蛩阶月正中。弄秋声、金井孤桐，闲省十

年吴下路，船几度，系江枫。　辇路又迎逢，秋如归兴浓。叹淹留、还见新冬。湖外霜林秋似锦，一片片、认题红。（周密《南楼令·又次君衡韵》）

桐叶耶？枫叶耶？仁者见仁、智者见智。明确将枫叶与"题红"、"流红"挂钩，据笔者所见，当为南宋的王沂孙和张炎：

玉杵余丹，金刀剩影，重染吴江孤树……重认取，流水荒沟，怕犹有寄情芳语。（王沂孙《绮罗香·红叶》）

枫冷吴江，独客又吟愁句……甚荒沟，载情不去载愁去。（张炎《绮罗香·红叶》）

但更多的时候，红叶只是泛指，借以言秋色或借代爱情诗篇。

在古典诗词中，桐叶往往与秋风、夜雨紧紧结合，借以言凄苦之情，如"梧桐树，三更雨，不道离情正苦。一叶叶，一声声，空阶滴到明"（温庭筠《更漏子》）、"月露冷，梧叶飘黄"（柳永《玉蝴蝶》）。但是，我们不应该忘记，它也曾经充当过爱情的使者，谱写过一段佳话呢！

（原载《文学遗产》2001 年第 2 期）

海榴辨

中国是世界上拥有花卉种类最多的国度之一，已有 2000 多年的栽培历史。在中国文学中，以花卉为独立审美对象或咏及花卉的作品难以计数。近年来，随着人民生活水平的提高，花卉的观赏、审美日益普及，各类花卉文学选本也应时而生。但是，笔者在阅读过程中发现这些选本有一个通病，那就是编选者往往缺乏花卉学知识，经常是"望名生义"，草率地将古代的花卉名与今天的通称对应，对阅读者造成误导。海榴、海石榴之混淆即为一例。

图 41　石榴花。（网友提供）

石榴，据晋人张华《博物志》、陆机《与弟云书》记载，是张骞出使西域后引进的，因为所引进的产地在安（今布哈拉）、石（今塔什干）二国，故称为安石榴。《西京杂记》记载："初修上林苑，群臣远方各献名果异树，安石榴十株。""安石榴"简言之则为石榴。又因其本非中土所产、来自异域，按照传统的命名方式，又可称为海石榴。"海石榴"又可简称为海榴。故，石榴与海榴其名虽殊、其实则一，这似乎是一个很自然的结论。宋代《全芳备祖》即云"石榴，一名海榴"，并收录了李嘉祐的《题韦润州后亭海榴》："年光独教海榴知。"清代《佩文斋咏物诗选》"石榴门"之下收录了温庭筠《海榴》、杜牧《见穆三十宅中庭海榴花谢》、韦应物《移海榴》、李嘉祐《题韦润州后亭海榴》、权德舆《题韦润州后亭海榴》五诗。《汉语大词典》亦云："海榴，即石榴，又名海石榴。因来自海外，故名。"在今人编选的林林总总的花木诗选中，许多都将海榴归入石榴之下；如敦煌文艺出版社的《唐代林木诗选注》"石榴"条下收录了皇甫曾的《韦使君宅海榴咏》，陕西科学技术出版社的《花苑诗画》中收录了温庭筠的《海榴》。

笔者近来集中阅读了《全唐诗》中所有的咏石榴、海榴之作，发现唐诗中的海榴性状与石榴有时大相径庭，显然并非一物，不禁对此"定论"产生了怀疑。查检今人陈俊愉、程绪珂《中国花经》"中国花卉发展大事记"有如下文字："隋炀帝有咏海榴诗。中晚唐时海榴始改称山茶。晚唐诗人罗隐隐居浙南大罗山，手植山茶，保存至今。"这是"众口一辞"中的"异音"。陈先生认为海榴就是山茶之别称，虽未必完全允当，但却给笔者以有力的启示。《全唐诗》中的许多咏海榴之作，其物性特点与我们今天所熟知的山茶花若合符契。所以，海榴是石榴与山茶所共有的称呼，要根据具体的情况厘定，不能进行武断的对等。

现代植物学认为石榴系石榴科，山茶系山茶科，界限分明，已无需赘述。在古人眼中，则因其植株、花色相近，易滋混淆。中国最早的花卉学专著《魏王花木志》即云："山茶似海石榴，出桂州。"唐代段成式《酉阳杂俎》"续集"有所衍伸："山茶似海石榴，出桂州，蜀地亦有。山茶花叶似茶树，高者丈余，花大盈寸，色如绯，十二月开。"这里比较详细地介绍了山茶花的产地、株型、花型、花色、花期。《太平广记》卷四百六、四百九引述段氏记载。清代的御制《广群芳谱》云："石榴一名丹若……有海榴，来自海外，树高三尺。"又云："山茶……有海榴茶，青蒂而小。"《广群芳谱》已意识到"海榴"在名称上的复杂性，惜乎有点语焉不详，而且在具体操作时仍不免有张冠李戴之失。如何根据文本确定海榴所指？笔者略陈四条意见，以就教于方家。

一是根据物候。石榴花发最盛乃在农历仲夏五月。李商隐《回中牡丹为雨所败二首》"浪笑榴花不及春"、苏轼《和子由四首·首夏官舍即事》"安石榴花开最迟"、朱熹《题榴花》"五月榴花照眼明"等均点明了石榴的这种物候特点。当然，石榴也有变种，范成大《桂海虞衡志》记载："南中一种，四季常开。"明代王象晋《群芳谱》也记有"四季榴"。但就其数量而言，终不足观。而茶花却是花发于隆冬季节，是春之使者。曾巩《山茶花》有"山茶花开春未归"的诗句。我们以花期衡诸《佩文斋咏物诗选》"石榴门"下所收的咏海榴之作，温庭筠"海榴开似火，先解报春风"、李嘉祐"江上年年小雪迟，年光独教海榴知"、杜牧"趁得春风二月开"、皇甫曾"腊月榴花带雪红"，无一不是咏山茶，而非石榴。另外，韦应物《答僴奴、重阳二甥》"山药经雨碧，海榴凌霜翻"、沈亚之《题海榴树呈八叔大人》"染日裁霞深雨露，凌寒送暖占风烟"中的凌霜的"海榴"也当是山茶花。隋代江总《山庭春日诗》"岸阔开河柳，池红照海榴"，此处的海榴也当为山茶，《汉语大词典》在"海榴"词条下征引此诗，误认为是石榴。

二是根据产地。据段成式《酉阳杂俎》记载，山茶产于广西、四川。据上引李嘉祐、皇甫曾等人的诗，唐代润州（今镇江）已有山茶花，又罗隐曾隐居浙南大罗山，手植山茶。可见，在唐代东南一带也已种植山茶，而北方则未见记载。至宋代《邵氏闻见后录》卷二十五始记载："如紫兰、茉莉、琼花、山茶之俦，号为难植，独植之洛阳，辄与土产无异。"但是在北方终不算普及。而石榴自传入中土后，各地均有栽植。陈俊愉、程绪珂《中国花经》所称隋炀帝之咏海榴诗《宴东堂诗》："海榴舒欲尽，山樱开未飞。"因为缺乏其他文献，我们无法得知隋代长安是否已经栽植山茶花，所以不能遽断此处之海榴即为山茶花。山樱即樱花，开而未飞当在三月份。所以有一种可能，"舒欲尽"者是石榴之叶，而非花。宋之问《玩郡斋海榴》、李洞《寄东蜀幕中友》"官亭池碧海榴殷"两诗中的海榴，我们大致可以断定是志其土物，即山茶。宋之问被贬钦州（今广西境内），东蜀则在今天四川。

三是根据石榴之宗教原型意义。石榴与宗教关系密切，距今三千多年前的埃及法老第十八世的古墓壁画中就有石榴树浮雕。在佛教中，石榴是四大圣树之一，常用作装饰图案，与棕榈叶和圣物莲花结合在一起；石榴果被安排在莲花座上，两侧配以棕榈和莲花的枝叶。皇甫冉《同张侍御咏兴宁寺经藏院海石榴花》"嫩叶生初茂，残花少更鲜。结根龙藏侧，故欲并青莲"，即从石榴之宗教原型意义出发。又如麹信《酬谈上人咏海石榴》："真僧相外劝浮华，万法无常可叹嗟。但试寻思阶下树，何人种此我看花。"石榴常植于寺庙之中，故"海榴"若与寺庙、宗教相关联，我们也大致可断定其为石榴。如刘言史《山寺看海榴花》：

"琉璃地上绀宫前，泼红凝翠几十年。夜久月明人散尽，火光霞焰递相燃。"又如白居易《题天竺灵隐两寺诗》："宿因月桂落，醉为海榴开。"白居易自注即云："天竺尝有月中桂子落，灵隐多海石榴花也。"

图 42　山茶花。（网友提供）

　　四是根据诗中的情感性质判定。石榴带有女性色彩，中国古代妇女所穿的一种裙子是用茜草染就，呈鲜红色。石榴很早就进入中国人的生活领域、审美视野，它以其鲜艳的花色成为诗人取譬的对象。南朝齐何思澄《南苑逢美人》"日照石榴裙"，即以石榴的花色状裙色。南朝以降，"石榴裙"渐成套语。武则天《如意娘》有"开箱验取石榴裙"之句，唐传奇中的霍小玉穿的也是"石榴裙"。又，石榴花很早就成为女性饰品，如南朝梁萧纲《和人渡水诗》"鬓边插石榴"，石榴花已融入妇女的日常生活，诗人笔下的石榴往往是花面相映。据此，我们可以断定李白《咏邻女东窗海石榴》"鲁女东窗下，海榴世所稀。珊瑚映绿水，未足比光辉"中的"海榴"当为石榴。

山茶花是南方土物，在南方人眼中是本地风光、司空见惯，而对北方人来说，却有一种"陌生化"的审美效应；宋人陶弼《山茶花》一语中的："却是北人偏爱惜。"南方（含东南）历来被认为是蛮夷、瘴疠之地，"不因迁谪那到此"（欧阳修）；所以，北人的咏山茶之作大多寓身世之感、迁谪之悲。以此为准绳，宋之问《玩郡斋海榴》"徒缘滞退郡，常是惜流年"、皇甫曾《韦使君斋海榴咏》"闭阁寂寥常对此"、李绅《海榴亭》"摇落泪丛云水隔，不堪行坐数流年"、温庭筠《海榴》"郑驿多归思，相期一笑同"，这几处的海榴当为山茶花。

以这四条标准去裁定唐诗中的海榴，庶几无笼统之失矣。此外，在果实上也可作区分。石榴的果实是大型而多室、多子的浆果，山茶花的果实则是圆球形的蒴果，直径2.5~3厘米。崔湜《唐都尉山池》："金子悬湘柚，珠房折海榴"，用"房"来形容"海榴"果实，这里当为石榴。温庭筠《海榴》"蜡珠攒作蒂"，用"珠"来形容"海榴"果实，这里的"海榴"当为山茶花。

行文至此，已题无剩义，海榴与石榴之关系已明晰。但笔者在阅读过程中还接触到一个与海榴、石榴相关，被很多人误解的概念，似有缀笔之必要。山石榴，又称山榴，现代植物分类学认为山石榴是杜鹃花的别称，这已成定论，是花卉常识；白居易在《山石榴寄元九》中早就说过："山石榴，一名山踯躅，一名杜鹃花。"《全梁文》卷六十八后梁宣帝《游七山寺赋》："植山海之双榴，种丹卢之两橘。"山榴、海榴不同，甚明。自《全芳备祖》至《广群芳谱》，迄于今人的花木诗选，误将山榴当石榴者代不乏人。《全芳备祖》"石榴"条下收录了杜牧《山石榴》；《广群芳谱》"石榴"条下收录了沈约《山榴》；《唐代林木诗选》"石榴"条下收录了施肩吾《山石榴花》、杜牧《山石榴》;《花苑诗画》"石榴"条下收录了白居易《山石榴花十二韵》、杜牧《山石榴》。北京师范大学出版社最近出版的《花鸟诗选》也是将海榴、山榴全部纳入石榴门下。

图 43　杜鹃花。(网友提供)

其实，山榴与石榴的不清，在唐代已经出现。正如前面所言，山榴绝大部分时候是指杜鹃花，但是如有以下情况当判石榴花为是：明言其株型，杜鹃花为小灌木、丛生，而石榴可以称之为"树"，枝叶较茂盛，如刘禹锡《伤愚溪三首》第一"一树山榴依旧开"、唐彦谦《罗江驿》"一树山榴自落花"、李商隐《偶题二首》第一"山榴海柏枝相交"。

石榴花、山茶花、杜鹃花的花色多为红色，艳如赤焰，但又各擅胜场，未可轩轾。一厢情愿地将山茶、杜鹃纳入石榴门下，剥夺她们的存在，未免有些唐突西施（杜鹃有"花中西施"之雅称）、有杀风景吧？

（原载《文学遗产》2004 年第 2 期，此处有补订。）

"半死桐"考论

贺铸的《鹧鸪天》是宋词中的悼亡名作，上阕云："重过阊门万事非，同来何事不同归。梧桐半死清霜后，头白鸳鸯失伴飞。"影响所及，《半死桐》遂成为《鹧鸪天》词牌之别名，"半死桐"也成为比喻丧偶的常典。俞平伯先生在《唐宋词选释》中注释"梧桐半死清霜后"这一句时，引用了枚乘的《七发》、庾信的《枯树赋》，但是"引"而未发。一般的注释文字、鉴赏文章囿于体例，也大多只能止步于此，语有未详、意有未惬。

《枯树赋》中的"半死桐"意象虽然从语源上可以追溯到《七发》，但其实已经形同而神非、出蓝而胜蓝，这两者均不具有丧偶喻意。"半死桐"悼亡内涵的明确是在唐朝。笔者曾有专文系统探讨中国文学中的梧桐意象[1]，本文则将从三个方面探求"半死桐"内涵。

一、枚乘《七发》"半死桐"与琴声琴韵

梧桐是中国古代重要的琴材，《诗经·鄘风·定之方中》即云："椅桐梓漆，爰伐琴瑟。"龙门之桐更是优质琴材，《周礼·春官·大司业》云"龙门之琴瑟"，"龙门"为山名，在今天陕西境内、黄河之边。《周礼》

---

① 俞香顺《中国文学中的梧桐意象》，《南京师范大学文学院学报》2005 年第 4 期。

只是交代产地，枚乘《七发》则着意铺陈渲染：

> 龙门之桐，高百尺而无枝，中郁结之轮菌，根扶疏以分
> 离。上有千仞之峰，下临百丈之溪，湍流溯波，又澹淡之。
> 其根半死半生。冬则烈风、漂霰、飞雪之所激也，夏则雷霆、
> 霹雳之所感也。朝则鹂黄、鸼鸣鸣焉，暮则羁雌、迷鸟宿焉。
> 独鹄晨号乎其上，鹍鸡哀鸣翔乎其下。斫斩以为琴……飞鸟
> 闻之，翕翼而不能去；野兽闻之，垂耳而不能行；蚑蟜蝼蚁
> 闻之，拄喙而不能前，此亦天下之至悲也。

这是"半死桐"意象的最早出处。枚乘夸饰其辞，极力描写梧桐
生长环境之险恶；他想要突出的是琴声惊心动魄的魅力，希望能够为
楚太子开塞动心。生于险域的梧桐是天地异气所钟，用它制琴，可以
"假物以托心"（嵇康《琴赋》）。梧桐是天籁的载体，也是音乐的源体，
是将自然之声直指人心的中介，这体现了古人的哲学观念、音乐观念；
"音乐的哀切被还原为洋溢着乐器素材所蕴含的悲壮感的状况"①。汉
魏六朝的琴赋中，描写梧桐的"生态环境"已经成了先入为主、不可
或缺的部分；前文所引到的嵇康《琴赋》即是如此。

"半死桐"所传达的是激楚悲怨的声韵，如鲍溶《悲湘灵》："哀响
云合来，清余桐半死。"与琴声有关的梧桐意象还有"孤桐""焦桐""爨
桐"等，这些都可以和"半死桐"意象互相映发，但所传达的音乐旨
趣却略有不同，笔者将另有专文论述。龙门桐或"半死桐"后来遂成
为描写梧桐、描摹琴声的重要意象，如：

> 水映寄生竹，山横半死桐。（庾肩吾《春日诗》）
>
> 奇树临芳渚，半死若龙门。（刘臻《河边枯树诗》）

---

① 兴膳宏《枯木上开放的诗》，《南阳师范学院学报》2007 年第 4 期。

半死无人见，入灶始知音。（沈炯《为我弹鸣琴诗》）

二、庾信《枯树赋》"半死桐"与人生感怀

庾信后期作品中屡屡出现枯树、枯木意象，[①]《枯树赋》中的"半死桐"意象虽然肇端于枚乘《七发》，却推陈出新，融入了个人的身世感慨。

《枯树赋》："桂何事而销亡，桐何为而半死……若乃山河阻绝，飘零离别；拔本垂泪，伤根沥血。火入空心，膏流断节。横洞口而敧卧，顿山腰而半折。文衺者合体俱碎，理正者中心直裂。"[②]短幅之中可见作者出仕北朝的矛盾忧伤、思家念国之情。"桂"和"桐"是先秦以来所谓的"嘉树""柔木"，可以象征美好的品性。"半死桐"即是作者若存若殁、煎熬"碎""裂"的生存状态写照。这种心绪弥漫于庾信后期的诗赋创作中，《拟连珠四十四首》两次出现龙门"半死桐"意象：

盖闻五十之年，壮情久歇，忧能伤人，故其哀矣。是以譬之交让，实半死而言生；如彼梧桐，虽残生而犹死。

盖闻十室之邑，忠信在焉，五步之内，芬芳可录。是以日南枯蚌，犹含明月之珠；龙门死树，尚抱《咸池》之曲。

乡关之思、忧生之嗟尽借"半死桐"以发。此外，《慨然成咏诗》中也出现了半生半死状态的梧桐："交让未全死,梧桐唯半生。""半死桐"

---

① 兴膳宏《枯木上开放的诗》，《南阳师范学院学报》2007 年第 4 期；臧清《枯树意象：庾信在北朝》，《中国文化研究》1994 年第 2 期。

② 《枯树赋》中的"飘零""血""泪"等字眼均可以和他的代表作《哀江南赋》对读："日暮途远，人间何世？将军一去，大树飘零"；"申包胥之顿地，碎之以首；蔡威公之泪尽，加之以血"。

为我们理解庾信后期心态提供了一个具象的例证。

庾信选择"半死桐"为枯树、枯木之代表并非出于偶然;先秦时期,梧桐已经成为"柔木""阳木"之典型、君子美德之象征,如《小雅·湛露》:"其桐其椅,其实离离。岂弟君子,莫不令仪。"前两句兴中兼比,用梧桐的枝繁叶茂、果实离离形容"君子"之"令仪"。《大雅·卷阿》:"凤凰鸣矣,于彼高冈。梧桐生矣,于彼朝阳。"朝阳与高冈的时空设定、凤凰与梧桐的祥瑞组合兴象高远。鲁迅先生《再论雷峰塔的倒掉》中关于"悲剧"的名言非常契合庾信作品中的"半死桐"意象:"悲剧是将人生有价值的东西毁灭给人看。"梧桐的"半死"是君子"违己交病"、茫然若失的悲剧人生的对象化载体。

上引庾信作品中,"交让"两次与梧桐并皆作为"半死树"的代表。梁任昉《述异记》卷上:"黄金山有楠树,一年东边荣西边枯,后年西边荣东边枯,年年如此。张华云:交让树也。"《文选》中收录了左思的《蜀都赋》:"交让所植,蹲鸱所伏。"刘逵注:"交让,木名也。两树对生,一树枯则一树生,如是岁更,终不俱生俱枯也。出岷山,在安都县。"

枯树、枯木的枝干虽存,但心已半空,《枯树赋》中即有"火入空心"之句,《北园射堂新成诗》"空心不死树,无叶未枯藤"、《别庾七入蜀》"山长半股折,树古半心枯",也有半心、空心的描写。半心、空心也是后代文学作品中枯树、枯木意象描写的常见词语,这不能排除庾信作品的影响力因素,如虞世基《零落桐诗》"零落三秋干,摧残百尺柯。空余半心在,生意渐无多"、长孙佐辅《拟古咏河边枯树》"野火烧枝水洗根,数围孤树半心存"。

正是因为庾信的范式效应,"半死桐"或"半死树"常用来形容人生多艰、生意萧索,尤其用来形容"终始参差,苍黄翻覆"的屈节出仕所带来的痛苦矛盾，如：

途遥已日暮，时泰道斯穷。拔心悲岸草，半死落岩桐。（李

百药《途中述怀》）

昔慕能鸣雁，今怜半死桐。秉心犹似矢，搔首忽如蓬。（李

端《长安感事呈卢纶》）

身如桐半死，天尚罚枯株。（刘克庄《记医语》）

言念半死树，类我晚节乖。（方回《和陶渊明饮酒二十首》）

此处对方回略作申说。南宋末年，方回以知州身份开城降敌，后
又以遗民自居，为时论所不许，周密《癸辛杂识》攻击尤力，清代纪
昀亦云："文人无行，至方虚谷而极矣。"但从"半死树"意象及其后
期作品来看，他的内心未尝没有悔意。

三、刘肃《大唐新语》"半死桐"与丧偶悼亡

"半死桐"的丧偶悼亡喻意定型于唐朝，但是作为其喻意基础的"双
桐"意象却是起源甚早；在爱情文学中，连理树、相思鸟是常见意象。①
在中国民间一直有这样的传说，"梧桐"是雄雌双树，梧为雄、桐为雌（梧
桐其实是雌雄同株）。"半死桐"可以如《七发》《枯树赋》中所指的单
株梧桐半死半生，也可以指两株梧桐一死一生。

在植物类意象中，梧桐与爱情有着特别的联系，它们之间的联姻
可以追溯到梧桐意象出现时的"原生态"，《大雅·卷阿》："凤凰鸣矣，
于彼高冈。梧桐生矣，于彼朝阳。"凤凰可以指雌雄双鸟、男女双方，

---

① 王立《古代相思文学中的相思鸟、连理树意象探秘》，《华南师范大学学报》（社
会科学版）2000 年第 6 期。

司马相如《琴歌二首》即云："凤兮凤兮归故乡，遨游四海求其凰。"梧桐与凤凰、鸳鸯等"爱情鸟"伴生是梧桐描写的经典模式。

汉乐府民歌《古诗为焦仲卿妻作》中出现了双桐意象之雏形："两家求合葬，合葬华山傍。东西植松柏，左右种梧桐。枝枝相覆盖，叶叶相交通。中有双飞鸟，自名为鸳鸯。"古代的墓地，多种树木，用来坚固坟茔的土壤，并作为标志，便于子孙祭扫。仲长统《昌言》："古之葬者，松柏梧桐，以识其坟也。"民间歌谣也有"平陵东，松柏桐"之说。《古诗为焦仲卿妻作》中在墓地旁种植松柏梧桐符合现实，"双飞鸟"则是浪漫想象。鸳鸯被古人称之为"匹鸟"，形影不离；《古诗为焦仲卿妻作》是一曲爱情悲歌，"双桐"与"双鸟"伴生，与爱情有着不解之缘。

萧子显《燕歌行》"桐生井底叶交枝，今看无端双燕离"、孟郊《列女操》"梧桐相待老，鸳鸯会双死。贞女贵徇夫，舍生亦如此"，都明确出现了双鸟意象，而双桐意象隐含其中。双桐枝叶相交，象征着纠结缠绵、至死不渝的爱情。

梧桐为爱情双树，"半死桐"即可指双树一死一生，亦即丧偶。"半死桐"的丧偶喻意在唐代定型；这就"层累式"地丰富了枚乘、庾信以来的"半死桐"意蕴。刘肃《大唐新语》卷三："给事中夏侯铦驳曰：'公主初昔降婚，梧桐半死；逮乎再醮，琴瑟两亡。则生存之时，已与前夫义绝；殂谢之日，合从后夫礼葬。'"《通典》卷八十六、《唐会要》卷五十四记载相同。"梧桐"与"琴瑟"对举，再参照后文句意，"梧桐半死"即指丧偶。唐代诗文中，"半死桐"已经成为常见的悼亡意象：

呜呼！偕老斯阙，从失犹卑，不及中年，梧桐半死。安
仁悼亡之叹，人皆代而痛之。（刘长卿《唐睦州司仓参军卢公

夫人郑氏墓志铭》①

　　某悼伤以来，光阴未几，梧桐半死，方有述哀，灵光独存。
（李商隐《上河东启三首》②）

　　箪怜孤生竹，琴哀半死桐。（李峤《天官崔侍郎夫人挽歌》）

　　半死梧桐老病身，重泉一念一伤神。手携稚子夜归院，
月冷空房不见人。（白居易《为薛台悼亡》）

　　全凋薤花折，半死梧桐秃。暗镜对孤鸾，哀弦留寡鹄。（白
居易《和梦游春诗一百韵》）

　　峄阳桐半死，延津剑一沉。如何宿昔内，空负百年心。（唐
暄《赠亡妻张氏》）

　　"半死桐"在作悼亡之用时，往往与枚乘、庾信作品中的"半死桐"
复合，从而语意双关、含蕴丰厚，如李峤作品中的"半死桐"悼亡兼
写悲怆琴声，白居易作品中的"半死桐"悼亡兼写生存状态。唐暄的"峄
阳"句显然是双桐之一死一生，是悼亡意象，这可以从"延津"句来反观。
"延津"是双剑，典出《晋书·张华传》。

　　唐代以后，"半死桐"就成为常用的悼亡意象，贺铸"梧桐半死清
霜后"更为之扬波而助澜。与贺铸同时代的张耒的悼亡作品中亦有"半
死桐"意象，可以和贺铸的作品并观，《悼亡九首》其五："新霜已重
菊初残，半死梧桐泣井阑。可是神伤即无泪，哭多清血也应干。"

---

① 董诰《全唐文》卷三百四十六，中华书局 1991 年版。
② 李商隐撰、徐树谷笺注《李义山文集笺注》（《影印文渊阁四库全书》）卷五，
　　上海古籍出版社 1987 版。

结 语

　　"半死桐"意象具有琴声琴韵、人生感怀、丧偶悼亡三重涵义。从上文的分析，我们可以发现，文学意象的传承并非是一成不变地因袭，而是"层累式"地发展、递进。"半死桐"意象虽然可以推溯到枚乘《七发》、庾信《枯树赋》，但是其丧偶悼亡含义的明确却是在唐朝；"半死桐"意象的丧偶悼亡功能指向又与琴声琴韵、人生感怀"复合"，从而风神绵邈、蕴藉多端。

　　（原载《中国韵文学刊》2011年第3期，此处有补订。）

"豆蔻"小考

——兼论杜牧"豆蔻梢头二月初"

中国文学中，以"豆蔻"比喻年轻女子是一个常见典故。然而，历来对于"豆蔻"这一名物本身的内涵以及杜牧"豆蔻梢头"喻意的探讨却并不充分。本文将略作钩沉、发覆。

图 44 豆蔻花。（网友提供）

豆蔻分草豆蔻、白豆蔻、肉豆蔻等，其果实均可作药材、香料。《本草纲目》卷十四对三者的本草、功能等已有区分，现代植物学、药物学研究成果可资参考。《广群芳谱》卷九十五则辑录了关于豆蔻的记载、诗文等，也颇有价值。中国古代的豆蔻主要是指草豆蔻。草豆蔻为姜科山姜属（Alpinia）植物，多年生草本，株高可达3米，叶丛繁茂，叶片狭长，初春开花，主要产于广东、广西。

中唐之后，豆蔻花是南方的象征，在南方花木谱系中地位颇高。豆蔻花往往是两花同蕊，可以用来拟托相思情愫。豆蔻花之花苞掩藏于绿叶之中，有"含胎花"之别名；杜牧《赠别》"豆蔻梢头二月初"之句很有可能就有此喻意：以豆蔻花比喻所赠别的少女，以豆蔻叶比喻"卷上珠帘"的其他女子，叶不如花。

一、"豆蔻花"与南方

豆蔻又名"草果"，古人采其花、其果腌渍，可以佐酒。晋代嵇含《南方草木状》中即有记载：

> 旧说红豆蔻花，食之破气消痰，进酒增倍。泰康二年，交州贡一筐，上试之有验，以赐近臣。

"交州"所辖范围包括了今天的越南中北部与中国广西，这也是豆蔻的主要产区；红豆蔻花有解酒的功能。南宋郑樵《通志》卷七十六亦云：

> 豆蔻曰"草果"，亦曰"草豆蔻"……南人亦采其花淹藏以当果品。

陆游《对酒戏咏》："浅倾西国蒲萄酒，小嚼南州豆蔻花。"嚼花小饮，充满了文人雅趣。

豆蔻花是典型的南方花卉，《南方草木状》所载植物为"南越""交趾"

所产，其中即有豆蔻花。左思《吴都赋》亦云："草则藿蒳豆蔻，姜汇非一。"《广群芳谱》卷九十五引《集仙传》：

> 轩辕集，不知何许人。唐宣宗召见时，京师素无豆蔻、荔支花，上因语及，集袖中出之。二花各数百朵，皆连枝叶，鲜明芳洁，如新折者。

"京师素无"可以和宋代苏籀《维摩诘》诗句印证："京洛岂尝开豆蔻。"长安、洛阳均非豆蔻花的产地。

中唐以后，南方花木开始大量出现于诗歌中，这与当时文人官员的南迁、南方文人的北上以及蜀地风情、岭南风情的彰显是同步的。豆蔻花姿绰约且往往绵延成片，成为南方的象征，如：

> 春生豆蔻枝。（韩翃《送客游江南》）
>
> 瘴山江上重相见，醉里同看豆蔻花。（李涉《与梧州刘中丞》）
>
> 清斋净溲栀榔面，远信闲封豆蔻花。（皮日休《寄琼州杨舍人》）
>
> 闲来却伴巴儿醉，豆蔻花边唱竹枝。（方干《蜀中》）
>
> 蛮歌豆蔻北人愁。（皇甫松《浪淘沙二首》其二）

上述诗句中的"梧州""琼州""蜀中"都在广义的南方地区，豆蔻花则是南方"土产"，给北方人"陌生化"的审美，又成为引发思乡之愁的触媒。

五代时期，西蜀乃至南方地域文化在"花间词"中得到了丰富的展现。李珣《南乡子》17首、欧阳炯《南乡子》8首均为风俗词，其中均出现了豆蔻花，如：

> 曲岸小桥山月过，烟深锁，豆蔻花垂千万朵。（李珣《南

乡子》）

藤杖枝头芦酒滴，铺葵席，豆蔻花间趁晚日。（欧阳炯《南

乡子》）

豆蔻花繁烟艳深，丁香软结同心。翠鬟女，相与，共淘金。

（毛文锡《中兴乐》）

豆蔻花为穗状花序，开时密集，有"花垂千万朵""花繁"之状。豆蔻花在"群芳谱"中虽然地位平平，但是在南方花木谱系中却绝非凡品。五代陶谷《清异录》卷上引《花经》"四品六命"：

菊、杏、辛夷、豆蔻、后庭、忘忧、樱桃、林檎、梅。

豆蔻居然与传统名花菊、梅平起平坐。《花经》有明显的南方视角。《花经》作者为张翊，据《清异录》记载："张翊者，世本长安，因乱南来，先主擢置上列，特拜西平昌令，卒。翊好学多思致，尝戏造《花经》，以九品九命升降次第之，时服其允当。""服其允当"的应该是南方人，北方人未必会"苟同"。

南宋范成大对豆蔻花也是情有独钟，《红豆蔻花》：

绿叶焦心展，红苞竹箨披。贯珠垂宝珞，剪彩倒鸾枝。

且入花栏品，休论药裹宜。南方草木状，为尔首题诗。

这首诗描写了红豆蔻花的花叶、形状，这与他的《桂海虞衡志》中的记载可以互相印证。范成大着眼的是其"花"品，而非"药"性；在林林总总的南方草木中，他"首题"的即是红豆蔻花。《四库全书·桂海虞衡志》提要亦云：

成大《石湖诗集》，凡经历之地，山川风土，多记以诗。

其中第十四卷，自注皆桂林作，咏花惟有红豆蔻一首。

豆蔻花在范成大心目中的地位于此可见。

二、"豆蔻花"与相思

在中国文学中，植物的并蒂、连理等畸生、特生情形常用来比喻男女之间的恩爱。豆蔻花往往是两朵同蕊并开，也有这样的喻指功能。范成大《桂海虞衡志》描述了豆蔻花相并的生长特点：

> 红豆蔻花，丛生，叶瘦，如碧芦，春末发。初开花，抽一杆，有大箨包之；箨解花现，有一穗十蕊，淡红鲜妍，如桃杏花色。蕊重则下垂如葡萄，又如火齐璎珞及剪彩鸾枝之状。此花无实，不与草豆蔻同种，每蕊心有两瓣相并，词人托兴如比目、连理云。

梁简文帝《和萧侍中子显春别四首》其一：

> 别观葡萄带实垂，江南豆蔻生连枝。无情无意犹如此，有心有恨徒别离。

"连枝"即豆蔻并连，用来比喻兄弟之义。唐代韩偓《六言三首》其一"华山梧桐相覆，蛮江豆蔻连生"则明确用"豆蔻连生"来比喻男女之情。"华山梧桐"之句用《孔雀东南飞》结尾之典："两家求合葬，合葬华山傍。东西植松柏，左右种梧桐。枝枝相覆盖，叶叶相交通。中有双飞鸟，自名为鸳鸯。"梧桐为"双树"，比喻夫妻恩爱，笔者有专文论述。[①] "蛮江"则泛指南方蛮夷之水，如陈陶《番禺道中作》"蛮江渡山急"、许棠《寄黔南李校书》"郡响蛮江涨"。南方为豆蔻的主要

---

① 俞香顺《双桐意象考论》，《北京林业大学学报》(哲社版) 2011 年第 1 期。

产地。"华山梧桐"用的是故典；"蛮江豆蔻"则是韩偓"自我作古"，这一典故在后代被袭用，如张良臣《西江月》"蛮江豆蔻影连梢"、吴文英《瑞龙吟》"吴宫娇月娆花，醉题恨倚，蛮江豆蔻"。

诗歌中常以豆蔻成双、连枝来传情达意，如：

> 手持双豆蔻，的的为东邻。（韩偓《无题》）
>
> 二月圻芳苞，凡心比并交。（许及之《豆蔻花》）
>
> 相思意安在？试去想花梢。（洪适《豆蔻花》）

清代江南民间也有用豆蔻花作为"信物"的民俗，周亮工《书影》卷三：

> 每蕊心有两瓣相并。词人托兴曰比目、连理云。读此，始知诗人用豆蔻之自。益显《汉事秘辛》"渥丹吐齐"之俗。
>
> 又友人言：此花京口最多，亦名鸳鸯花。凡媒妁通信与郎家者，辄赠一枝为信。①

豆蔻的相思功能与丁香相似。丁香花苞紧闭时，形状有如人心，"丁香结"比喻愁心郁结；豆蔻花苞则紧实，内蕴双花。豆蔻、丁香常常联用，如无名氏《眼儿媚》："相思只在，丁香枝上，豆蔻梢头"、李吕《鹧鸪天》"一从恨满丁香结，几度春深豆蔻梢"。

豆蔻花的两花同蕊也用来比喻"双生子"。杨维桢《洗儿》："从今

---

① 这段材料很有民俗价值，也可以和一篇网文"相映成趣"。网上曾经有一篇文章"杜牧是个老流氓"，广为转发，大意是杜牧之所以用"豆蔻"来比喻女子，是因为豆蔻形如女性生殖器。其实，"流氓"的不是杜牧，而是文章作者。通过周亮工的记载我们知道，这种"流氓"明清时候就有了。《汉事秘辛》应该是《汉杂事秘辛》，这是伪托汉人、描写汉代宫闱秘事的小说；其中描写女莹的身体、发肤、私处一段文字颇为露骨："私处坟起。为展两股，阴沟渥丹，火齐欲吐。此守礼谨严处女也！""渥丹"本义是指润泽光艳的朱砂；"火齐"是红色的"火齐珠"。《书影》中的"渥丹吐齐"即出于此。

不带宜男草，豆蔻含胎恐太并。"①"洗儿"为旧时风俗，婴儿出生三日后洗身。杨维桢这两句自得且自矜。宜男草，萱草的别名，古人认为佩戴此草可以生男，《太平御览》卷九九六引杜光庭《录异记》："妇人带宜男草，生儿。"杨维桢自诩"有儿万事足"，所以从此无须再戴宜男草；而且一个儿子便足矣，所以如豆蔻花之包孕"双胞胎"反嫌多事。

三、豆蔻花与"含胎"

"豆蔻"声名播扬颇得力于杜牧之"豆蔻词工"。杜牧《赠别》：

> 娉娉袅袅十三余，豆蔻梢头二月初。春风十里扬州路，
> 卷上珠帘总不如。

以二月娇艳的"豆蔻"比喻青春少女前此未见，新颖而贴切。当然这个比喻之形成只能建立在中唐之后豆蔻花这一"喻体"渐为人知的基础之上。南宋郑樵《通志》卷七十六："豆蔻……花作穗可爱，故杜牧云'豆蔻梢头二月春。'""豆蔻梢头"为后代诗文所摭拾，形容春天消息或女子年华，如：

> 豆蔻梢头春色浅。（谢逸《蝶恋花》）

> 豆蔻梢头春意浓。（张孝忠《鹧鸪天》）

> 豆蔻梢头春正早。（仲并《大圣乐令·玉团儿》）

> 豆蔻梢头年纪，芙蓉水上精神。（侯寘《西江月》）

然而，豆蔻与少女这一指称——表现关系除了花色与容颜的视觉

---

① ［元］杨维桢《盘洲文集》（《影印文渊阁四库全书》）卷八，上海古籍出版社 1987 年版。

相似外，尚有"隐情"，这与豆蔻花的花型以及绽放特点有关。豆蔻的花苞被嫩叶所包裹，恰如竹笋之被笋箨所包裹；叶子渐渐松展，花苞渐渐显露；前面所引的范成大《红豆蔻花》《桂海虞衡志》均已提及。豆蔻叶大而花小，如洪适《豆蔻花》所云："冶叶拥香苞，盈盈二月交。"初开的豆蔻花紧致、小巧，掩映于绿叶之间。豆蔻花恰如小小的"胚胎"托身于绿叶丛中，所以豆蔻花又名"含胎花"，如：

> 南宋舒岳祥《咏豆蔻花》："春晚愁偏重，垂头向下生……炫袋双鱼意，含胎少妇情。"题下小注："即词人所谓'豆蔻梢头'者也。一名'鱼袋牡丹'，以其叶相类也；亦名'含胎菊'。"①

"鱼袋"是唐、宋时官员佩戴的证明身份之物，饰以金银，内装鱼符，出入宫廷时须经检查；所谓的"双鱼"就是指豆蔻花一苞两花的特点。

南宋姚宽开始深究杜牧诗句涵义，《西溪丛语》卷上：

> 杜牧之诗云……不解"豆蔻"之义。阅《本草》，豆蔻花作穗，嫩叶卷之而生，初如芙蓉穗头，深红色，叶渐展、花渐出，而色微淡。亦有黄白色，似山姜花，花生叶间，南人取其未大者谓之"含胎花"，言尚小于妊身也。②

清代冯集梧《樊川诗集注》"赠别"一诗引用了这一条材料③。明代镏绩《霏雪录》卷上与《西溪丛语》记载相似：

> 诗人多用"豆蔻梢头"事，盖比少女也。《本草》："豆蔻未开者谓之'含胎花'，言少而娠也。"

① ［宋］舒岳祥《阆风集》（《影印文渊阁四库全书》）卷十四，上海古籍出版社 1987 年版。
② ［宋］姚宽撰、孔凡礼点校《西溪丛语》第 33 页，中华书局 1997 年版。
③ ［唐］杜牧撰、［清］冯集梧集注《樊川诗集注》第 311 页，中华书局 2011 年版。

不过,《西溪丛语》《霏雪录》都语焉未详,而且极易滋生疑窦、误解,尤其是《霏雪录》引用《本草》过于简略。所谓"含胎花",豆蔻花本身为"胎",而包裹豆蔻花的层层叶子方为"含胎"者;以"含胎花"比喻少女,少女本身为"胎",而并非"含胎"者。如果用"含胎"亦即怀孕比喻少女确实不伦不类,明代杨慎《升庵诗话》卷九:

> 杜牧之诗:"娉娉袅袅十三余,豆蔻梢头二月初。"刘孟熙(注:即镏绩)谓:"《本草》云:豆蔻未开者谓之含胎花,言少而娠也。"其所引《本草》是言"少而娠",非也。且牧之诗本咏娼女,言其美而且少,未经事人,如豆蔻花之未开耳。此为风情言,非为求嗣言也。若娼而娠,人方厌之,以为"绿叶成阴"矣,何事入咏乎?

杨慎说诗有点胶柱鼓瑟,但是已经开始质疑成说;"含胎花"之名美则美矣,却有欠分明。清代吴景旭则详引《南方草木状》《本草》,仔细描述豆蔻花的绽放特点,为刘孟熙、杨慎充当"裁判",《历代诗话》卷五十二:

> 嵇含《南方草木状》云:"豆蔻花,其苗如芦,其叶似姜,其花作穗,嫩叶卷之而生。花微红,穗头深色,叶渐舒,花渐出。"《本草》亦云:"豆蔻花作穗,嫩叶卷之而生,初如芙蓉,穗头深红色,叶渐展,花渐出,而色微淡,亦有黄白色,似山姜花。花生叶间,南人取其未大开者,谓之含胎花,言尚小如妊身也。"然则《本草》亦状其花之吐而尚含蕴于叶间,有如人之娠耳。孟熙正引此意,非直谓少女之娠也。升庵误会"少而娠"之语,添出求嗣一案可笑。

正是因为豆蔻有"含胎花"之名,杜牧的"豆蔻梢头"可能另有深意:

以"花"喻少女，即"十三余"者；以"叶"喻其他女子，即"卷上珠帘"者。红花掩映于绿叶之中，尚未盛放；但绿叶终为红花之陪衬，即"总不如"也。豆蔻花两花同蕊，也寄寓了少女的情思。

（原载《中国韵文学刊》2013年第1期，此处有补订。）

"郁金"考辨

——兼论李白"兰陵美酒郁金香"

李白《客中行》"兰陵美酒郁金香，玉碗盛来琥珀光"，用"郁金"之香、"琥珀"之光形容酒香、酒色，天然凑泊、无比诱人。"琥珀"为树脂化石，接近透明，唐诗中经常用以比喻酒的光泽，如李白《酬中都小吏携斗酒双鱼于逆旅见赠》"鲁酒若琥珀"、羊士谔《腊夜对酒》"琥珀杯中物"。不过，李白诗中的"郁金香"却并不能望文生义，等同于我们今天常说的"郁金香"。

中国古代典籍中的"郁金"有两义：最初是指姜科姜黄属植物，其块根主要用为药材，亦可浸酒、染色，先秦时期即已见诸记载；后来也指鸢尾科番红花属植物，其柱头可以提炼香料，汉代见诸记载，唐代随着域外商路的畅通而流通。姜黄属"郁金"是本土的，而番红花属"郁金"则是外来的；番红花属"郁金"的某些特性与姜黄属"郁金"相似，故袭用其名。我们今天所说的"郁金香"为百合科观赏花卉，原产中东，16世纪末期由中东传入欧洲，现为荷兰国花。大约在19世纪，郁金香才传入中国。

本文将考证姜黄属郁金的用途，勾勒、描述番红花属"郁金"的传播历史、主要用途。在此基础上，对唐诗中的"郁金"提供一个基本的判定标准，并举两条"郁金"注释为商榷之资。

一、姜黄属郁金：药物、调酒、染色

"郁金"一般指姜黄属植物郁金的块根，是常见的中药材，《本草纲目》等古代医药典籍多有记载，至今仍广泛使用。这是中药常识，故不赘述；此外，"郁金"还可以调酒、染色。"郁金酒"与祭祀有关，具有药用功能。郁金是重要的染黄材料。

（一）调酒

用姜黄属郁金浸酒起源很早，《周礼·春官·郁人》："郁人掌裸器，凡祭祀宾客之裸事，和郁鬯以实彝而陈之。"《国语·周语上》也云："及期，郁人荐鬯，牺人荐醴，王裸鬯飨醴乃行。""郁人"是掌管祭祀的职官，"裸"是祭礼，"鬯"是祭酒，"彝"是祭器；周代祭祀用的"鬯"酒往往用郁金之汁调和而成。宋代罗愿《尔雅翼》卷八："郁，郁金也，其根芳香而色黄，古者酿黑黍为酒，所谓'秬'者，以郁草和之，则酒色香而黄，在器流动，《诗》所谓'黄流在中'者也。"除了调色之外，郁金微有辛气，古人在祭祀时用香草祭祀，常常是出于气味的考虑，[①]《礼记·郊特牲》云："殷人尚声，周人尚臭。""臭"即气味。番红花属香料"郁金"至早当在张骞出使西域之后才传入中土，这里的"郁金"当然应该是本土所产的姜黄属植物，前人已有辨之者。南宋郑樵《通志》卷七十五：

> 郁金，即姜黄。《周礼》："郁人和郁鬯。"注云："煮郁金

---

① 过常宝《楚辞与原始宗教》，东方出版社1997年版，第125页。

以和鬯酒。"又云："郁为草，若兰。"今之郁金作焯燔，臭；其若兰之香，乃郁金香，生大秦国，花如红蓝，花四五月采之即香……然大秦国去长安四万里，至汉始通，不应三代时得此草也。

《广群芳谱》卷九十五引用李时珍语，也附和、赞同罗愿、郑樵的看法。后代的"郁金酒"往往与祭祀有关，如庾信《登歌》"郁金酒，凤凰樽"、梁元帝《和刘尚书兼明堂斋宫诗》"质明摄上宰，诘旦乘辂轩……香浮郁金酒，烟绕凤凰樽"。

郁金调酒有药用功能，《广群芳谱》卷九十五引用朱震亨曰："郁金无香而性轻扬，能致达酒气于高远，古人用治郁遏不能升者，恐命名因此也。"明代著名眼科著作《银海精微》卷下药方有"郁金酒"；现代医学研究认为，从"郁金酒"提取水沉制剂可以治疗成人急性肾炎①。

明代广西名酒中有"郁金酒"。郁金酒以中药材郁金为配料而酿造；郁金酒不但香气浓烈，而且还包含着和血止痛的药用效果②。《汤显祖诗文集》卷一〇《西川学使郭参知棐调西粤》曾吟咏"郁金酒"："苍野独行云气晓，桂林闲望洛容春。郁金美酒须饶作，何但风烟老却人。"此外，李汝珍《镜花缘》第九十六回《秉忠诚部下起雄兵 施邪术关前摆毒阵》历数天下美酒，有"乍浦郁金酒"。"乍浦"是杭州湾北岸重要商埠及海防重镇。

中国郁金与酒有密切的关系，所以笔者更倾向于认为李白"兰陵美酒郁金香"诗句中"郁金"是指姜黄属郁金。

---

① 李洁《中药郁金的现代研究情况》，《内蒙古医药》2001 第 1 期。
② 王赛时《广西古酒简说》，《广西地方志》1994 第 4 期。

（二）染色

姜黄属郁金是中国古代常见的植物染料，可以染黄。汉代史游《急就篇》卷二："郁金半见湘白豹。"王应麟注曰："自此已下皆言染缯之色也，郁金，染黄也。"

南唐张泌《妆楼记》云："郁金，芳草也，染妇人衣最鲜明，然不奈日，炙染成衣，则微有郁金之气。"《本草纲目》"草部"卷十四："时珍曰：郁金有二……此是用根者，其苗如姜，其根大小如指头，长者寸许，体圆有横纹，如蝉腹状，外黄内赤，人以浸水染色，亦微有香气。"李时珍比较细致地描述了姜黄属郁金的苗叶以及根茎的大小、形状、颜色、功用。《广群芳谱》卷九十五"姜黄"条亦云："（姜黄）郁金并可浸水染色。"这三条材料都指出了郁金"染色"的用途。

中国古代染黄的植物染料非姜黄属郁金一种，栀子应用也很广。栀子的果实经压榨可以获取黄色的汁液，是一种很好的染色剂，"栀黄"成为固定词语[1]。同样，"郁金黄"也是用指黄色的常见词语，如白居易《重阳席上赋白菊》"满园花菊郁金黄，中有孤丛色似霜"、李珣《浣溪沙》"入夏偏宜澹薄妆，越罗衣褪郁金黄"。

姜黄属郁金常用以形容女裙或嫩柳。前面引用了张泌《妆楼记》，郁金可以染裙，如杜牧《送容州唐中丞赴镇》"看舞郁金裙"、李商隐《牡丹》"垂手乱翻雕玉佩，招腰争舞郁金裙"。"郁金裙"可以与"石榴裙"互相映发，一黄一红。再如杨备《齐云观》："上界笙歌下界闻，缕金罗袖郁金裙"，道教以黄色为特有标记，这里的"郁金裙"亦当为黄裙。早春的柳枝呈嫩黄，也与郁金之色相似，如元稹《春六十韵》"郁金垂

---

[1] 俞香顺《中国栀子审美文化探析》，《北京林业大学学报》（社科版）2010年第1期。

嫩柳，罨画委高笼"、李白《春日独坐，寄郑明府》"燕麦青青游子悲，河堤弱柳郁金枝"、贝琼《凤凰山歌》"城南杨柳郁金黄"。

番红花属郁金传入中土之后，是否用于染色，目前还无法确定。退一步说，即便用于染色，也不可能普遍；因为番红花是名贵香料，用以染色未免"大材小用"。按照比喻辞格的常规，用为"喻体"应为常见事物；所以上文"郁金裙""郁金柳"等词语中的"郁金"无疑当为姜黄属郁金。

图 45　郁金植株。　　　　　图 46　郁金块根。

（网友提供）　　　　　　　（网友提供）

二、番红花属郁金：香料、药物、香酒

汉唐文献中的"郁金"另指鸢尾科番红花属的多年花卉，是名贵的香料，今天一般称为番红花、藏红花等①。西方学者已经注意到了"郁金"一名两物的情况，并且有比较详细的考释，美国学者劳费尔在《中国伊朗编》中以比较语言学为工具，考证了"郁金"香料：

> 我们可以立下这样一个基本的规律：当"郁金"指中国的一个植物或产品时，它就是一种姜黄属植物，但是当它指印度、越南、伊朗等地的产品时，大半是番红花属植物。外国的"郁金香"差不多必定是指番红花属植物，这植物确是用作香料，但这同一名称若用在中国的郁金香上，就又指的是姜黄属植物……总之，郁金……指的是一种土生的姜黄科植物；而在唐朝……郁金也移用在任何产生同样黄颜色的染料上。因此也用在喀什米尔和波斯的红花上。②

劳费尔介绍了番红花属郁金的基本用途，即用作香料，另外也指出可以用作染料。番红花被认为是全球最贵的香料，全株花卉只有雌蕊部分可用，每朵花有 3 根雌蕊，大概 200 朵花才可采收到 1 克重的雌蕊。番红花原产于地中海地区、小亚细亚和伊朗，其色泽与中国本土所产的郁金相似，所以"占名"郁金。这种例子在跨文化传播中其

---

① 穆宏燕《藏红花的奇异旅程》，《北京青年报》2010 年 6 月 28 日。
② ［美］劳费尔著、林筠因译《中国伊朗编》第 133—150 页，商务印书馆 2001 年版。

实不乏其例，如中国梧桐兼指印度娑罗树，中国荷花兼指印度睡莲，中国栀子兼指佛教薝卜花①。

美国学者谢弗在《唐代的外来文明》一书对"郁金"的考释在劳费尔的基础之上略有申说，增添了"药物"与"香酒"两种用途，但是对于"染色"这一点则颇为谨慎：

> 郁金香……这种芬芳浓郁的紫色花朵在秋季开放。郁金香的起源地显然是波斯和印度西北的地区……从郁金香深橙色的柱头里提炼出来的芳香染料，是古代贸易中的一宗重要的商品……在唐代，郁金香粉在中国有很好的销路，它在当时是作为一种治疗内毒的药物和香料来使用的，但是唐朝人是否已经将郁金香作为染料，目前无法确定……某些唐朝酒也是用郁金香来调味的……"兰陵美酒郁金香，玉碗盛来琥珀光。"②

谢弗介绍了"郁金"的花色、花期、产地、用途等，不过，将李白的夸饰之言坐实为史料，略显孟浪。目前并没有足够的材料可以说明，中国古代是用番红花来调酒的。

汉魏年间番红花属郁金已传入中国，宋代陈敬《陈氏香谱》卷一引《魏略》云："(郁金) 生大秦国，二三月花，如红蓝，四五月采之，甚香，十二叶，为百草之英。"《魏略》描述了"郁金"的产地、花期、

---

① 详参笔者《荷花佛教意义在唐宋以后的发展变化》，《南京师大学报》(社科版) 2003 年第 4 期；《中国栀子审美文化探析》，《北京林业大学学报》(社科版) 2010 年第 1 期；《双桐意象考论》，《北京林业大学学报》(社科版) 2011 年第 1 期。

② [美] 谢弗著、吴玉贵译《唐代的外来文明》第 274——277 页，中国社会科学出版社 1995 年版。

特点等，这则材料在中国古代的药学、博物著作中常被引用。"大秦"是中国古代对古罗马帝国的通称。三国时期吴人万震《南州异物志》记载了郁金的产地、性状、用途等："郁金出罽宾国，人种之，先以供佛，数日萎，然后取之，色正黄，与芙蓉花里嫩莲相似，可以香酒。"罽宾国，在今天的喀什米尔一带；番红花属郁金的用途之一即为"香酒"。

图 47　番红花。（网友提供）

《南州异物志》中记载的郁金花色正黄，正好可以和西晋傅玄《郁金赋》参证，"叶萋萋以翠青，英蕴蕴而金黄……荣耀帝寓，香播紫宫。吐芬扬烈，万里望风"，又曰"凌苏合之殊珍"。苏合香是最早传入中国的树脂类香料之一，东汉时已多有使用，取自金缕梅科枫香树属树种；傅玄推崇郁金香草，置于苏合香之上。番红花属郁金常见的花色为黄色，后文还有材料补正。西晋左棻《郁金颂》曰："伊此奇草，名曰郁金。越自殊域，厥珍来寻。芬香酷烈，悦目欣心。明德惟馨，淑人是钦……"郁金香草产自"殊域"，显然非本土姜科郁金，其特点是"芬香"。

《梁书》卷五十四的记载和《南州异物志》相似："郁金独出罽宾国，华色正黄而细，与芙蓉华里被莲者相似。国人先取以上佛寺，积日香稿，乃粪去之，贾人从寺中征雇以转卖与他国也。"南朝时期，皇家贵族或已采用郁金熏香，如梁武帝萧衍《河中之水歌》："河中之水向东流，洛阳女儿名莫愁……卢家兰室桂为梁，中有郁金苏合香。"细味诗意，这里的"郁金""苏合"更可能是熏烧，汉代乐府民歌《艳歌行》云"熏用苏合香"，而不大可能是涂抹在墙壁之上，后文还会提及。唐诗中的"郁金堂"一词或起源于此，如贾至《长门怨》中"柳覆郁金堂"、李商隐《药转》中"郁金堂北画楼东"。再如庾信《奉和内人诗》中"燃香郁金屋，吹管凤凰台"、《咏画屏风诗二十五首》第二十一首"聊开郁金屋，暂对芙蓉池"，"郁金堂"或"郁金屋"在后来往往指女性的居室。

唐朝国力强大，万国来宾，文化、贸易交流频繁，郁金香料屡屡见诸记载。《唐会要》卷一百："伽国献郁金香，叶似麦门冬，九月花开，如芙蓉，其色紫碧，香闻数十步，华而不实，欲种，取其根。""伽国"在今天的印度南部。《唐会要》记载的郁金花色、花期与上文的《魏略》《南州异物志》等材料有出入。需要稍作说明的是：番红花的颜色除黄色之外，紫色也很常见；花期有春季或秋季开花两种，春季花期为2—3月，秋季花期为10月下旬至11月中旬，而以春季开花者居多。《唐会要》的记载与前面的材料可以互相补充，并不矛盾。番红花为狭长尖锐的条形叶，与"麦门冬"相似；番红花主要是球茎繁殖，故曰"欲种，取其根"。

《旧唐书》卷一百九十八："又有旃檀、郁金诸香，通于大秦，故其宝物或至扶南交趾贸易焉。"扶南，中南半岛古国，辖境约相当于今天的柬埔寨以及老挝南部、越南南部和泰国东南部一带。7世纪末叶，被北方属国真腊所灭。交趾，在今天的越南境内。玄奘《大唐西域记》记载："迦毕试国出善马、郁金香。"迦毕试国在今添阿富汗喀布尔附近。根据笔者统计，《大唐西域记》中出现了 8 次"郁金"。

番红花属郁金的主要用途是香料，唐诗中的"郁金香"当指此，如：

清晨宝鼎食，闲夜郁金香。（王绩《过汉故城》）

娼家美女郁金香，飞来飞去公子傍。（刘希夷《公子行》）

罗袖郁金香。（沈佺期《李员外秦援宅观妓》）

青锦地衣红绣毯，尽铺龙脑郁金香。（花蕊夫人《宫词》）

郁金种得花茸细，添入春衫领里香。（段成式《柔卿解籍戏赠飞卿三首》）

傅京亮《中国香文化》搜罗颇为宏富，但是于"郁金香"一条却未必允当："据笔者初步考察，一些晋唐文献所记'郁金''郁金香'很可能就是指现在所说的百合科的郁金香，其原产地为土耳其、阿富汗一带，16 世纪后引种到欧洲。"[①]

此外，番红花属郁金也可以用作药物，《本草纲目》卷十四引唐代陈藏器曰："郁金香，生大秦国，二月三月有花，状如红蓝，四月五月采花即香也。气味苦温，无毒……臭入诸香药。"

三、唐诗中的"郁金"

综上，中国古代的"郁金"其实是分指两物，明清时期的植物、药物著作已经注意分辨。《广群芳谱》卷九十五"郁金"条下小注："二

---

① 傅京亮《中国香文化》第 144—145 页，齐鲁书社 2008 年版。

种同名。"《本草纲目》卷十四:"……《金光明经》谓之茶矩摩香,此乃郁金花香,与今时所用郁金根,名同物异。"

图 48 郁金香。(网友提供)

唐朝时期,西域传来的番红花属植物已经比较常见。简而言之,唐诗中的"郁金"如果与颜色有关的话,则应该是指姜黄属的郁金;如果与香气有关的话,则应该是指番红花属植物。如许浑《骊山》"闻说先皇醉碧桃,日华浮动郁金袍"、《十二月拜起居表回》"空锁烟霞绝巡幸,周人谁识郁金袍","郁金袍"是指黄袍,是皇帝的服饰正色,这里的"郁金"就是传统的本土所产姜黄属郁金。白居易《卢侍御小妓乞诗,座上留赠》"郁金香汗裛歌巾,山石榴花染舞裙"、陈陶《飞龙引》"轻幌芳烟郁金馥,绮檐花簟桃李枝","郁金"是形容香味;如细究的话,这里的"郁金"就是西域所产的香料番红花。

唐诗注释中关于"郁金"大多语焉不详或似是而非，笔者以两部常见的唐诗选本为例：金性尧《唐诗三百首新注》关于沈佺期《独不见》"卢家少妇郁金堂"的注释："郁金，郁金香，可浸酒涂壁，百合科，旧谓出大秦国，即今小亚细亚。"[①]马茂元《唐诗选》关于沈佺期《独不见》"卢家少妇郁金堂"的注释："郁金堂，以郁金香浸酒和泥涂壁"[②]，同时参照卢照邻《长安古意》"罗帏翠被郁金香"的注释："郁金香，异香名。多年生草本植物，春天开花，其香在花，出大秦国。"[③]

　　这两条注释都值得商榷，笔者略作分疏：(1) 金注中的"出大秦国"是取自于《本草纲目》等，但"百合科"则是画蛇添足。"百合科"是我们今天所熟知的荷兰国花"郁金香"，跟中国古代典籍中的"郁金"无关。(2)沈佺期诗中的"郁金堂"之名当源自梁武帝萧衍《河中之水歌》，前文已有提及，应该是用郁金香料熏陶的房间，而非"涂壁"。翻检中国古代典籍，有用香料"涂壁"的例子，如有用"麝香"的，《南齐书》"本纪第七"："后宫遭火之后，更起仙华、神仙、玉寿诸殿……麝香涂壁。"也有用"芸香"的，《太平广记》卷二三七引《杜阳杂编》："元载造'芸辉堂'于私第。芸辉，香草名也，出于田国，其香洁白如玉。入土不朽烂，春之为屑，以涂其壁，故号'芸辉'。"不过，却未见用"郁金"香料的。清代陈元龙《格致镜原》卷二十"壁"罗列了古代的"涂壁"之例，也未见用"郁金"者。马、金两位先生关于"郁金堂"的注释很可能受到了"椒房"的影响。"椒房"，汉代宫殿名，因以椒和泥涂墙壁，取温暖、芳香、多子之义，故名，后亦用为后妃的代称。《汉书·车千

---

① 金性尧《唐诗三百首新注》第 305 页，上海古籍出版社 1993 年版。
② 马茂元《唐诗选》第 49 页，上海古籍出版社 1999 年版。
③ 马茂元《唐诗选》第 19 页，上海古籍出版社 1999 年版。

秋传》颜师古注："椒房，殿名，皇后所居也，以椒和泥涂壁，取其温而芳也。"（3）"郁金堂"即便是以"郁金""浸酒涂壁"而成，这里的"郁金"也不大可能是番红花属的名香，更可能是姜黄属的郁金。姜黄属郁金可以"浸酒"、可以"染色"，这一点本文已有比较详细的论述。番红花属"郁金"可以"香酒"，这在《南州异物志》中有记载，但是"香"与"浸"在剂量上应该有明显的区别。番红花属郁金传入中土之后是否用于"染色"，尚不能断定，谢弗《唐代的外来文明》即表示存疑。番红花属郁金相当名贵，不太可能大剂量地使用；如若"浸酒涂壁"，则非姜黄属"郁金"不办。

本文关于唐诗中的"郁金"考证属于名物研究。循以"诗史互证"的方法，我们可以从一个小切口去认识唐代的风尚习惯，也可以为唐诗中的"郁金"寻求确解。

（原载《中国韵文学刊》2013 年第 3 期）

唐诗"药栏"考辨

"药栏"一词在唐诗中多次出现，如杜甫《宾至》"不嫌野外无供给，乘兴还来看药栏"、杜甫《将赴成都草堂途中有作……》"常苦沙崩损药栏"。检索《全唐诗》，内容中含"药栏"的作品有19首，标题中含"药栏"的作品有4首。唐宋时期，《资暇集》《野客丛书》等笔记中有关于"药栏"的释义，个人也有探讨。笔者认为"药栏"其实是"花药之栏"的缩略，中国古代"花"与"药"往往是二位一体，称"花"时畸重于观赏价值，称"药"时则畸重于药用价值。

一、"药栏"的歧解

"药栏"一词中，"栏"即栏杆，无有异议，歧义乃在于"药"的理解。或以为"药"是通假字，通"籥"，为墙垣、篱笆之义，"药栏"是一个并列复合词；或以为"药"是"药草"之义；或以为"药"本指芍药，后来泛指"花卉"；或以为"药"兼指"花药"。

（一）"药"与"栏"同义，都是围栏、阻挡之义，"药栏"为并列复合词。

唐代李匡义首倡此说，《资暇集》卷上：

> 今园亭中"药栏"，"栏"即"药"，"药"即"栏"，犹言

围援，非"花药之栏"也。有不悟者以为藤架蔬圃，堪作切对，是不知其由，乖之矣。按汉宣帝诏曰："池藥未御幸者，假与贫民。"苏林注云："以竹绳连绵为禁藥，使人不得往来尔。"《汉书》："闌入宫禁。"字多作"草下闌"，则"藥栏"作"藥蘭"，尤分明易悟也。

宋代吴曾《能改斋漫录》卷三引李匡义之说并附和；宋代王楙《野客丛书》卷十二引李匡义之说，但表示了疑义：

> 然考《汉宣帝纪》："池籥未御幸者，假与贫民"，非"藥"字……近见（胡仔）《苕溪渔隐》，亦引"籥"为证。

今人马天祥《"药栏"本义探赜发覆——兼析历代学者之释解误读》通过古音考证，认为"藥"与"籥"可以通假，"藥栏"即"籥栏"，是并列复合词，调和了李匡义与王楙、胡仔之间的"不和"。[①]

（二）"药栏"即"花药之栏"

《野客丛书》卷十二在对李匡义之说表达疑义之后，又大量引证唐人诗句，认为"药栏"即"花药之栏"：

> 许浑曰"竹院昼看笋，药栏春卖花"，又曰"栏围红药盛"；张籍曰"借宅常欣事药栏"，多作"花药之栏"用也。

清代钱谦益也赞同"花药之栏"[②]。

（三）"药栏"即"药草之栏"

清代施鸿保虽然不赞成李匡义，但同时也不赞成王楙与钱谦益，认为"药栏"当为"药草之栏"：

---

① 马天祥《"药栏"本义探赜发覆——兼析历代学者之释解误读》，《西北大学学报》（哲社版）1994 年第 2 期。

② ［清］仇兆鳌《杜诗详注》第 742 页，中华书局 1979 年版。

今按李说，不独音异，且"药"即"栏"，字亦复矣，惟钱笺"花药之栏"，兼花与药说，亦非。现庾诗"花径药栏"作对，可见。公诗犹有云"常恐沙崩损药栏"，当是种药草之栏。①

（四）"药栏"为"花卉之栏"

王士《"药栏"辨》一文否定了前三种说法，并且提供了"最后一种解释"，也就是他所认为的"正确的解释"，即"花圃"。作者认为，"药"之本意是指"芍药"，后来亦可推开，指"木芍药"，亦即"牡丹"，后泛指花卉②。

我们对四种解释略作分疏。第一种说法颇有点深文迂曲、泥古不化。即便在汉代"藥"与"籥"可以通假，但是语言古今移变，我们也很难证明唐代仍有此用法。再者，如果"药栏"是一个并列词、仅指"栏杆"的话，置于唐诗文本中考察，十之八九扞格不通。如宋之问《别之望后独宿蓝田山庄》"药栏听蝉噪，书幌见禽过"，上、下两句相对，"书幌"毫无疑义是偏正词，"药栏"亦当为偏正词，"药"应该是指花药。再如李端《山中期张芬不至》"药栏虫网遍，苔井水痕稀"、钱起《幽居春暮书怀》"溪云杂雨来茅屋，山雀将雏到药栏"，从对仗之句的"苔景""茅屋"来推断，"药栏"无一不是偏正词。第三与第四种说法则各执一端、失于偏枯，笔者认为第二种说法最为赅备、停当，药栏是"花药之栏"约定俗成的缩略。

---

① ［清］施鸿保《读杜诗说》第 82 页，中华书局 1962 年版。
② 王士《"药栏"辨》，《阜阳师范学院学报》1985 第 2 期。

二、中国传统中的花、药"合体"

花、药联称，由来已久。按照当代分类标准，药物一般分为生物药物、化学药物、中药。中药大多取材于植物，中国早期的医药著作，如《神农本草经》《伤寒杂病论》中均收录记载了许多的"显花植物"，如传统名花菊花、牡丹、栀子等。明代李时珍的《本草纲目》更是集大成者。"花"言其观赏价值，"药"言其药用功能。药用功能为"质"，观赏价值为"文"，"文""质"彬彬、才为"双美"；"花"为世人共赏，"药"为特殊功用。中国古代的花卉培植种类繁多，这与古代医药学的需求、刺激密不可分。

花与药无法割裂，唐代以前就联袂出现，如鲍照《三日》："时艳怜花药。"徐湛之（420—478）曾在扬州蜀岗建造风亭、月观、吹台、琴室，史书描述这里的景致："果竹繁盛，花药成行，招集文士游玩之适，一时之盛也。"① 又如《陈书·皇后列传》："朝日初照，光映后庭。其下积石为山，引水为池，植以奇树，杂以花药。"

中国古代医药学发展至唐朝达到了一个高峰。高宗显庆四年(659)，唐朝政府颁行了《唐本草》。《唐本草》亦称《唐新修本草》或《新修本草》，这是国家颁定药典的创始，是我国历史上第一部药典。柳诒徵《中国文化史》云："唐人学艺之精者，自诗文书画外，复有二事：曰音乐，曰医药。观其制度，盖皆以为专门之学，广置师弟以教之。教乐则有

---

① 周维权《魏晋南北朝园林概述》第85页，清华大学出版社1984年版。

太乐署……教医则有太医署。"唐代有一大批文学、医药学的"双栖"之士，①一般文人也往往具备基本的医药素养。当时的长安、洛阳两都，都有专门的药园。欧阳修《新唐书》卷五十三："凡课药之州，置采药师一人。京师以良田为园，庶人十六以上为药园生，业成者为师。凡药，辨其所出，择其良者进焉。"徐松《唐两京城坊考》卷五："宜人坊，半坊太常寺药园，西南隅荷泽寺。"洛阳的药园占地三百亩，面积颇为可观；根据赵衍勇《唐东都药园与乐园辨析》一文的考证，洛阳药园由宜人坊的"太常寺药园"和静仁坊的"官药园"两部分组成。②张说《药园宴武辂沙将军赋得洛字》"东第乘余兴，南园宴清洛"，"清洛"即洛水，此处的"药园"很有可能就是洛阳的皇家药园。北宋时期，洛阳药园故址尚在，文彦博《余于洛城建春门内循城得池数百亩，其池乃唐之药园，因学徐勉作东田引水一支灌其中……野意山情颇以自适，故作是诗》："药园事迹分明在，尽见云卿旧记中。""云卿"是唐代诗人沈佺期的字，诗后有小注："唐沈佺期云卿《药园记》，东田乃其旧地。"药园面积宽广，花草遍植，甚至成为出游的"胜地"，杨炯《晦日药园诗序》云：

衣冠杂沓，出城阙而盘游；车马骈阗，俯河滨而帐饮。

乃有神州福地，上药中园……然后搴杜若，藉芝兰，高论参元，

飞觞举白，凡我良友，同声相应。

唐代，除了官府药园之外，寺庙以及私家宅院中，往往也有药园或药圃，如于邵《游李校书花药园序》：

崇文馆校书郎李公，寝门之外，大亭南敞；大亭之左，

胜地东豁。环岸种药，不知斯在几十步。但观其缥纱霞错，

① 郭树芹《唐代涉医文学的繁荣及其原因探析》，《江汉论坛》2005年第1期。
② 赵衍勇《唐东都药园与乐园辨析》，《文献》2011年第2期。

葱茏烟布，密叶层映，虚根不摇，珠点夕露，金燃晓光。而后花发五色，色带深浅，丛生一香，香有近远，色若锦绣，酷如芝兰，动皆袭人，静则夺目：此李公及时之适也。至若上苗可食，下体兼采，子入菰饭，华杂蒲俎。既甘平而性寒，又辛温而执热，癖除而不为去传，风愈而安知及书：此李公谷中之木也。吾徒沐公馨香，爱我药石，皆可右坐，愿为佳游。

又如韦应物《简郡中诸生》"药园日芜没，书帷长自闲"、司空曙《药园》"春园芳已遍，绿蔓杂红英。独有深山客，时来辨药名"、郑谷《远游》"早晚酬僧约，中条有药园"。贺遂的药园在当时颇有名气，王维《春过贺遂员外药园》："前年槿篱故，新作药栏成。香草为君子，名花是长卿"；这里甚至成为文人雅集之所，不仅是"药园"，而且是"诗园"，李华《贺遂员外药园小山池记》："种竹艺药，以佐正性，华实相蔽，百有馀品……赋情遣辞，取兴兹境。当代文士，目为'诗园'。"种植药草是君子砥砺修行的方式，不仅有"花"可赏，而且有"实"可用；可见，药草是既具观赏价值，也具实用价值的，"花"与"药"是备于一体的。

"药"之所在即"花"之所在，上面所引的《游李校书花药园序》即为一例。唐代描述药园、药圃的诗歌中，花色、花香袭人，如：

"药味多从远客赍，旋添花圃旋成畦……一雨一风皆遂性，花开花落尽忘机。"（陆龟蒙《奉和袭美题达上人药圃二首》）

药圃寻花伴客行。（杨夔《寄当阳袁皓明府》）

药圃花香异。（杜荀鹤《访道者不遇》）

唐代，花、药并称更是常俗，类似的例子相当多，如：

禅房闲虚静，花药连冬春。（孟浩然《还山贻湛法师》）

新泉香杜若，片石引江蓠。宛谓武陵洞，潜应造化移……
但令黄精熟，不虑韶光迟。笑指云萝径，樵人那得知。(钱起《山
居新种花药，与道士同游赋诗》)

花药绕方丈。(常建《张天师草堂》)

种植花药甚至成为可以牟利的"产业"，如白居易《重题》"药圃
茶园为产业，野麋林鹤是交游"、许浑《春日题韦曲野老村舍二首》"竹
院昼看笋，药栏春卖花"。

佛寺、道观中普遍种植花药，这在孟浩然《还山贻湛法师》、常建《张
天师草堂》两诗中已经可以略窥端倪。在自然经济体制下，佛寺、道
观往往是自给自足的小"经济实体"，佛教的"慈航普度"与道教的"服
食养生"也推动了医药学的发展。中国文化中，除了儒医之外，佛医、
道医也比比皆是。唐代的荐福寺种植花药，四时常有、品类众多，王维《荐
福寺光师房花药诗序》：

天上海外，异卉奇药，《齐谐》未识，伯益未知者，地始
载于兹，人始闻于我。琼蕤滋蔓，侵回阶而欲上；宝庭尽芜，
当露井而不合。群艳耀日，众香同风。开敷次第，连九冬之月；
种类若干，多四天所雨……漆园傲吏，著书以稊稗为言。莲
座大仙，说法开《药草》之品。

衡阳有"花药寺"，建于南宋景祐五年 (1257)，当时名为"报恩
光孝禅寺"，而衡阳当地人都习惯地称它为"花药寺"。历代主持用花
卉炮制药物给病人治病，普救众生，闻名遐迩。近年，也有学者建议
恢复佛教药圃的优良传统①。

宋代，花、药并称依然常见，我们仅以南宋王质为例。王质有《栗

---

① 陈全忠《创办"佛教药圃"刍议》，《法音》1995 年第 2 期。

里华阳窝》组诗，"栗里"是陶渊明故里，"华阳"即茅山华阳洞，是南朝陶弘景隐居之处。"二陶"是王质所心仪的先贤，所谓"渊乎栗里，谧哉华阳"[①]。陶渊明《时运》其四云："花药分列，林竹翳如。"陶弘景更是精研本草，著有《本草经集注》一书，这是我国本草学史上一部具有代表性的著作。王质也在自己的居所周遭栽种"花药"：

> 花药之列，无先我梅。宜江宜山，最宜幽溪。其次桃李，色香俱美。（《栗里华阳窝辞》"栗里花药"其一，自注："梅、桃、李取花实皆美者。"）

> 花药之列，无先我菊。宜露宜风，大率宜肃。其次兰桂，饶山林气。菊不敢先，迭为仲季。（《栗里华阳窝辞》"栗里花药"其二，自注："菊、兰、桂取色香皆秀者。"）

从王质的诗歌可以看出，"花药"只是一个约定俗称的泛称，其外延还包括木本的果木、花木，如桃、李、梅、桂等。

明代徐春甫《古今医统大全》总结了花药之利，卷九十八"通用诸方"《花药园记》[②]：

> 今世士大夫人家，多植花卉。其中杂植药品，仓卒可以救人，何等方便。如葵花可以催生止痢；菊花可以明目清心……诸如此类，不可胜记。凡园中与花卉并植，一则可以清玩，次则可以捐疴。急救博施，惠而不费，济人利物，不亦仁乎！

---

① 钱钟书《宋诗选注》第 207 页，人民文学出版社 1994 年版。
② 张倩、牛淑平《〈花药园记〉简介》，《中医文献杂志》2009 年第 4 期。

三、唐诗中的"药栏"当指"花药之栏"

从以上的分析，我们可以发现，中国古代，"花"与"药"很难截然分开。无论是官府还是文人、寺庙、道观，都热心于种植花药，一则观赏，一则实用。"药栏"是"花药之栏"的缩略，兼指"花"与"药"；如果单指"药草之栏"或者"花卉之栏"，均失之于偏。

图 49　芍药花。（网友提供）

王士《"药栏"辨》一文断言："很难设想，这些士大夫们栽花不是为了观赏而为了制药！"这是不了解中国花、药一体的历史传统之误。唐代许多文人自己种植花药，以供治病。就以王士先生文章中提到的

"药"的狭义"芍药"而言，不仅花姿绰约，其实也是传统的药材，张九龄《苏侍郎紫薇庭各赋一物得芍药》：

> 仙禁生红药，微芳不自持……名见桐君篆，香闻郑国诗。

孤根若可用，非直爱华滋。

"桐君"相传为上古时期的药学家，擅长本草，著有《桐君采药录》。柳宗元被贬南方期间，除了种植仙灵毗、白术、白蘘荷之外，还种有"芍药"，"芍药"对于他的痞气颇有功效[①]。

如果"药圃"或"药栏"中所种植的是芍药的话，一般会称"红药圃"或"红药栏"，如：

> 春抛红药圃，夏忆白莲塘。（白居易《郡斋暇日忆庐山草堂》）

> 绕廊紫藤架，夹砌红药栏。攀枝摘樱桃，带花移牡丹。（白居易《秦中吟十首》"伤宅"）

"药栏"与"花药栏"实为同指。李德裕《忆平泉杂咏》有"忆药栏"诗："未抽萱草叶，才发款冬花"，他另有《春暮思平泉杂咏二十首》"花药栏"：

> 蕙草春已碧，兰花秋更红。四时发英艳，三径满芳丛。

诗前有小序："花药四时相续，常可留玩。"可见"花药栏"即是"药栏"。我们再以宋代的"花药栏"诗例来参照，如王仲修《宫词》第九十"花药栏干小雨晴，差差燕子拂帘旌"、方岳《明日登后山用韵》"草塘唤就荷葭坞，竹径生成花药栏"。禅宗五家之一的云门宗有著名的"花药栏"公案，《碧岩录》第三十九则"僧问云门：'如何是清净法身？'门

---

① 张绪伯《柳宗元诗〈戏题阶前芍药〉中的芍药不是牡丹》，《柳宗元研究》第12辑。

云：'花药栏。'僧云：'便恁么去时如何？'门云：'金毛狮子。'"

唯其花、药混同，"药栏"饶富花色、花香，是花亦是药，如：

藤长穿松盖，花繁压药栏。（钱起《中书王舍人辋川旧居》）

想到故乡应腊过，药栏犹有异花薰。（柳珪《送莫仲节状

元归省》）

山花醉药栏。（岑参《初授官题高冠草堂》）

综合以上论述，笔者认为：唐诗中的"药栏"泛指"花药之栏"，不必计较拘泥于"药草之栏"或者"花卉之栏"。中国历史上，许多花卉本来就兼具药用价值。唐代医药学的发展也助长了"花药"的栽植。

（原载《中国韵文学刊》2015 年第 1 期，此处有补订。）

《张协状元》中的"梧桐角"考辨

"梧桐角"是宋元时期在浙东农村流行的土制乐器，春耕时吹响，具有浓郁的乡土特色。南戏《张协状元》中出现了"梧桐角"之名，元代《王氏农书》中图录了"梧桐角"，然而并未说明其材质。南戏研究中，关于"梧桐角"的考述付之阙如。白寿彝主编《中国通史》第八卷"中古时代·元时期（下）"介绍"梧桐角"是"用梧桐叶卷成角形的哨子"。这种解释似是而非，"梧桐角"其实是用梧桐树皮所卷制的乐器。"梧桐角"可以和"乌盐角"互相参证；"乌盐角"是用乌盐树皮所卷制的乐器。"梧桐角""乌盐角"展示了江南风情、田园乐事，对于它们的探讨可以在一定程度上"还原"宋元时期的浙东农村生活场景。

一、"梧桐角"的时期、地域与材质：宋元；浙东；梧桐皮

"梧桐角"是流行于浙东的土制乐器，相沿已久，是春天的感召、春耕的"号角"，宋、元时期在民间相当流行。南戏《张协状元》中，两次出现了"梧桐角"。第二十三出："村南村北梧桐角，山前山后白菜花。"第十九出："久雨初晴陇麦肥，大公新洗白麻衣。梧桐角响炊烟起，桑柘芽长戴胜飞。"南戏，又称"南曲戏文"，大约在北宋末年

产生于浙江东部的温州（永嘉）地区的农村，故有"温州杂剧""永嘉杂剧"之称；《张协状元》是现存的"永乐戏文三种"之一。① 南戏带有鲜明的地域特征，而"梧桐角"则是浙东土物；又如释行海《南明道中》："酒旗犹写天台红，小白花繁绿刺丛。蜂蝶不来春意静，日斜桐角奏东风。""天台"在浙江省中东部；"南明"是新昌的古称，也在浙江省东部。

然而"梧桐角"究为何物？历来缺乏考述。笔者认为，"梧桐角"的考述其实对于认识南戏的地域风情有着重要的作用，其物虽小、其旨却大。

元代王祯《王氏农书》是中国古代重要的农业著作，其第十三卷收录的农业器具图谱能够帮助我们直观地认识古代的耕作方式；但也偶有并非劳动器具的农村事物杂入其中，如"梧桐角"：

> 浙东诸乡农家儿童以春月卷梧桐为角吹之，声遍田野。前人有"村南村北梧桐角，山后山前白菜花"之句，状时景也，则知此制已久，但故俗相传，不知所自。盖音乐主和，寓之于物以假声韵，所以感阳舒而荡阴郁、导天事而达人事，则人与时通、物随气化，非直为戏乐也②。

王祯第一次全面描述了"梧桐角"的区域、时令、制作、起源以及效用等，是弥足珍贵的材料，其中引用了《张协状元》中所出现的诗句。

明代王圻《三才图会》沿用《王氏农书》中的材料，而将"梧桐角"收录于卷三的"乐器"。《王氏农书》虽然有图谱，但我们只能大约看出"梧桐角"的形制，头大尾小，类似于牛角；然而"梧桐角"的材质却仍是未详。

---

① 钱南扬《永乐大典戏文三种校注》，中华书局 1979 年版。
② ［元］王祯《王氏农书》（《影印文渊阁四库全书》）卷十三，上海古籍出版社 1987 年版。

"梧桐角"应该是用梧桐树皮卷制而成，我们看一条宋元时期的材料。南宋林景熙《桐角》："田家无律吕，声寄始华桐。碧卷春风老，清吹野水空。客心寒食后，牛背夕阳中。不惹梅花恨，年年送落红。"中华书局 1960 年版的林景熙《霁山集》以清代《知不足斋丛书》本为底本，内中有元代章祖程的注释；卷一收录此诗，题下小注云："楚间山家每季春截桐皮，卷而吹之，谓之'桐角'。""梧桐角"是宋、元时期流行的乐器，章祖程所言应为可信。清代《御选宋金元明四朝诗·御选宋诗》卷四十三选录林景熙《桐角》，题下亦有章祖程小注。

二、"乌盐角"的时期、地域与材质：宋元；浙东；乌盐皮

关于"梧桐角"的制作方式，目前所见文献仅有元代章祖程注释《霁山集》的一条材料；但是，我们可以用"乌盐角"来参证。两者在名称、制作、地域、风情方面如出一辙，常常连类而及。王祯《王氏农书》"梧桐角"条目下就引用了一条"乌盐角"的材料，南宋戴复古《乌盐角行》：

> 凤箫鼍鼓龙须笛，夜宴华堂醉春色。繁声缓响荡人心，但有欢娱别无益。何如村落卷桐吹，能使时人知稼穑。村南村北声相续，青郊雨后耕黄犊。一声催得大麦黄，一声唤得新秧绿。人言此角只儿戏，孰识古人吹角意。田家作劳多怨咨，故假声音召和气。吹此角，起东作；吹此角，田家乐。此角上与邹子之律同宫商，合锺吕。形甚朴，声甚古，一吹寒谷生禾黍。

"梧桐角"吹起之时，春耕即将开始；"东作"就是春耕的意思，

如李白《赠从弟冽》诗："日出布谷鸣，田家拥锄犁。顾余乏尺土，东作谁相携。"

《乌盐角行》一诗描述了梧桐角的时令、音乐特点，将梧桐角与传统雅乐箫、笛等对比，可以和《王氏农书》中的记述互相参照。这一首作品有点"奇怪"，题目与内容不符；题目是"乌盐角"，所写的却是"梧桐角"。这两者之间有何关联，是否有"同质"性？

《乌盐角》是宋、元时期流行的民间曲调，名字朴野古怪，其起源已无法确考。杨慎《词品》卷一："曲名有《乌盐角》，江邻几《杂志》云：'始教坊家人市盐，得一曲谱于角子中。翻之，遂以名焉。'戴石屏有《乌盐角行》。元人月泉吟社诗：'山歌聒耳《乌盐角》，村酒柔情玉练槌。'"江邻几即江休复，北宋时人，为欧阳修之友，著有《嘉祐杂志》。江邻几的说法颇为流行，《逸老堂诗话》卷上、《山堂肆考》卷一百六十一都有引述。"月泉吟社"是南宋遗民诗社；南宋末年，吴渭担任义乌县令，入元之后隐居吴溪，创立此社，请遗民诗人方凤、谢翱、吴思齐等主持。与南戏一样，"月泉吟社"的诸多作品也带有浙东地域文化特点。

南宋的张端义《贵耳集》则认为"盐"是曲子名称："所谓'盐'者，吟、行、曲、引之类。"清代秦巘《词系》进而云："古乐府有'乌盐角'，或取名于此……'盐'即曲也，古曲有《昔昔盐》《黄帝盐》《突厥盐》，皆以'盐'名，《嘉祐杂志》之错，恐不足据。"[①]

上面引述的两种看法其实均有误。"乌盐"之"盐"既不是柴米油盐之"盐"，也不是曲子名称之"盐"；"乌盐"是一种树。"乌盐角"是一种乐器，"乌盐"是乐器的材质，"角"是乐器的形制；作为曲调的"乌盐角"应源自作为乐器的"乌盐角"。南宋舒岳祥《乌盐角行》：

---

① 马兴荣《读词五记》，《楚雄师专学报》2001 年第 4 期。

山中一种乌盐树，剥皮为角开春路。牧童把去上牛吹，烟草茫茫没远陂。一声两声兮桑青柘绿，三声四声兮麦绽秧肥。山花如火遮眉目，吹此田家太平曲。三年不听此曲声，卷却地皮人痛哭。[①]

《乌盐角行》与《张协状元》中的景物描写颇为相似。舒岳祥是浙江宁海人，宋末元初著名作家；其生活、交游也主要在浙东一带。"乌盐角"的制作方式与"梧桐角"相同，都是卷皮为角，又如徐似道《句》："牧童出卷乌盐角，越女归簪谢豹花。"

关键之处在于："梧桐角"的梧桐不言自明，那么什么是"乌盐角"的"乌盐"？遍检《全宋诗》，除了舒岳祥这首作品外，再无他作提到乌盐树。"乌盐树"其实是浙江、福建一带的方言称呼。宋代庄绰《鸡肋编》卷上：

剑川僧志坚云："向游闽中，至建州坤口，见土人竞采盐麸木叶，蒸捣置模中，为大方片。问之，云作郊祀官中支赐茶也，更无茶与他木。"然后知此茶乃五倍子叶耳，以之治毒，固宜有效。五倍子生盐麸木下叶，故一名盐麸桃。衢州开化又名仙人胆。陈藏器云："蜀人谓之酸桶，又名醋桶。吴人呼乌盐。"

可知，乌盐树是盐肤木的别称。盐肤木又称"五倍子树"，属小乔木，漆树科漆树属，在长江以南较适宜生长；五倍子为医药、鞣革、塑料及墨水工业的重要原料。在中药里，"五倍子"又有"乌盐泡"之别称，是倍蚜科昆虫角倍蚜或倍蛋蚜在盐肤木、青麸杨或红麸杨等树上寄生形成的虫瘿；"五倍子树"、"乌盐树"都是盐肤木的别名。南宋福州的

---

① ［宋］舒岳祥《阆风集》（《影印文渊阁四库全书》）卷二，上海古籍出版社1987年版。

地方志《淳熙三山志》卷四十一亦云："盐麸子，叶如桔子，秋熟为穗，粒如小豆。上有盐似雪，食之酸咸，止渴。蜀人谓之'酸桶'，吴人谓之'乌盐'。"①

"乌盐角"最初是一种乐器，后来成为南方的山歌小调名称，樵夫可以即兴填词、随意演唱，如田雯《城西溪上》："春水泱泱鸭头绿，桃花树树胭脂红。岸声高唱乌盐角，沙阵斜飞白勃公。"自注云："乌盐，山歌名；勃公，水鸟。"②查慎行《题泰州宫氏春雨草堂图》："樵去唱乌盐，渔来歌欸乃。"③"乌盐"为山歌，"欸乃"为渔歌。

梧桐角、乌盐角都是宋、元时期流行于浙东民间的土制乐器，都是截取树皮卷制而成。两者具有时令性，亦即是属于春天的乐器；春天树皮青嫩、柔韧，易于剥离，也易于卷曲。两者形制、材质相似，故乐声也相似。

三、"梧桐角""乌盐角"的音乐内涵：农家乐；高士情怀；春归；祭祀；乡情

梧桐角、乌盐角具有浓郁的乡土风味，往往是儿童放牧时就地取材、

---

① 我们再看两个例子。《通志》卷七十六："盐麸子曰叛奴盐，蜀人曰酸桶，吴人曰乌盐。其实秋熟为穗，着粒如小豆，其上有盐如雪，可以调羹。戎人亦用此，谓之木盐，故有叛奴盐之名。"《广东新语》卷二十四"蚺蛇"："缉妇人裙裾以为旗，斩乌盐以为枪，葛藤以为缆"，古代的枪杆是用硬木制成的，这里的"乌盐"也应该是盐肤木。

② ［清］田雯《古欢堂集》(《影印文渊阁四库全书》) 卷十四，上海古籍出版社 1987 年版。

③ ［清］查慎行《敬业堂诗集》(《影印文渊阁四库全书》) 卷四十一，上海古籍出版社 1987 年版。

信口无腔的遣兴，如赵友直《牧》"相呼相唤出烟堤，冒雨前村膝没泥。万斛愁怀人不解，呜呜桐角倚牛吹"、释智愚《牧童》"烟暖溪头草正肥，尽教牛饱卧晴曦。卷桐又入深深坞，吹尽春风不自知"。

在梧桐角声、乌盐角声中所次第铺展的是陇麦、秧针、菜花、青草、绿原、细雨、牛、牧童、农夫、村妇等一派江南风情、田园乐事；前引戴复古《乌盐角行》、舒岳祥《乌盐角行》分别有"田家乐""田家太平曲"之语。"月泉吟社"诗人陈舜道《春日田园杂兴十首》之六亦是此种风调："春来非是爱吟诗，诗是田园寄兴时。稼穑但凭牛犊健，阴晴每付鹁鸪知。托寻花去将予乐，借卷桐吹写所思。抚景寓言良不浅，春来非是爱吟诗。""乐""兴"是陈舜道这一组作品的基调，前面引用的"村声荡漾《乌盐角》"一句出自于同组作品之二。

梧桐角、乌盐角的形制、声音古朴，与世俗追骛的丝竹之乐迥异其趣；高士、山人往往借此以抒发高蹈尘外、独立世表的情怀，如王逢《山居杂题七首》："偶从道士饮碧螺，手把桐角吹山歌。千壑万谷响应答，天风黄鹄双飞过。"[①] 乌斯道《王山人桃花牛歌》："王山人，王山人，更办乌盐角，高吹《紫芝曲》，五湖四海春茫茫，桃源市上千山绿。"[②]《紫芝曲》或《紫芝歌》等，泛指隐居避世之曲，据《乐府诗集·琴曲歌辞二》记载，相传为秦代末年的商山四皓所作。

林景熙《桐角》"声寄始华桐"，梧桐角是用桐花开放时节的梧桐皮卷制而成；而桐花是清明的物候、表征。《夏小正》"三月……拂桐芭（葩）"、《周书》"清明之日桐始华"，《周书》的记载奠定了桐花"清

---

① ［元］王逢《梧溪集》(《影印文渊阁四库全书》) 卷五，上海古籍出版社，1987 年版。

② ［明］乌斯道《春草斋集》(《影印文渊阁四库全书》) 卷二，上海古籍出版社 1987 年版。

明之花"的地位。宋朝吕原明《岁时杂记》总结了相沿已久的"二十四番花信风"之说："清明：一候桐花，二候麦花，三候柳花。"桐花是清明之"色"，梧桐角即清明之"声"。清明是季春节气，至此，春天已经过去三分之二；所以，梧桐角是春归之"声"，葛绍体《惜春二首》"其二"："桐角声中春欲归，一番桃李又空枝。杨花好与春将息，莫被东风容易吹。"乌盐角与梧桐角"声"气相通。

在鸟类中，送别春天的则是杜鹃，杜鹃又名子规、谢豹。梧桐、乌盐角声低沉，是"低声部"，杜鹃声凄厉，是"高声部"；川野之间，梧桐、乌盐角声与杜鹃声"合奏"，为春天饯行，如释文珦《即景》"青山陇麦与人齐，莓子花开谢豹啼。牛背牧儿心最乐，缓吹桐角过前溪"、蒋梦炎《寒食》"桐角唤回前嶂晓，子规啼破隔江烟"。

寒食、清明是中国传统节日，唐宋时期已经有祭扫之俗；梧桐角声、乌盐角声因之而染有这一特定民俗节日的清冷、孤寂，如蒋梦炎《寒食》"桐角唤回前嶂晓……哭向墦间送纸钱"、王舫《春日郊行次平野韵》"风回别墅闻桐角，烟冷荒郊挂纸钱"。

梧桐角、乌盐角是"乡土社会"的乡音，而寒食、清明节日又具有慎终追远的文化内涵；所以，角声就成为引发游子愁绪的"触媒"，这几乎是两种角声最主要的音乐功能：

客心寒食后，牛背夕阳中。（林景熙《桐角》[①]

不知何处吹桐角，独立天涯泪欲零。（善住《舟次江亭》[②]

[①] ［宋］林景熙《霁山集》卷一，中华书局 1960 年版。

[②] ［清］顾嗣立《元诗选》（《影印文渊阁四库全书》）"初集"卷六十七，上海古籍出版社 1987 年版。

一声牛背乌盐角，铁作行人也断魂。（释宝昙《郊外即事》）

半村晴日乌盐角，十里春溪雀李花。饼饵风来香冉冉，教人那得不思家。（舒岳祥《安住寺道中》①）

行李萧萧明日发，乌盐角外转凄凉。（李孝光《客孤山》②）

从以上的分析可以看出，梧桐角与乌盐角的音乐内涵是"复调"的，触绪多端，既有欢愉，亦有悲苦；或者我们可以借用嵇康的"声无哀乐论"，梧桐角、乌盐角的"调子"完全是依据各人的心境、处境而定。

结　语

本文所作的梳理是一项音乐考古工作，亦是文学考古、文化考古工作。值得补充的是，在福建畲族居住地，制作"梧桐角"的技艺仍然保存着，《福建日报》2007年8月14日有李隆智的摄影报道《树皮做号角 嘹亮畲乡情》："日前，笔者来到政和县畲族文化村后布村，看到畲民雷帮金和堂弟雷帮弟在小心翼翼地剥桐树皮。他们将剥下的桐树皮卷起来，不一会儿就做成了一支长50厘米、口径15厘米的号角……"正如思想史有精英思想史，亦有"一般思想史"；"一般的知识、思想与信仰真正地在人们判断、解释、处理面前世界中起着作用"③。

---

① ［宋］舒岳祥《阆风集》（《影印文渊阁四库全书》）卷八，上海古籍出版社1987年版。

② ［元］李孝光《五峰集》（《影印文渊阁四库全书》），上海古籍出版社1987年版。

③ 葛兆光《中国思想史》第13页，复旦大学出版社2002年版。

同样，音乐除了丝竹"雅乐"之外，更有民间品类繁多的"俗乐"；而这些鲜活的"俗乐"扎根于中国传统的乡土社会，更加真正地与我们血脉相连。梧桐角、乌盐角考述的价值也正在于此。

（原载《中国韵文学刊》2015 年第 3 期，此处有补订）

胭脂小识

胭脂，又作燕脂、燕支等，是中国古代妇女施于脸颊、以增颜色的一种化妆品。胭脂的原料为何？最近，笔者在阅读中国花卉资料时，偶得一些资料，聊缀于次。

关于胭脂原料的最早记载，见于东晋习凿齿的两封书信：

《与谢侍中书》："此有红蓝，北人采其花作烟支，妇人妆时作颊色，用如豆许，案令遍颊，殊觉鲜明……匈奴名妻阏氏，言可爱如烟支也。"

《与燕王书》："山下有红蓝花，足下知之否？北方采红蓝，染绣黄，接取其英鲜者作烟肢。妇人将用为颜色。吾少时再三遇胭肢，今日始视红蓝，后当为足下致其种。匈奴名其妻阏氏，言其可爱如烟肢也。想足下先也不作如此读《汉书》也。"

两封信在内容上颇多重合之处。习凿齿在信中主要谈到了两点：一，胭脂是用红蓝制成的，这很有价值。崔豹在《古今注》中对红蓝的性状有所描述，云："燕支叶似蓟，花似蒲公，出西方，土人以染，中国亦谓为红蓝，以染粉为妇人色也，谓之燕支粉。"徐陵《玉台新咏》序云"南都石黛，最发双娥；北地燕支，偏开两靥"即本于此。二，匈奴妻子"阏氏"得名是根据胭脂，言其可爱，这一点我们不得而考，虽然习凿齿之后也有人附和他，如南唐张泌《妆楼记》："燕支染粉，为妇人色。古冒顿名妻阏氏，言可爱如燕支。塞北有燕支山。歌曰：

318

失我祁连山，使我六畜不蕃息；失我阏氏山，使我妇女无颜色。"红蓝，一年生草本植物，高约三四尺，其叶似蓝，夏季开红黄色花；除可制胭脂及红色染料外，中医以之入药，称"红花"。

图50　红蓝花。（网友提供）

红蓝谓之燕支，是古代制作胭脂的最常见、最主要的原料。在这里，我们要将它区别于胭脂花，虽然后者也可制胭脂。胭脂花，即紫茉莉，夏季开花，花有紫、红、白、黄等色，供观赏，胚乳粉质，可作化妆粉用。《广群芳谱·花谱二二·紫茉莉》引《草花谱》："紫茉莉，草本，春间下子，早开午收，一名胭脂花，可以点唇。子有白粉，可傅面，亦有黄白二色者。"

除红蓝、紫茉莉外，古人还用杜鹃花粉或杜鹃花汁制成胭脂。王建《宫词》："收得山丹红蕊粉，镜前洗却麝香黄。"山丹，即杜鹃花，唐人通常称之为山石榴花或山榴花。明宋应星《天工开物》卷上"彰施"：

"燕脂，古造法以紫茆染棉者为上，红花汁及山榴花汁者次之。"

图53　紫茉莉。（网友提供）

另，孙过庭《北户录》："山花丛生，端州山崦间多有之，其叶类兰，其花类莎，正月开花，土人采含苞者卖之。用之胭脂粉，或时染帛。其红不下红蓝。又郑公虔云：石榴花堪作胭脂。""山花"不可考。

如今这些土法制胭脂早就被淘汰了，不知道在民间还有没有？古人所处的条件虽然简陋，但是他们用自己的方式妆扮自己，这种爱美之心却是古今攸同的。

（原载《中国典籍与文化》2001 年第 3 期）

中国文学中的梧桐意象

梧桐是中国文学中常见的植物意象。意象是文学作品的构件，从历史文化与社会心理的角度进行考察，意象可以视为文化与心理的载体。意象有多种划分方法，作为外在物象经心理表象折映后所固化了的内心观照物，按照有无现实对应体的尺度，可粗略分为现实的和梦幻的两种，植物意象是现实意象序列中的一种。文学中的植物意象如同"活化石"，对之进行解读、解剖，可以窥见我们丰富的民族文化与心理。20 世纪 80 年代末，王立曾撰长文《依依垂条诉柔情——中国古典文学中的柳意象》《百代高标志节存——中国文学中的竹意象》分析了中国文学中的柳意象、竹意象，[①]引起较大反响；与柳意象、竹意象相比，梧桐意象的研究则较为寥落。梧桐，又名青桐，或简称梧、桐，是中国古老的树种，关于其分类、性状、吟咏，可参看宋人陈翥的专著《桐谱》及清人《广群芳谱》中的有关记载。梧桐意象派生出孤桐、半死桐、焦桐、井桐、疏桐、双桐等意象，另外又衍生出桐花、桐阴、桐叶秋声、梧桐夜雨、桐叶题诗等意象。这些意象组成了梧桐意象丛，本文将梳理这些意象，由此探究梧桐与中国文学、文化的关系。

---

① 王立《心灵的图景——文学意象的主题史研究》，学林出版社 1999 年版。

一、"梧桐生矣，于彼朝阳"：先秦典籍中的梧桐意象

先秦典籍中已经出现了梧桐意象，从发生学的角度来看，先秦典籍奠定了梧桐作为"嘉木""柔木"的基本属性。《尚书·禹贡》："峄阳孤桐。"传云："孤，特也。峄山之阳特生桐，中琴瑟。"峄山在今天山东省邹县。《诗经·鄘风·定之方中》："椅桐梓漆，爰伐琴瑟。""鄘"属于古代的卫地，中心区域在今天河南省。这两例都揭明了梧桐的实用价值。梧桐木材纹理通直，色泽光润，质地轻柔，无异味，所以适合制琴；直至今天，梧桐仍然是上好的古琴、琵琶以及家具材料。《诗经·小雅·湛露》："其桐其椅，其实离离。岂弟君子，莫不令仪。""岂弟"或作"恺弟"，和乐平易的意思；前两句兴中兼比，用梧桐和椅树的枝繁叶茂、果实离离形容"君子"之"令仪"。《诗经·大雅·卷阿》："凤凰鸣矣，于彼高冈。梧桐生矣，于彼朝阳。"姚际恒《诗经通论》云："诗意本是高冈朝阳，梧桐生其上，而凤凰栖于梧桐之上鸣焉；今凤凰言高冈，梧桐言朝阳，互见也。"[①]这两句的描写符合梧桐的生态习性。古人认为梧桐是"阳木"，多生于显畅高暖之地。梧桐树干端直，高达十余米。朝阳高冈的时空设定，加之凤凰、梧桐的组合，令人生高远之兴；这与天子得人、野无遗贤的景象深为契合。

---

① "互见"又称"互文"，是中国古典文学作品中常见的修辞方法，是出于音节的需要和字数的简省。有名的例子，如王昌龄《出塞》"秦时明月汉时关"，意思是秦时的明月与关隘、汉时的明月与关隘。再如北朝乐府民歌《木兰诗》"雄兔脚扑朔，雌兔眼迷离"，意思是雄兔脚扑朔、眼迷离，雌兔也是脚扑朔、眼迷离。

《庄子》中梧桐意象也数次出现。《庄子·天下》云："今墨子独生不歌，死不服，桐棺三寸而无椁，以为法式。"梧桐耐潮湿耐腐蚀，古人常用以制造棺木。《庄子·秋水》云："夫鹓雏发于南海，而飞于北海，非梧桐不止，非练实不食，非醴泉不饮。"鹓雏是凤凰一类的鸟，"非梧桐不止"体现了鹓雏不共凡鸟卑栖的高洁之志。

此外，孟子曾以种树之道喻养身之道，《孟子·告子上》：

> 拱把之桐梓，人苟欲生之，皆知所以养之者。至于身，而不知所以养之者，岂爱身不若爱桐梓哉？弗思甚也。

> 体有贵贱，有小大。无以小害大，无以贱害贵。养其小者为小人，养其大者为大人。今有场师，舍其梧槚，养其樲棘，则为贱场师也。

孟子将"梧槚"与"樲棘"对比，突出了梧桐的价值。"樲棘"指矮小、多刺的酸枣树；"槚"是梓树，与梧桐一样，也是树身高大而材质优良。树木中的"樲棘"与"梧槚"有小大、贱贵之别，种树之人要有所取舍；同样，身体上的"指"和"肩背"也有小大、贱贵之别，于人而言，不能"因小失大"。推而广之，"身"与"义"也有小大之别，不能"舍义全身"，而应该"舍生取义"。

司马迁沿袭《吕氏春秋》，记载了"剪桐"或"桐圭"之典，《史记·晋世家》：

> （周）成王与叔虞戏，削桐叶为圭以与叔虞，曰："以此封若。"史佚因请择日立叔虞。成王曰："吾与之戏耳。"史佚曰："天子无戏言。"于是遂封叔虞于唐。

"圭"是古代帝王在举行仪式时所用的玉器。梧桐树叶阔大，所以能剪"圭"。其实，桐叶不仅可以剪"圭"，"剪桐"甚至是中国剪纸的起源，陕西民间至今流传"巧剪桐叶照窗纱"之句。

图 52　　［清］冷枚《梧桐》。（图片来自"中华古玩网"）

　　在先秦典籍中，梧桐已是出现频率较高的一种树木，足证其分布普遍。梧桐首先因树身、树叶的实用价值而受瞩目，其后遂成为取譬明理或者起兴比喻的工具。朱光潜在《我们对于一棵古松的三种态度》一文中，认为我们对古松有"实用的、科学的、审美的"三种态度；[①]贡布里希在《艺术中价值的视觉隐喻》中认为，从人类认识史的一般规律看，生物学的、经济学的价值总是先为其他种类的价值

---

① 朱光潜《谈美》，安徽教育出版社 1997 年版。

提供最为便当的隐喻。①梧桐因其树质、树形、生长环境，在文学作品中出现伊始就与崇高、美好的人格相通。

此后，梧桐意象在文学作品中大量出现，成为植物意象中重要的一种；而且流变日繁，产生了庞大的梧桐意象丛。

二、"天质自森森，孤高几百寻"：孤桐人格象征意义之生成

梧桐与人格象征关系的体现在《诗经》的《大雅·卷阿》《小雅·湛露》中，在士大夫为主体的雅文学中，这是一个绵延不绝的传统。《世说新语·赏誉》记载："时（王）恭尝行散至京口谢堂，于时清露晨流，新桐初引，恭目之曰：'王大故自濯濯。'""新桐初引"的品鉴成为著名的比喻之例。下面主要论述梧桐意象丛中的孤桐与人格象征。

从先秦记载来看，梧桐多生于崇冈峻岳，已隐有高特之意；《尚书·禹贡》"峄阳孤桐"，这是孤桐的首次出现，然而并非严格文学意义上的孤桐意象。孤桐作为文学意象迟至六朝才出现。晋司马彪的《赠山涛》诗中有孤桐意象之雏形：

> 迢迢椅桐树，寄生于南岳。上凌青云霓，下临千仞谷。
> 处身孤且危，于何托余足。昔也植朝阳，倾枝俟鸾鷟。今者
> 绝世用，倥偬见迫束。班匠不我顾，牙旷不我录。焉得成琴瑟，
> 何由扬妙曲。

"班匠"是古代巧匠公输班和匠石的并称；"牙旷"是古代音乐家俞伯牙和师旷的并称。南朝宋鲍照《山行见孤桐》中明确标举孤桐意象：

① 范景中编选《艺术与人文科学——贡布里希文选》，浙江摄影出版社 1989年版。

桐生丛石里，根孤地寒阴。上倚崩岸势，下带洞阿深。奔泉冬激射，雾雨夏霖淫。未霜叶已肃，不风条自吟。昏明积苦思，昼夜叫哀禽。弃妾望掩泪，逐臣对抚心。虽以慰单危，悲凉不可任。幸愿见雕琢，为君堂上琴。

这两首诗中都流露出愿觅知音之意，这一点下一节详述。

自魏以迄晋宋时期，易代频繁、集团倾轧、门阀森严。在这样的社会状况中，文人鲜能自全，孤危、孤寒、孤单的情绪油然而生。文学染乎世风、系乎时序，六朝时期与"孤"相关的意象甚多，如曹植的"孤妾"、阮籍的"孤鸿"、陶渊明的"孤云"等。孤桐以及其他孤树意象（如孤松、孤竹）产生于这一时期有着历史必然性。

孤桐意象出现在鲍照的作品中是"双向选择"的结果。鲍照出身寒微，《解褐谢侍郎表》云"臣孤门贱生，操无烱迹，鸰栖草泽，情不及官"、《拜侍郎上疏》云"臣北州衰沦，身地孤贱"。在门阀制度森严的六朝，鲍照出生"寒门"，"孤"字在其作品中的出现频率是同时代其他作家无法比拟的，触目皆是，如：

《拟行路难》："自古圣贤皆贫贱，何况吾辈孤且直。"

《行药至城东桥诗》："孤贱长隐沦。"

《绍古辞七首》之六："不怨身孤寂。"

《还都道中诗三首》之一："孤兽啼夜侣。"

《绍古辞七首》之四："孤鸿散江屿。"

孤松与孤桐相近，最早则是出现于晋代陶渊明《归去来辞》："景翳翳以将入，抚孤松而盘桓。"陶渊明与鲍照都是"才秀人微"。朱自清《诗言志辨》云："咏物之作以物比人，起于六朝。如鲍照《赠傅都曹别》述惜别之怀，全篇以雁为比。"孤桐意象与孤雁一样，与特定处境、心态的人形成一种明显的同质异构的对应关系。

　　司马彪的孤桐侧重于"危"，鲍照的孤桐侧重于"寒"，一为政治处境，一为寒士心理，在写法上也不尽相同。两者的共同之处在于着力刻画梧桐的生长环境，而疏略其物态，更缺乏对孤桐内在精神的发掘与体认。这与审美认识初始阶段的粗糙有关，也与他们的写作意图、主旨相关。两人的诗作是以情志为主体，而不以物象为主体；孤桐不是司马彪、鲍照诗歌的中心意象，但可以看作是后世咏孤桐之作的先声。

　　宋孝武帝、沈约、谢朓都有以孤桐为中心意象的咏物作品。宋孝武帝《孤桐赞》："珍无隐德，产有必甄。资此孤干，献枝楚山。梢星云界，衍叶炎廛。名列贡宝，器赞虞弦。""虞"是指虞舜，《礼记·乐记》"昔者舜作五弦之琴，以歌《南风》"，后因以"虞弦"指琴。宋孝武帝所强调的是孤桐的珍异。沈约《咏孤桐》："龙门百尺时，排云少孤立。分根荫玉池，欲待高鸾集。"沈约沿袭了《大雅·卷阿》的梧桐凤凰模式，孤桐意象带有神话原型色彩。谢朓《游东堂咏桐》："孤桐北窗外，高枝百尺余。叶生既婀娜，叶落更扶疏。无华复无实，何以赠离居？裁为圭与瑞，足可命参墟。"谢朓孤桐的生长地已由远古、荒山移至现实、窗前，即目所见，枝叶的描写虽谈不上穷形尽相，但已经显示了体物的进步。谢朓"孤桐"之"孤"是一个客观的计量单位，而非主观情感的投射。李泽厚《美的历程》中认为，六朝山水诗"主客体在这里仍然对峙着，前者是与功业、行动对峙，后者是与观赏、思辨对峙"，[①]谢朓咏孤桐即是如此，虽然摹写如画，却缺乏个性与情感。谢朓的主旨本在咏史，而非抒怀。最后两句是借周成王桐叶封弟以咏桐，吴挚甫曰"此殆为明帝除宗室而发"，揭明了谢朓的题旨。

---

① 李泽厚《美的历程》第 94 页，中国社会科学出版社 1989 年版。

从以上的分析来看，六朝时期的诗文中，孤桐或借以言身世、或言其珍异、或沿袭梧桐凤凰的比兴模式、或借以咏史，还不具备人格象征的意味。

　　初唐时期的李峤是第一位有意识、有计划创作咏物诗的作家，有组诗120首，含有技巧演练的意味，是六朝以来咏物诗在题材及艺术上的一组总结之作。《桐》："孤秀峄阳岑，亭亭出众林。春光集风影，秋月弄圭阴。高映龙门迥，双依玉井深。不因将入爨，谁谓作鸣琴。"这首诗中的很多意象都是沿袭前代，如"峄阳""龙门""玉井""入爨"等，在内涵上也只是作了一个综合，未有开拓。孤桐意象在陈子昂、张九龄的作品中有了突跃。陈子昂的《感遇》诗38首重兴寄，其中的"兰若生春夏"为咏物之作，寄托明显，为咏物诗的创作起了典型和示范作用。陈子昂本人并没有直接咏孤桐的作品。但是，他在《修竹篇序》中高度评价了东方虬的《孤桐篇》"骨气端翔，音韵顿挫。不图正始之音，复睹于兹"，并进而提出了"兴寄""风骨"的主张。这篇序言具有横制颓波、肃清齐梁绮靡文风的作用，在唐代文学史上有着非常重要的地位；激发陈子昂的就是东方虬的《孤桐篇》。《孤桐篇》已经失传，但是我们可以肯定，它应该已经跳出了六朝窠臼，注重主体精神的贯注。张九龄《杂诗五首》："孤桐亦胡为，百尺旁无枝。疏阴不自覆，修干欲何施。高冈地复迥，弱植风屡吹。凡鸟已相噪，凤凰安得知。"从高冈、凤凰等词来看，张九龄的诗还残留着前代的痕迹，但"百尺旁无枝""修干欲何施"等则是直臣写照。王昌龄《段宥厅孤桐》："凤凰所宿处，月映孤桐寒。槁叶零落尽，空柯苍翠残。虚心谁能见，直影非无端。响发调尚苦，清商劳一弹。"王昌龄孤桐诗中的凤凰、清商之语也是承传前代。对孤桐之刻画由"直影"到"虚心"，由表及里，体现了认识的深入，对孤桐内在品性的发现，已具人格象征之意味。

白居易在梧桐文学的历程上是一位关键性人物，我们这里讨论的是他的《云居寺孤桐》：

> 一株青玉立，千叶绿云委。亭亭五丈余，高意犹未已。山僧年九十。清净老不死。自云手种时，一颗青桐子。直从萌芽发，高自毫末始。四面无附枝，中心有通理。寄言立身者，孤直当如此。

白居易已较王昌龄更进一步，以"孤直"标志着孤桐人格象征意义的正式形成。白居易的这首诗的立意似乎受到《孟子》"拱把之桐梓"及《老子》"合抱之木，生于毫末"的影响。孟子只是以种树之道喻养身之道，并未对梧桐的品性进行阐发；白居易则在充分认识梧桐生物属性的基础上，拈出其与士大夫处世立身相合的特质，即"孤直"，从而赋予了梧桐以明确的人格象征意义。此后，因创作主体的修养、性格、经历之不同，孤桐人格象征的内涵不断有所丰富、发展，但是，追本溯源，应是白居易的"原创"。

王安石《孤桐》："天质自森森，孤高几百寻。凌霄不屈己，得地本虚心。岁老根弥壮，阳骄叶更阴。明时思解愠，愿斫五弦琴。"王安石的政事、文章、性格、经历是我们所熟知的，"孤桐"与王安石的个性、人格是契若合符。这和他的《与舍弟华藏院忞君亭咏竹》："一径森然四座凉，残阳余韵去何长。人怜直节生来瘦，自许高材老更刚。"无论用语或用意，都是如出一辙。竹与桐充当了写意符号。宋人对道德人格的完善有一种理性的自觉意识，把道德人格的完善作为追求的终极目标。物我之间双向对流，他们体认、发掘合乎士大夫人格要求的物性，同时又用物性去规范、指导自己的人格建设。所以，孤桐意象人格象征意义的完全成熟应该是在宋代。这不是一个孤立的现象，荷花、梅花等人格象征意义的完全生成也是在宋代。

以上从历时的角度描述了"孤桐"作为人格象征符号的生成，体现了士大夫对梧桐品性不断的发掘、体认。从个案研究的角度看，自有其价值；但更为重要的，这是中国文学作品中诸多同类人格象征符号所共有的生成过程。研究这些人格象征符号，我们可以把握漫漫历史长河中士人的心理历程。

三、"爱伐琴瑟"：梧桐与音乐

梧桐木质适合制琴，已见诸上文论述；与音乐相关的梧桐意象主要有孤桐、半死桐、焦桐等。

（一）孤桐

《尚书·禹贡》："峄阳孤桐。"孤桐在后代是琴的代称，成为与音乐相关的一个重要意象。"孤桐"琴声起初传达的主要是治世之音、清和之音，如谢惠连《琴赞》："峄阳孤桐，裁为鸣琴。体兼九丝，声备五音。重华载挥，以养民心。孙登是玩，取乐山林。""重华"即虞舜；"孙登"是魏晋时期的高士，和嵇康、阮籍有交游。音乐承担着"养民心"的政治教化功能、"乐山林"的情操陶冶功能。这与传统的"温柔敦厚"的诗教是合拍的，是"安而乐"的治世之音。宋孝武帝《孤桐赞》"名列贡宝，器赞虞弦"，琴声传达的也是上古盛世之音。

六朝时期的古琴赋或梧桐赋作中，着重描述梧桐的生态环境：

含天地之醇和，吸日月之休光。（嵇康《琴赋》）

挺修干，荫朝阳，招飞鸾，鸣凤凰。甘露洒液于其茎，清风流转乎其枝。丹霞赫奕于其上，白水浸润于其陂。（刘义恭《梧桐赋》）

贞观于曾山之阳，抽景于少泽之东。（袁淑《梧桐赋》）

生长于这种环境中的梧桐，高特清明，秉天地之和气；由这种梧桐制成的琴所传达出的当然也是平和之音。琴声的这种特质是中华民族平和文化精神在艺术领域的渗透。《老子》第四十二章云："万物负阴而抱阳，冲气以为和。"《礼记·中庸》也以"致中和"为修养的最高境界。同时，这又体现了儒家的"礼乐之治"的政治思想和文化思想。

六朝以后，孤桐成为与琴声相关的抒情意象时，渐趋于传达清雅孤高、落寞孤寂的个人情怀：

千丈阴崖百丈溪，孤桐枝上凤偏宜。玉音落落虽难合，横理庚庚定自奇。　人散后，月明时。试弹幽愤泪空垂。不如却付骚人手，留和南风解愠诗。（辛弃疾《鹧鸪天·徐衡仲惠琴不受》）

厌闻百鸟呼春风，自作彩凤鸣孤桐。俗闻恶语败人意，胡不谒帝明光宫。（刘宰《酬聂达夫惠所业》）

袅烟石壁对孤桐，与和长松瑟瑟风。不为野夫清两耳，为君留目送飞鸿。（张雨《听琴图》）

礼乐色彩淡出孤桐，而文人意趣逐步渗入、浸润。

（二）半死桐

《周礼·春官·大司业》云："龙门之琴瑟。"注云："龙门，山名也。"枚乘《七发》：

龙门之桐，高百尺而无枝，中郁结之轮菌，根扶疏以分离。上有千仞之峰，下临百丈之溪，湍流溯波，又澹淡之。其根半死半生。冬则冽风、漂霰、飞雪之所激也，夏则雷霆、霹雳之所感也。朝则鹂黄、鸰鹭鸣焉，暮则羁雌、迷鸟宿焉。独鹄晨号乎其上，鹍鸡哀鸣翔乎其下。

这是半死桐意象的最早出处。枚乘夸饰其辞，极力描写梧桐生处环境之险恶，他想要突出的是琴声惊心动魄的魅力，达到为楚太子开塞动心之效。生长于人迹罕至的险域的梧桐是天地异气所钟，用它制琴，可以"假物以托心"（嵇康《琴赋》）。它是天籁的载体，又是音乐的源体，是将自然之声直指人心的中介，这体现了古人的哲学观念、音乐观念。《七发》中的音乐旨趣显然有别于前面的孤桐，它所传达的是激楚声韵。龙门桐或半死桐后来成为写梧桐、枯树的一个重要典故，也是琴声的一个重要意象。如庾肩吾《春日》"水映寄生竹，山横半死桐"、刘臻《河边枯树》"奇树临江渚，半死若龙门"、沈炯《为我弹鸣琴》"半死无人见"。

（三）焦桐

《后汉书·蔡邕传》："邕在吴，有烧桐以爨者，邕闻火裂之声，知其良木。因请而为琴，果有美音，其尾犹焦。故时人名曰'焦尾琴'焉。"入爨焦桐，本已避免不了釜底之薪的厄运，蔡邕却化腐朽为神奇；这和伯乐识马、伯牙摔琴一样，同为"知音"佳话：

不辞先入爨，惟恨少知音。（陆季览《咏桐诗》）

众皆轻病骥，谁肯救焦桐。（姚鹄《书情献知己》）

未经良匠材虽散，待得知音尾已焦。（陈标《焦桐树》）

临歧莫怪朱弦绝，曾是君家入爨桐。（薛逢《北亭醉后叙旧赠东川陈书记》）

这些诗中均有对知音的呼唤。知音即知心，知音意识是民族文化心理的积淀；焦桐意象为这种传统的知音意识加重了砝码，遂成为咏音乐作品中常见的典故。知音意识也是梧桐吟咏的一个重要的主题,如：

> 洞庭水上一株桐，经霜触浪困严风。昔时抽心耀白日，今旦卧死黄沙中……洛阳名公见咨嗟，一剪一刻作琵琶。帝王见赏不见忘……掩抑摧藏张女弹。（吴均《行路难五首》）

> 疏桐余一干，风雨日萧条。岁晚琴材老，天寒桂叶凋。已悲根半死,复恐尾全焦。幸在龙门下,知音肯寂寥。（雍陶《孤桐》）

梧桐赋予琴以物质形式，而琴声中的礼乐文化、孤高情怀、激楚声韵、知音意识又反馈给梧桐，强化了梧桐与众不同的品格，奠定了它在士大夫心目中的地位。

四、"一叶落知天下秋"：梧桐与悲秋情结

宋玉《九辩》云："悲哉，秋之为气也。"这开创了中国文学中悲秋的传统。宋玉描写萧瑟的秋景即云："白露既下百草兮，奄离披此梧楸。"梧桐叶落成为秋至的象征性景物，是悲秋主题的重要意象。古人有"一叶落知天下秋"之说，而梧桐树叶就是感秋而陨的"一叶"。司马光《梧桐》诗曰："初闻一叶落，知是九秋来。"陈淏子《花镜》云："此木能知岁时，清明后桐始华，桐不华，岁必大寒。立秋是何时，至期一叶先坠，故有'梧桐一叶落,天下尽知秋'之句。"[①]梧桐意象丛中，与悲秋相关的主要是井桐、疏桐、桐叶秋声、梧桐夜雨等。

---

① ［清］陈淏子辑、伊钦恒校注《花镜》第137页，农业出版社1980年版。

图 53 〔清〕金农《梧桐秋色图》。香港佳士得 2007 秋拍品。图片来自"阴山工作室"博客。

（一）井桐

井桐或井梧，即井边之梧桐树。江总《南还寻草市宅诗》"见桐犹识井"、毛文锡《赞成功》"昨夜微雨，飘洒庭中，忽闻声滴井边桐"，都明确说明了梧桐生于井边，而并非如有的学者所说的用井字形栏杆所围护。在中国，井和树有着由来已久的相依关系。《周礼·秋官·野庐氏》："宿昔井树。"郑玄注："井共饮食，树为蕃蔽。"井和树阴，借指饮食休息之所；井、树的设置被看成是政府的一项惠政。凿井的选点很有讲究，必须选择林木茂盛之处。明文震亨《长物志·凿井》即云："凿井须于竹树之下，深见泉脉。"树为井提供泉脉、荫蔽；井又为树提供灌溉、滋润。在农业社会里，井、树在生活中均占有重要的位置。梧桐根深叶茂，能够为井提供充足的源泉与浓荫。这就是井桐意象产生的社会基础。

秋至而叶陨的树未必就是梧桐一种，但是在农业社会中，梧桐与人们日常生活的密切关系是其他树所无法比拟的，所以将桐叶落作为秋至的征兆也是有社会基础的。而且，梧桐的树叶阔大，飘零时给人以惊心的视觉感受，树干高耸，树冠广覆，叶落后的萧瑟、稀疏也是触目惊心。宋之问《秋莲赋》"宫槐疏兮井梧变，摇寒波兮风飒然"、白居易《早秋独夜诗》"井梧凉夜动，邻杵秋声发"，都是以井桐的凋落来写秋天的来临。

这都是从"近事"角度进行的考察，以梧桐叶落作为秋至的象征更有凝聚民族文化心理的"远理"在。梧桐、柳树、槐树等都是常见的绿化树，他们是属于一个"谱系"的，但是，梧桐自从它诞生之日起，就是作为"柔木"的代表、美好事物的象征，这是它的原型意义。在中国文学中，梧桐具有"语码"的作用，能够唤起我们对美好事物的丰富的想象；从语言学上来讲，这是它"联想轴"上的作用。梧桐的叶落能够让我们想起人间美好事物的憔悴、凋零、逝去，更能引发我们的悲秋愁绪。

除文人悲秋之外，中国的闺怨诗、宫怨诗也常以秋天为背景，梧桐叶落成为愁绪的触媒，如江总《姬人怨》"庭中芳桂憔悴叶，井上梧桐零落枝"、王昌龄《长信秋词》"金井梧桐秋叶黄，珠帘不卷夜来霜"。

（二）梧桐夜雨

中唐时，"桐叶秋声"，尤其是"梧桐夜雨"成为诗歌中描述悲秋情绪的重要的听觉意象，这与梧桐的悲秋功能也是密不可分的。丹纳在《艺术哲学》中精辟地说道："作品的产生取决于时代精神和周围的风格。"意象是作品的构件，也取决于"时代精神"。中唐以后国势日下，盛唐时期的张扬外放的精神让位于退缩内敛，文人的心态视野、审美趣味、艺术主题都发生了重大的变化，他们走进了"更为细腻的官能感受和情感彩色的捕捉追求中"、注意"呈现的是人的心境和意绪"。[①]"梧桐夜雨"与"枯荷雨声""芭蕉夜雨"等适合刻画心情、心绪的听觉意象应运而生。黑夜的笼罩、空间的阻隔等都会导致视觉意象的遮蔽；而听觉意象可以洞穿黑夜、度越空间，让主体无所遁逃。

---

① 李泽厚《美的历程》第145—146页。

而且，"梧桐夜雨"等不是乍来乍去的听觉意象，而是点滴霖淫、绵延不绝的"时间艺术"。这有点类似于中国古代的计时工具"沙漏"，黑夜中的每一滴微响都似乎落在心头、伴人无眠。"梧桐夜雨"等是中唐特定的时代氛围中所产生的特定意象。请看中晚唐诗歌中的这一类听觉意象：

> 夜静忽疑身是梦，更闻寒雨滴芭蕉。（朱长文《句》）

> 浮生不定若蓬飘，林下真僧偶见招。觉后始知身是梦，更闻寒雨滴芭蕉。（徐凝《宿冽上人房》）

> 草树连云雉堞平，萧萧风雨暗荒城……芭蕉滴沥伤心处，俯仰空怀一笑名。（皮日休《青城暮雨》）

> 春风桃李花开日，秋雨梧桐叶落时。（白居易《长恨歌》）

> 江海漂漂共旅游，一尊相劝散穷愁。夜深醒后愁还在，雨滴梧桐山馆秋。（白居易《宿桐庐馆同崔存度醉后作》）

> 雨滴梧桐秋夜长，愁心和雨到昭阳。泪痕不学君恩断，拭却千行更万行。（刘媛《长门怨》）

> 秋阴不散霜飞晚，留得枯荷听雨声。（李商隐《宿骆氏亭寄怀崔雍崔衮》）

梧桐与荷、芭蕉都是属于阔叶形的植物，雨滴落在上面的声音清晰可闻，这是这一系列的听觉意象所产生的生物学基础。

（三）疏桐

疏桐与井桐是不能截然割裂的两个意象。由于梧桐树干高大，树冠广覆，枝干粗而少，落叶之后尤显疏落；所以，井边疏桐很自然地成为了诗歌意象：

> 寒疏井上桐。（梁简文帝《艳歌篇十八韵》）

井上落疏桐。（梁元帝《藩难未靖述怀》）

寒井落疏桐。（周明帝《过旧宫》）

桐生井底寒叶疏。（王褒《燕歌行》）

菊落秋潭，桐疏寒井。（庾信《至仁山铭》）

葛晓音先生在《庾信的创作艺术》一文中，对这一组句子有细致的分析：

> "菊落寒潭，桐疏寒井"……两句的构思是颇费琢磨的。梁元帝有"井上落疏桐"，周明帝也有"寒井落疏桐"，皆说明疏桐之影倒映入水，仿佛梧桐落入井中，写得比较直，王褒的"桐生井底寒叶疏"转了个弯子，不说桐落入水中，而说疏桐仿佛生于水中。庾信把同样的意思压缩成四个字，将"疏"字动词用，谓井边桐叶稀疏，使井面显得疏朗，这就愈加精炼含蓄了。[①]

其实，将"疏"字用作动词，并非是庾信之独创，梁简文帝诗句中即有。

六朝的疏桐意象基本上不出疏桐寒井模式窠臼，写的较有新意、对后来疏桐意象的发展有一定启迪作用的是刘孝先《和亡名法师秋夜草堂寺禅房月下诗》"一鸟宿疏桐"和北齐邢邵《齐韦道逊晚春宴诗》"桐影傍岩疏"。刘孝先将鸟和疏桐结合起来，开后代之先河，下文即将论及。邢邵写出了桐影之疏，或者说是疏桐之影，从对面着笔，曲笔传神；"梧桐影"或者"桐影"也成为诗歌中的常见意象，最有名的诗例即相传为吕洞宾所作的《梧桐影》："教人立尽梧桐影。"

唐代初年虞世南《蝉》："垂緌饮秋露，流响出疏桐。居高声自远，

[①] 葛晓音《汉唐文学的嬗变》第 356 页，北京大学出版社 1995 年版。

非是藉秋风。"作品流露出清华高洁之气，是对蝉意象与疏桐意象的双重提升；疏桐在苏轼的手中得到进一步的升华。苏轼廓清了六朝的疏桐寒井模式，而奠定了疏桐夜月模式。

苏轼是宋代咏物大家，《卜算子》："缺月挂疏桐，漏断人初静。谁见幽人独往来，缥缈孤鸿影。　惊起却回头，有恨无人省。拣尽寒枝不肯栖，寂寞沙洲冷。"词托物咏怀，其高洁之志与孤寂之感交渗一体的双重情感取向对整个封建社会的士大夫来说有着极其普遍的意义：缺月、疏桐、孤鸿的意象组合很成功，缺、疏、孤在情态上契合无间，其产生的"合力"有力地渲染出孤清的氛围。苏轼的创作是他自身情怀、经历心态的写照，同时又是对前人作品的融铸与超越。孤鸿或称孤雁，是一个传统的意象，阮籍和鲍照都已用过。曹操《短歌行》"月明星稀，乌鹊南飞。绕树三匝，何枝可依"、刘孝先《和亡名法师秋夜草堂寺禅房月下诗》"一鸟宿疏桐"以及李煜《相见欢》"月如钩，寂寞梧桐深院锁清秋"在某些方面都可视为苏轼的先声。但是，苏轼的胸襟及学识让他远迈前修；"托物咏怀"模式中疏桐意象的出现从另一侧面丰富了梧桐的人格象征意义。他所开创的范式形成了深远、广泛的流行效应。

苏轼的这一组合在氛围的营造上独具优势，特别适合词境，故苏轼之后，词中大量出现月、桐、鸟意象的"两件套"或"三件套"，如：

忽惊鹊起落梧桐。(晁补之《临江仙》)

故国归来何事，记易南枝惊鹊，还对玉蟾羞。踏尽疏桐影，
更复为君留。(周紫芝《水调歌头》)

秋夜永，叶叶梧桐霜冷。皓月窥人深院静，孤鸿窗外影。
(郑觉斋《谒金门》)

梦隔屏山飞不去，随夜鹊，绕疏桐。(周密《南楼令》"次

338

陈君衡韵"）

元人更有直接以《缺月挂疏桐》作为词牌者。^①

五、"梧桐相待老，鸳鸯会双死"：梧桐与爱情

在植物类意象中，梧桐与爱情有着特别的联系，它们之间的"缘分"可以上溯到梧桐的"原生态"，《大雅·卷阿》中"凤凰鸣矣"的凤凰可以比喻贤才，民间有谚语："种下梧桐树，引来金凤凰"；但是凤凰也可以指雌雄双鸟、男女双方，司马相如《琴歌二首》即云："凤兮凤兮归故乡，遨游四海求其凰。"借梧桐来书写爱情有以下几种模式。

（一）双鸟与双桐

汉乐府民歌《古诗为焦仲卿妻作》中出现了双桐意象之雏形："两家求合葬，合葬华山傍。东西植松柏，左右种梧桐。枝枝相覆盖，叶叶相交通。中有双飞鸟，自名为鸳鸯。"古代的墓地，多种树木，用以坚固坟茔的土壤，并作为标志，便于子孙祭扫，仲长统《昌言》："古之葬者，松柏梧桐，以识其坟也。"民间歌谣也有"平陵东，松柏桐"之说。《古诗为焦仲卿妻作》中在墓地旁种植松柏梧桐是符合现实的，而"双飞鸟"云云，则是属于浪漫的想象。鸳鸯被古人称之为"匹鸟"，形影不离、雄左雌右，飞则展翅、游则同戏，栖则连翼、交颈而睡；所以，鸳鸯成为爱情、婚姻美满的象征。《古诗为焦仲卿妻作》是一曲爱情悲歌，"双桐"与"双鸟"伴生，与爱情有着不解之缘。魏明帝《猛虎行》："双桐生空井，枝叶自相加。通泉浸其根，玄雨润其柯。绿叶何蓊蓊，

---

① 唐圭璋《全金元词》第 46 页，中华书局 1994 版。

青条视曲阿。上有双飞鸟，交颈鸣相和。何意行路者，秉丸弹是窠。"无论从命意或字面，我们都可以看出《古诗》的影响。梁简文帝的《双桐生空井》又显然是承魏明帝之启发。萧子显《燕歌行》"桐生井底叶交枝，今看无端双燕离"、孟郊《列女操》"梧桐相待老，鸳鸯会双死。贞女贵殉夫，舍生亦如此"，都明确出现了双鸟意象，而双桐意象隐含其中。双桐枝叶相交，象征着纠结、缠绵、至死不渝的爱情。

在后来的悼亡诗中又往往用双桐的一株枯亡来代指夫妇一方的去世，这是对汉代已经出现的"半死桐"意象的发展。李峤《天官崔侍郎夫人挽歌》："簟怆孤生竹，琴哀半死桐。""半死桐"写琴声而兼悼亡之用。至白居易则专用作悼亡。《为薛台悼亡》："半死梧桐老病身，重泉一念一伤神。"从此，半死桐就成为悼亡的专用语，如鲍溶《悲湘灵》"哀响云合来，清余桐半死"、唐暄《赠亡妻张氏》"峄阳桐半死，延津剑一沉。如何宿昔内，空负百年心"、贺铸《鹧鸪天》"梧桐半死清霜后，头白鸳鸯失伴飞"。"延津"是双剑、"鸳鸯"是双鸟，"梧桐半死"也更倾向于意指本是双生的梧桐死去一株。

（二）谐音双关

南朝乐府民歌中又以梧桐写爱情。乐府民歌中的爱情诗篇常用双关、谐音的手法，如"丝"谐"思"、"莲"谐"怜"等。梧桐之"梧"与"吾"谐音、"桐"与"同"谐音，而且，梧桐在中国民间广为栽植，故男女在歌咏爱情时，往往就地取材，就近取譬。如《乐府诗集·清商曲辞》"秋歌十八首"："仰头看桐花，桐花特可怜。愿天无霜雪，梧子解千年。""读曲歌八十九首"："上树摘桐花，何悟枝枯燥。迢迢空中落，遂为吾子道。"以"梧子"谐"吾子"在南朝乐府民歌中是相当常见的。

（三）桐花鸟

以桐花写爱情还有一种模式，即桐花、桐花凤模式。桐花常有紫、白两色,硕大柔媚,开时烂漫一片;桐花凤即幺凤,是一种小鸟,又名"绿毛幺凤""罗浮凤""倒挂子"等，是一种美艳小禽。

图54　桐花凤。（网友提供）

《太平御览》卷九五六引《庄子》："空门来风，桐乳致巢。"司马彪注云："门户空，风喜投之。桐子似乳者，著叶而生，鸟喜巢之。"庄子以两种现象形象地说明事物之间的因果关系。"空门来风"有科学道理，"桐乳致巢"恐是附会想象，而后来关于桐花凤的种种美丽的说法却由此胎生。据宋代陈翥《桐谱》记载，紫桐花"自春徂夏，乃结其实，其实如乳，尖长而成穗，庄子所谓'桐乳致巢'是也。"

"桐花凤"或者"桐花鸟"的说法在唐朝开始流行。张鷟《朝野金载》卷六："剑南、彭蜀间有鸟大如指，五色毕具。有冠似凤，食桐花，每桐结花即来，桐花落即去，不知何之。俗谓之'桐花鸟'。"李德裕《画桐花扇赋序》亦云："成都岷江矶岸多植紫桐，每至春末，有灵禽五色，来集桐花，以饮朝露。"李序认为，桐花凤是栖止于桐花，饮的却是朝露，与前说异。司空图《送柳震归蜀》"桐花能乳鸟，竹节竞祠神"、《送柳震入蜀》"夷人祠竹节，蜀鸟乳桐花"，均记载了蜀地风俗。

文人因桐花、凤凰或桐花凤而生奇想，妙笔传情，如柳永《凤栖梧》："桐树花深孤凤怨。"最有名的当推王士禛《蝶恋花·和漱玉词》："郎是桐花，妾是桐花凤。"这首词比喻新奇、妥帖、圆溜，富有民歌风味，为衍波绝唱（王士禛词集为《衍波词》）。王士禛也因此而得"王桐花"的雅号。

（四）桐叶题诗

桐叶阔大，古人常用桐叶题诗寄托雅致；然而，唐代开始流行的桐叶题诗意象却常与爱情有关。《本事诗》记载：

> 顾况在洛，乘间与一、二好友游于苑中，流水上得大梧叶，上题诗曰："一入深宫里，年年不见春。聊题一片叶，寄与有情人。"

《全唐诗》卷七九九收录的任氏的《书桐叶》更是凄婉动人，诗云：

> 拭泪敛蛾眉，郁郁心中事。搦管下庭除，书成相思字。此字不书石，此字不书纸。书在桐叶上，愿逐秋风起。天下有心人，尽解相思死；天下无心人，不识相思字。有心与无心，不知落何地。

诗前小序云：

> 继图读书大慈寺，忽桐叶飘坠，上有诗句。后数年卜婚任氏，方知桐叶句乃任氏在左绵书也。

又《广群芳谱》引《己虐编》：

> 张士杰客寿阳，被酒历淮阳滨入龙祠，见后帐中龙女塑
> 像甚美，乃取桐叶题诗投帐中。

以上都是小说家言。从上述三个例子可以看出，小说家在以树叶作为传情之具时，并非是不加选择的，而是对桐叶特别得情有独钟，这是因为桐叶的"母体"梧桐与爱情有着密切的联系。以桐叶题诗来传达爱情信息不是偶然的，它包含着对传统的认同，因之而有了更为丰富的含义。

从上面的论述可知，梧桐与爱情的联姻主要是在民间文学作品中，这与梧桐在民间的普遍栽种是分不开的，文人仿效民歌的乐府题材作品中有所借鉴。到了唐代，爱情因子渗入了文人意味的半死桐意象，从此，半死桐成为悼亡作品中的常见意象。

六、"青桐双拂日""井上双梧桐"：梧桐与宗教、民俗等

自佛教传入中国后，梧桐获得了新的内涵，这主要体现在双桐意象的变化上。南朝何逊《从主移西州，寓直斋内，霖雨不晴，怀郡中游聚诗》是文学作品中第一次将双桐置于寺庙之中："不见眼中人，空想山南寺。双桐傍檐上，长杨夹门植。"何逊诗中双桐意象的出现当与"双桐沙门"有关。《高僧传》卷十二《亡身》：

> 释僧瑜……以宋孝建二年（公元 455）六月三日，集薪为
> 龛，并请僧设斋，告众辞别……其后旬有四日，瑜房中生双
> 梧桐，根枝丰茂，巨细相如，贯壤直耸，遂成连树理，识者

以为娑罗宝树……因号为"双桐沙门"。

双桐何以会成为沙门的标志？我们必须从"识者以为"的娑罗树切入。娑罗，又名摩诃婆罗树、无忧树，俗称柳安，原产于印度、东南亚等地，佛祖的降诞与入寂均与娑罗树有关。相传释迦牟尼在印度拘尸那拉城阿利罗拔提河边涅槃，其处四方各有两株双生的娑罗树，故谓之"娑罗双树"。《涅槃经·寿命品》："一时佛在拘尸那国，力士生地，阿利罗跋提河边娑罗双树间。"所以，娑罗双树或双树、双林成了佛门的圣物、寺庙的标志。如梁简文帝《往虎窟山寺》"蓊郁均双树，清虚类八禅"、阴铿《游巴陵空寺诗》"网交双树叶，轮断七灯辉"。《五灯会元》卷一："梁末真谛三藏于坛之侧手植二菩提树。"菩提树在佛教中也有着重要的地位，但是"双树"显然有着娑罗的影响。

娑罗产于印度、东南亚，中土土壤、气候不适合其生长。娑罗和梧桐都是树身高大，枝繁叶茂，树质优良。中郎不在，但典型犹存；于是，梧桐就成了娑罗的替代品，或者说，梧桐成了中土化的娑罗树。在上文所引的《高僧传》"双桐沙门"之前，也有一条关于梧桐的记载：

释慧绍……乃密有烧身意……绍临终谓同学曰："吾烧身处，当生梧桐，慎莫伐之。"其后三日，果生焉。

倘若我们将视线伸向佛教的发源地印度，我们会发现，梧桐与佛教早就缔结了因缘。《五灯会元》卷一：

世尊因黑氏梵志运神力，以左右手擎合欢、梧桐花两株来供养佛。

唐宋以后，双桐的佛教意味渐滋，而爱情意义告退。请看几例：

青桐双拂日，傍带凌霄花。（李颀《题僧房双桐》）

半破僧庵半补篱，旧题无复壁间诗。只余手植双桐在，

此外仍兼洗砚池。（杨万里《游定林寺即荆公读书处》）

庭前双梧一亩阴，禅房萧森花木深。（程俱《三峰草堂》）

其实，我国一般叫做"娑罗树"的和印度的娑罗双树并非一种植物。现在，北京称作娑罗树的是属于·七叶树科的植物，是我国北方特有的植物；而南方产的娑罗树则属于梧桐科的植物。

梧桐与佛教、僧徒日常生活的关系尚可补缀几笔。第一，寺庙中日不可离的一件法器，木鱼，是用桐木制成的。宋陈翥《桐谱·器用》："凡白花桐之材为器燥，湿破而用之，则不裂。今之僧舍有刻以为鱼者，亦白花之材也。"所以，木鱼又称桐鱼，宋代毛滂《陪曹使君饮郭，别乘舍夜归奉寄》云："回头一笑堕渺茫，卧听桐鱼唤僧粥。"《清凉山志》中释镇澄所撰写《帝

图55　[清]冷枚《梧桐双兔图》。画面为梧桐二株，石缝中斜出一株桂花。野菊满地，柔草丛中，两只白兔相戏；似为中秋佳节而作。款署"臣冷枚恭画"，钤"臣冷枚"一印。原作现藏故宫博物院，图片以及文字介绍来自网络。

王崇建》也有"桐鱼茶饭，仍流清响于山椒"之句。

第二，佛经又称"贝经"。在古印度，佛经是写在多罗树，即贝树的树叶上的，故称"贝经"。梧桐既可题诗，当然也就可以替代贝叶写经。佛教传入中国时，造纸术早已发明；树叶写经并不是因为纸张的匮乏，更多时候是作为文人雅事。韦应物《题桐叶》："参差剪绿绮，潇洒覆庭柯。忆在沣东寺，偏书此叶多。"

梧桐是中国民间广泛种植的树种，属于本地风光，家乡风物。双桐可种于门前、井边，既可遮荫取凉，又有对称美。双桐也常用来表达故园之思。隋代元行恭《过故宅诗》："颓城百战后，荒宅四邻通……唯余一废井，尚夹双株桐。"元代范梈《苦热怀楚下》："我家百丈下，井上双梧桐。自从别家来，江海信不通。"《元诗选·梧溪集》小序云："逢，字原吉。名寓所曰：梧溪精舍，自号梧溪子。盖以大母徐尝手植双梧于故里之横江，志不忘也。"桐花也易勾起故园之思。权德舆《清明日次弋阳》："自叹清明在远方，桐花覆水葛溪长。"戴叔伦《送吕少府》"深山古路无杨柳，折取桐花送远人"，折桐花送人与折梅送人一样，都是传递美好的朋友之情。

双桐可与五柳等量，是高风亮节、隐逸脱俗的指代，这当与梧桐的人格象征功能有关。如李白《赠崔秋浦二首》："吾爱崔秋浦，宛然陶令风。门前五杨柳，井上二梧桐。"郑世翼《过严君平古井》："如何属秋气，唯见落双桐。"

结　语

　　梧桐是中国文学中重要的植物意象，具有区别于其他树木的品格。我们可以将它和《诗经》中的另一植物意象柳树作一简单的比较，《小雅·采薇》："昔我往矣，杨柳依依；今我来思，雨雪霏霏。"柳树是柔性的，摇曳生姿，引发人内心那种细腻的、柔美的情感；而梧桐所引发的是人的崇高、高远的情感，这是它们在原型意义上的差别。梧桐，尤其是孤桐，在后来成为人格象征的符号，这是合乎逻辑的发展。梧桐又是琴材，文人操琴是雅人深致，借以寄托心声，琴声的含义投射于梧桐，丰富了梧桐的内涵。悲秋是文学中亘古的主题，而梧桐及其相关意象是这一主题的重要意象。梧桐又是中国民间种植最广的树种之一，与日常生活，如爱情、乡情等都发生了联系。可以这么说，梧桐是"雅俗兼赏"的，而非像梅、兰、菊、竹等更多是文人雅士的"清供"。佛教传入中国，经历了本土化的过程；同样，佛教圣树也由娑罗树衍变成了本土的梧桐。佛教之选择梧桐，固然是因为两者的形似、梧桐高洁的品性，更重要的是因为梧桐有着最为广泛的接受层面。对中国文学中的梧桐意象进行梳理、研究，可以由此窥见文人的心理、心态，又具有文学、宗教、民俗等方面的价值，有着重要的意义。

（原载《南京师范大学文学院学报》2005 年第 4 期）

中国栀子审美文化探析

栀子为茜草科栀子属常绿灌木或小乔木，初夏开花，花色素白，花气清芬。栀子有诸多的别称，如木丹、卮子、越桃、鲜支、林兰等，后又被讹指为西域薝卜花。李时珍《本草纲目》云："卮，酒器也，卮子象之，故名，今俗加木作栀。"至迟到汉代，栀子的药用、染色价值已被发现、应用；南朝时期，栀子进入审美视野，也成为男女之间的传情之具；唐朝时期，栀子的花色、花香开始成为重要的审美对象；宋朝时期，栀子又成为文人的参禅之友，也具备了"比德"意蕴。栀子经历了从实用功能到审美价值，再到象征意义的演进。当然，这种演进是"层累"式的，而不是"替换"式的；经过不断抉发、丰富，栀子最终完成了实用、审美、象征的功能整合。本文将从逻辑层面展开对栀子文化内涵的探讨。

一、实用功能：药用·染色·饰物·清玩·栀子灯

栀子的种植在两汉魏晋时期就颇为盛行，《史记·货殖列传》载"千亩卮茜，其人与千户侯等"，栀子与茜草都是古代的植物染色材料，具有经济价值。另，《晋令》载"诸宫有秩，栀子守护者置吏一人"；《晋宫阁名》亦载："华林园栀子五株。"（均见于《广群芳谱》卷三十八）

348

可见，在汉、晋之间已经有栀子专类园出现，"华林"也成为后代吟咏栀子作品的常典。栀子园在后世也代不乏见，如花蕊夫人《宫词》"大臣承宠赐新庄，栀子园东柳岸傍"、《宋史》卷四七九"尝侍昶射于栀子园"。

图 56　栀子花一。（网友提供）

朱光潜在《我们对于一棵古松的三种态度》中认为，我们对古松有"实用的、科学的、审美的"三种态度；[①]从人类认识史的一般规律看，生物学的、经济学的价值总是先为其他种类的价值提供最为便当的隐喻。栀子具有药用、染色、饰物、清玩等实用功能；栀子还被取样制灯，流行于两宋，这是栀子实用功能的延伸。此外，栀子还可以食用、制茶，囿于篇幅，这两点阙而不论。

---

① 朱光潜《谈美》，安徽教育出版社 1997 年版。

（一）药用

栀子的药用价值主要是其果实，有效成分是栀子苷、去羟栀子苷、藏红花素、藏红花酸等；汉代张仲景《伤寒杂病论》中应用栀子有12次之多。《圣济总录》《普济方》《本草纲目》等，均有栀子治病的组方。栀子至今仍然是应用广泛的药材，河南南阳唐河栀子种植面积6667公顷，占全国面积的40%，年产优质栀子药材90000吨左右，形成了栀子经济。[1]药理研究也日趋深入，如《山栀子和水栀子中栀子甙的含量分析》[2]《山栀子与水栀子的形态组织学研究》等。[3]栀子的药用不仅有丰厚的历史资源，而且方兴未艾、前景广阔。

（二）染色

栀子和茜草在古代都是重要的染料。栀子的果实经压榨可以获取黄色的汁液，在古时是一种很好的染色剂；不仅可以浸染织物，还可以用于浸染各种生活器物。宋朝罗愿从字源推断"染"与栀子有关，《尔雅翼》卷四："卮，可染黄……经霜取之以染，故染字从'木'。"罗愿之解"染"容可商榷，但"栀黄"却成为一个固定搭配，尤其用来形容病态面容：

> 连年染患貌栀黄。（许棐《挽郭子度》）

> 雪白纷残鬓，栀黄染病颜。（陆游《病中戏咏》）

> 黬黄色类栀，面皱纹如靴。（陆游《晨镜》）

栀黄与蜡黄颜色相近，所以在吟咏蜡梅的作品中，也往往以"栀"为喻，这类同于传统"六书"理论中的"转注"：

---

[1] 袁国卿《八大宛药的历史形成》，《时珍国医国药》2009年第1期。

[2] 蒋珍藕《山栀子和水栀子中栀子甙的含量分析》，《广西中医药》1995年第1期。

[3] 付小梅 葛菲《山栀子与水栀子的形态组织学研究》，《中国药业》2001年第5期。

蜡丸暗拆东风信，栀貌宁欺我辈人。（尤袤《次韵渭叟蜡梅》）

疏影暗香宁是伴，蜡言栀貌未须媒。（虞俦《和万舍人折赠蜡梅韵》）

玉蕊檀心还得似，蜡言栀貌有谁欺。（虞俦《蜡梅》其一）

唐柳宗元《鞭贾》载："市之鬻鞭者，人问之，其贾宜五千，必曰五万……有富者子，适市买鞭，出五万，持以夸余……余曰：'子何取于是而不爱五万？'曰：'吾爱其黄而泽……'余乃召僮爝汤以濯之，则遬然枯、苍然白。向之黄者栀也，泽者蜡也。"（《全唐文》卷五百八十六）这其实就是唐代版的"金玉其外，败絮其中"。《鞭贾》一文衍生出的栀貌、栀蜡、栀鞭等，均指伪饰欺世；而这些比喻意义的生成都是基于栀子的染色功能。如：

婢膝奴颜焉敢比，蜡言栀貌亦羞予。（李正民《寄和叔》）

迂疏素不工栀貌，老丑安能竞舜颜。（刘克庄《居厚弟示和诗，复课十首》）

非有珠犀堪自献，若无栀蜡可为研。（刘克庄《送林推官》）

同道吻漆胶，开诚去栀蜡。（方回《读孟君复赠岳仲远诗勉赋呈二公子》）

勉矣一鸣惊众彦，莫将栀蜡误长鞭。（葛立方《张千里以诗送邰佥铨试用其韵》）

有弟已容诗布鼓，无能仍许鬻栀鞭。（周必大《鹿鸣宴坐上次钱守韵》）

俯仰此心了无愧，冷看举世售栀鞭。（方回《次韵酬郝润甫二首》）

（三）饰物

妇女以簪花、戴花为妆饰，古已有之，而栀子花则是常见的饰品。栀子花作为女子饰品有取于栀子的"物美"，关于栀子的色、香，后文还会详述；此外，我们还可作一些探究。

栀子花常生于山野之间，具有"平民"色彩，王建《雨过山村》云："雨里鸡鸣一两家，竹溪村路板桥斜。妇姑相唤浴蚕去，闲看中庭栀子花。"若和牡丹相比，这种"社会属性"的差异昭然可见；牡丹更多的具有"贵族"气息。中唐时期，整个的社会有一个"世俗化"的走向，事实上，栀子花大量见诸吟咏、作为饰品也是中唐以后。牡丹的秾丽与栀子的素雅判然有别，这也体现了盛唐与中唐审美旨趣之不同。我们如果进行推广类比的话，也会发现"白花"群体是在中唐时期才规模亮相的，如白牡丹、白莲、白菊等。如果说牡丹适用于"仕女"、中年女子，那么栀子花则适用于"民女"、青春女子。请看诗例：

> 结带悬栀子，绣领刺鸳鸯。（李商隐《效徐庾体赠更衣》）
>
> 整钗栀子重，泛酒菊花香。（韩偓《信笔》）
>
> 腰束素，鬓垂鸦。无情笑面醉犹遮。扇儿斜，瞥见些。双凤小，玉钗斜。芙蓉衫子藕花纱。戴一枝，蘑卜花。（李石《捣练子》）
>
> 去时栀子压犀簪，次第寒花掐到今。谁分江湖摇落后，小屏红烛话冬心。（龚自珍《己亥杂诗》二五〇[①]）

栀子花的花期长达 4—5 个月，不易落瓣，香气弥远、持久，这些都是栀子花适宜插戴的"物理属性"。栀子花除了女子簪戴，还有特殊的用途；因其花大、色素，还可用来"戴孝"，《喻世明言》第四十卷《沈

---

① 刘逸生《龚自珍己亥杂诗注》第 317 页，中华书局 2003 年版。

小霞相会出师表》："且说冯主事怎生模样：头戴栀子花，匾摺孝头巾。"此外，还可以取样做成珠花，《醒世恒言》第十四卷《闹樊楼多情周胜仙》："是甚的？是一朵珠子结成的栀子花。"

（四）清玩

栀子花盛产于江南。南宋时，栀子花成为文人雅士钟爱的"清玩"。文人雅士所清赏的不是山野间高大的、充满朴野气息的山栀子，而是庭院里矮小的、散发幽姿雅韵的水栀子，如范成大《初秋闲记园池草木五首》其三："水盆栀子幽芳。"盆栽水栀在南宋很流行，这和盆栽荷花的流行可以参照；这其中有南方地缘因素，也有文化心理的变化。退居江南之后，宋代文人心理日趋内敛。从"尺幅"之间去想象"万里"之势，从"盆池"之水去想象"江湖"之水；以小见大、由近及远，却不愿亲见其大、亲涉其远，这是一种时代心理，如张镃《水栀》："汲水埋盆便当池，水栀花旺雪盈枝。江湖万里何曾远，只在先生托兴时。"又如陈宓《延平呈潘王二丈》"欲知招演堂中境，便是水栀盆里山"，招演堂壮景居然被"浓缩"成了水栀盆景。

文人雅士精心培植水栀，会在盆底点缀细沙、奇石，注以清水，甚至对于器具本身也很讲究：

盆镌紫石水栀香。（陆游《戏咏闲适三首》其二）

密傍轩窗开小池，巧安窠石俯清漪。道人不爱闲花草，

只种瓶蕉和水栀。（史弥宁《小轩窠石》）

我有古鱼洗，岁久莓苔蚀。注之清泠水，藉以璀错石。

静态自愔愔，孤芳何的的。（李处权《水栀》）

李处权《水栀》中用的器具与众不同。"鱼洗"是金属制品，盥洗用具，形似现在的脸盆。盆底装饰有鱼纹的，称"鱼洗"，这种器物在先秦时

期被普遍运用。李处权用"古玩"来栽水栀,堪称"奢侈"。盆栽水栀也成为文人之间的馈赠佳品,如蔡勘《龚彦则送水栀小盆,口占为谢》。

南宋时期,栀子花也成为重要的插花品类,韩淲《轩窗蓍蕾,瓶浸佳甚》"铜壶更浸新蓍蕾,香扑书帘画格间"、韩淲《水际》"花瓶初浸玉栀新"。林洪在《山家清供·插花法》中总结了栀子插花的经验:"插莲当先花后水;插栀子当削枝而槌破。"元代高濂《遵生八笺·瓶花三说》"瓶花之法"进一步丰富:"栀子花,将折枝根捶碎,擦盐,入水插之,则花不黄。"①

文人的清赏、意趣的渗透对于提升栀子的审美品格、丰富栀子的审美内涵无疑有着巨大的作用。此外,南宋时期宫廷、民间都以栀子花为插花。《武林旧事》卷第三"端午":"又以大金瓶数十,遍插葵、榴、栀子花,环绕殿阁。"《西湖繁胜录》"端午":"初一日,城内外家家供养,都插菖蒲、石榴、蜀葵花、栀子花之类……"

(五)栀子灯

栀子花除了上述实用功能之外,还被取样制灯,董嗣杲《栀子花》:"风霜成实秋原晚,付与华灯作样传。"栀子灯在宋朝非常流行,盛大节日张灯结彩,总少不了栀子灯。《武林旧事》卷第一:"栀子灯前红炯炯,大安辇上赴坛时。"北宋《清明上河图》"孙羊正店"的门首即悬挂了四盏栀子灯。

作佛事的水灯也形似栀子,洪咨夔《荆州江浮水灯作佛事》:"又

---

① 明代袁宏道《瓶史》、张谦德《瓶花谱》的记载与《遵生八笺》相似。击碎花梗末端,可以扩大吸水面积,延长水养期限。盐水可以杀死切口基部组织的细胞,兼有杀菌和防腐的作用,保持了花梗基部的清洁,能延长保鲜期限。现代称之为"盐汲法"或"食盐水养法"。详参周肇基《中国传统瓶花技艺》,《自然科学史研究》1988 年第 4 期。

疑笼道红栀子。"大型活动采用的栀子灯会多达两百盏，西湖老人《西湖繁胜录》："次日驾过太一宫拈香毕，方回沿路。……早夜红纱栀子灯二百碗照过……至五更引迎，前用香案、彩亭、法物、仪仗，红纱栀子行灯二百盏。"

两宋时期，栀子灯还是一种特殊的广告传播媒介，具有暗示意义，栀子灯是酒店的门头标志。吴自牧《梦粱录·卷十六·酒肆》"酒肆门首，排设权子及栀子灯等，盖因五代时郭高祖游幸汴京，茶楼酒肆，俱如此装饰，故至今店家仿效俗也"；耐得翁《都城纪胜》有相似的记载。《梦粱录》同卷又描述"三园楼"："店门首彩画欢门，设红绿权子，绯绿帘幕，贴金红纱栀子灯，装饰厅院廊庑……向晚灯烛荧煌，上下相照，浓妆妓女数十……以待酒客呼唤，望之宛若神仙。"

可以看出，挂有栀子灯的酒店可能不仅售酒，还是风月场所；有一种特殊的酒店，客人可以"买欢"，门口的栀子灯则有特殊的标记，灌园耐得翁《都城纪胜·酒肆》："庵酒店，谓有娼妓在内，可以就欢，而于酒阁内暗藏卧床也。门首红栀子灯上，不以晴雨，必用箬盖之，以为记认。其他大酒店，娼妓只伴坐而已。欲买欢，则多往其居。"宋人甚至将这种"暗号"移前到唐代，附会到风流倜傥的杜牧身上，林泳《扬州杂灯》："要觅当年杜书记，栀灯数朵竹西楼。"

二、审美价值：叶与实·色与香·枝与根

栀子的审美从"实""叶"起步，渐渐脱略功用色彩、趋于细腻丰富，专注于花之本体，尤以花"色"、花"香"为栀子审美的两个重要方面，

此外兼及花"形";雨后赏花与月下赏花成为两个重要的审美模式。南宋时期,栀子审美更趋文人化,文人专注于花"枝"、花"根"的姿态。栀子的审美历程大致经历了如上的"三部曲",形成了以栀子花为中心的立体审美架构。

(一)叶与实

栀子的果实具有药用及染色价值,最早进入审美视野的也是"实",苏颂《图经本草》:"栀子,南方及西蜀州郡皆有之……夏秋结实,如诃子状,生青热黄,中仁深红。"栀子是常绿灌木、革质叶片,树叶亮绿。"实"与"叶"是栀子审美之椎轮,带有朴质、直接、"观其大略"的特点。

谢朓的《咏墙北栀子诗》是现存最早的一首专咏栀子的作品,可以作为典型来进行分析,其诗云:

有美当阶树,霜露未能移。金蕡发朱采,映日以离离。幸赖夕阳下,余景及四枝。还思照绿水,君阶无曲池。余荣未能已,晚实犹见奇。复留倾筐德,君恩信未赍。

首先,"有美当阶树",作者是把栀子定位成"树"而非"花","霜露未能移"是着眼于树色之常青;树叶反射夕照,愈加碧绿、青亮,此即"余景及四枝"。其次,作品对栀子的果实两致其意,"金蕡""晚实";"蕡"即"有蕡其实",果实累累。再次,本诗"比兴"色彩很浓,"复留倾筐德,君恩信未赍"卒章显志,栀子更多的是作为"显志"的工具。通观整首作品,真正与栀子花相关的只是"余荣未能已"一句,只是述及,而未展开描写。

杜甫的《江头四咏·栀子》并未突破谢朓的视角:

栀子比众木,人间诚未多。于身色有用,与道气伤和。红取风霜实,青看雨露柯。无情移得汝,贵在映江波。

杜甫同样揭橥栀子的药用、染色两大功能，同样注目于栀子的果实之"红"与柯叶之"青"，却未涉及栀子之花。此外，杜甫《寒雨朝行视园树》："栀子红椒艳复殊。"从"艳"字判断，也应该是描写栀子的果实。

图 57　栀子花二。（网友提供）

（二）色与香

梁简文帝萧纲的《咏栀子花》突破"实"与"叶"的窠臼，首次以"花"为主要审美对象，诗云："素华偏可喜，的的半临池。疑为霜裹叶，复类雪封枝。日斜光隐见，风还影合离。"虽然仍未离"叶"，但是对"实"已经不措一词；作品的重心已经转向花"色"，刻画光影变化、摇曳中的"素华"之姿。其实，谢灵运《山居赋》"林兰近雪而扬漪"一句也是以"雪"来比喻栀子花，只是《山居赋》并不是专赋栀子花；但若从审美意义上而言，倒是可以看作是简文帝的"先声"。

刘禹锡在栀子审美历程上具有里程碑的性质，承前启后，奠定了栀子审美的两个最重要的视角，即"色"与"香"，《和令狐相公咏栀子花》："蜀国花已尽，越桃今正开。色疑琼树倚，香似玉京来。且赏同心处，那忧别叶催。佳人如拟咏，何必待寒梅。"从此，果实与枝叶虽仍是审美对象，但审美重心已经挪移到"花"之本体；文人穷形尽相，力摹花形、花色、花香。

1. 花形："雪花"

栀子花的花形较大，呈六瓣，唐代段成式《酉阳杂俎·广动植之三》记载："诸花少六出者，唯栀子花六出。陶真白言：栀子剪花六出，刻房七道，其花香甚。"栀子花与雪花在"六瓣"上的偶合，形成了一个现成思路，即以雪花喻栀子花：

一花分六出，千叶是重台。（释居简《千叶栀子花》）

清芬六出水栀子。（陆游《二友》）

六出分明是雪花。（张镃《蘑菇花盛开因赋四韵》）

芳丛簇簇水滨生，勾引午风清。六花大似天边雪，又几时、雪有三层。（张镃《风入松》）

2. 花色："白""玉""琼"

栀子花的"正色"是白色，而又带有淡淡晕黄，李东阳《栀子花》即言："抽白媲黄总称才，谁遣山栀入画来？似为诗家少知己，杜陵吟罢不曾开。"（《广群芳谱》卷三十八）陈维崧《二十字令》："纨扇上，谁添栀子花？搓酥滴粉做成他，凝蝉纱夭斜。"（《广群芳谱》卷三十八），用"酥"与"粉"来形容栀子花色之白。其实，陈维崧的比喻言有未惬。我们发现在诗歌当中，一旦进入"核心"层面，即便是

358

在花形上占尽相似"先机"的雪花也不是用来形容栀子花的首选。原因无他，雪花过于轻盈、单薄，和栀子花的质地"终隔一层"。雪花尚且如此，遑论"酥"与"粉"。

"玉"与"琼"因其色泽、质感成为形容栀子花的上上之选。此外，栀子花金黄的果实星星点缀于洁白的花丛之中，色差对比强烈，很是醒目。请看诗例：

玉洁浑无玷，金黄谩夺胎。寻思天下白，只合友江梅。（释居简《千叶栀子花》）

放花栀树玉抽金。（张镃《园中杂书四首》）

水栀如玉映群红。（陈宓《四月下旬见黄梅水栀花》）

琼树未应矜洁白，金神端为发英华。世间俗眼便红紫，试遣诗翁较等差。（陈造《次栀子花韵》）

当年曾记晋华林，望气红黄栀子深。有敕诸官勤守护，花开如玉子如金。（王义山《王母祝诗》）

栀子花的"变色"则是红色。不过，红色栀子花可能只是纸上言语，是印象、是想象。《广群芳谱》卷三十八引《野人闲话》：

蜀主升平尝理园苑，异花草毕集其间，一日有青城山申天师入内，进花两栽，曰："红栀子种，贱臣知圣上理范圃，辄取名花两树，以助佳趣。"赐予束帛，皆至朝市散于贫人，遂不知去处。宣令内园子种之，不觉成树两株，其叶婆娑，则栀子花矣，其花斑，花六出，其香袭人，蜀主甚爱重之，或令图写于团扇，或绣入于衣服，或以绢、素鹅毛做作首饰，谓之红栀子花。及结实成栀子，则异于常者，用染素则成赭红色，甚妍翠，其时大为贵重。

花色异于常见的白色，染色也异于常见的黄色。北宋张唐英《蜀梼杌·后蜀后主》的记载稍异于是：

> 十月，召百官宴芳林园，赏红栀子花。此花青城山中进三粒子，种之而成，其花六出而红，清香如梅，当时最重之。

清代陈淏子的《花镜》也沿袭了"红栀子"之说。鲁迅散文《秋夜》中也出现了红栀子花的身影："猩红的栀子开花时，枣树又要做小粉红花的梦，青葱地弯成弧形了……"

3. 花香："清芬""中庸之道""雅俗共赏"

色与香是花之"双美"，但却又是"二难"，如古人常遗憾于海棠的"有色无香"。花香之中，有的馥郁浓烈，有的幽微细长，而栀子花的花香堪称"清芬"弥远，尤其是在微风的吹拂下。关于栀子花的花香，后文还会论述，请看诗例：

> 尽日不归处，一庭栀子香。（张祜《信州水亭》）

> 秋横两眼瞳人碧，云拥三衣栀子香。（释正觉《谢通讲师五偈》）

> 落日桐阴转，微风栀子香。（陆游《四月二十三日作二首》其二）

> 树恰人来短，花将雪样看。孤姿妍外净，幽馥暑中寒。有朵篸瓶子，无风忽鼻端。如何山谷老，只为赋山矾。（杨万里《栀子花》）

> 争似栀花浑是雪，净香薰透一池风。（张镃《池上》）

> 经时不放荷花叶，昨夜尽收栀子香。（白玉蟾《柳塘送春》）

> 造物余清供，山栀一树香。（刘黻《冷泉亭》）

> 薝蔔标名自宝坊，薰风开遍一庭霜。闲来扫地跏趺坐，

受用此花无尽香。（杨巽斋《薝蔔花》）

栀子花的花香无"过"与"不及"之弊，也是契合"中庸之道"，为雅士所喜。现代作家汪曾祺在《夏天》则是另开一面："栀子花……极香，香气简直有点叫人受不了，我的家乡人说是'碰鼻子香'。栀子花粗粗大大，又香得掸都掸不开，于是为文雅人不取，以为品格不高。"应该说，汪曾祺的"为文雅人不取"不符合事实，但从另一个角度也说明了栀子花的花香是"雅俗共赏"的。

图58　[元]钱选《来禽栀子图卷》（局部）。左侧有赵孟頫的题跋："来禽、栀子，生意俱足。舜举丹青之妙，于斯见之。其他琐琐者皆其徒所为也。""舜举"为钱选的字。原作现藏于美国弗利尔美术馆，图片来自网络。

《广群芳谱》卷三十八引《四川志》："白上坪在铜梁县东北六十里，地宜栀子，家至万株，望之如积雪，香闻十里。"这又是"香阵"风味。

4. 花与雨

李渔在《闲情偶寄》云：

> 栀子花无甚奇特，予取其仿佛玉兰。玉兰忌雨，而此不忌雨；玉兰齐放齐凋，而此则开以次第。惜其树小而不能出檐，如能出檐，即以之权当玉兰，而补三春恨事！[①]

李渔将玉兰与栀子花强分轩轾，有着个人的偏见，但也恰恰道出了栀子的两个特点：一是次第开放，栀子花的花期长达四五个月；二是宜雨，"众花之开，无不忌雨"，但栀子花却是在雨后格外的清新素雅、充满生机。"雨后赏花"是常见的栀子花审美模式，前引王建《雨后山村》即是一例，再如颜测《栀子赞》："濯雨时摛素，当飔独含芬。"（《广群芳谱》卷三十八）

韩愈《山石》"升堂坐阶新雨足，芭蕉叶大栀子肥"中的"肥"字绝妙，写出山中雨后栀子的舒展怒放，其他的花或恐不足以当"肥"字。宋代韩淲《晁十哥出旧藏书画》"叶大栀子肥"，全然袭用韩句。

5. 花与月

程杰先生《梅与水月》[②]，分析了月下赏梅的审美经验；宋代，月下赏莲也渐渐流行[③]。我们无需过于拔高栀子花的地位，然而，宋代开始，月下赏栀也成为栀子审美的重要模式。在月色的洗礼与映衬之下，栀子花更显素雅之色，而且花影婆娑；在月夜，栀子花也更显清雅之香：

---

① ［清］李渔著、江巨荣等校注《闲情偶寄》第 303 页，上海古籍出版社 2000 年版。

② 程杰《梅与水月》，《江苏社会科学》2000 年第 4 期。

③ 俞香顺《中国荷花审美文化研究》第 235—240 页，巴蜀书社 2005 年版。

图 59　栀子花三。（网友提供）

　　一根曾寄小峰峦，蘑菇香清水影寒。玉质自然无暑意，更宜移就月中看。（朱淑真《水栀子》）

　　一轮月影涨幽香，碧玉钗头白玉妆。持似此花供燕几，玉堂端可寿萱堂。（袁说友《致盆栀子于同年楼大防天官》）

　　雪魄冰花凉气清，曲栏深处艳精神。一钩新月风牵影，暗送娇香入画庭。（沈周《蔄卜》，《广群芳谱》卷三十八）

杨慎《升庵诗话》卷一从"物理"的角度分析了夜深花香的原因：

　　林和靖《梅》诗："疏影横斜水清浅，暗香浮动月黄昏。"《苇航纪谈》云："……月黄昏，谓夜深香动……盖昼午后，阴气用事，花房敛藏；夜半后，阳气用事，而花敷蕊散香。凡花皆然，不独梅也。"宋人《栀子花》词"恼人惟是夜深时"，是此理……

盖物理然耳。

从审美主体而言，只有在夜深虚静之时，才能充分捕捉到花之清香。我们看王十朋的审美体验，王十朋《九月十二夜独步梅溪玩月，人迹悄然，秋色满眼，微风不动，岩桂自香，初不劳思，偶得四句。盖心境中静时语也，归小成室，对短灯檠，索纸书之》：“独步溪头夜初寂，扫空尘念心清凉。月明眼底见秋色，境静鼻根闻桂香。”禅宗思想影响下的清旷胸次、清虚心境影响了宋人的花卉审美方式。总之，只有在禅宗思想与文人士大夫结盟的宋代，月下赏栀模式才会流行，栀子之花香才能被抉发无遗。

（三）枝与根

宋朝时，文人雅士对于水栀子的清赏于色、香之外另具只眼，那就是水栀子的枝、干。范成大《梅谱》“后序”：“梅以韵胜，以格高，故以横斜疏瘦与老枝怪奇者为贵”，这其实也是南宋人对水栀子的审美情趣，如：

> 婆娑复偃蹇，其高不盈尺。铅华了不御，绚此冰雪质。（李处权《水栀》）
>
> 鲜支形相小，石罅解蟠根。（洪适《盘洲杂韵上》）
>
> 何处飞来薝卜林，老枝橑屈更萧惨。（朱熹《刘平甫分惠水栀，小诗为谢二首》）
>
> 闻说君家有水栀，虬枝怪石眼前稀。（许及之《从潘济叔觅花，红蕉，凤仙，大蓼，谓水栀仅有一窠，寒窗不可无，戏作二绝》其二）
>
> 拳石泓泉媚清沙，孤根蟠曲养清华。（张镃《水栀》）

这是典型的宋人花卉审美方式，脱略物色、绝去风华，而注重于“标格"之体认，老气横秋而潜气流动。栀子枝、干美的发掘和栀子作为盆景树木的历程是同步的，互为促进。

三、象征意义：人格·爱情·禅友

栀子花并没有达到梅兰菊莲等传统名花的"比德"高度，但是因为特殊的物性，也具备人格象征的拟似点；从南朝开始，栀子花成为恋人、友人之间的传情之具；而宋朝时期，栀子又因为一个"美丽的误会"而被文人引为参禅之友。栀子的象征意义是依附于其自然属性的，"所有的象征都得有一个物理形式，否则，它们不可能进入我们的经验"①。

（一）人格

1."岁寒"之心

栀子是常绿灌木，秋风、霜露不能改其色；这就蕴含了与松柏比类的"岁寒"基因，如谢朓的《咏墙北栀子诗》："有美当阶树，霜露未能移。"梅尧臣有《植栀子树二窠十一本于松侧》："举世多植梨，而我学种栀……团团绿阶侧，岂畏秋风吹。"其实不独栀子，用常绿植物来比喻"岁寒"之心、凛凛风骨几乎已经成了一种常规思路。如丹橘，张九龄《感遇》（十二首其七）："江南有丹橘，经冬犹绿林。岂伊地气暖，自有岁寒心。"又如桂花，卫宗武《赓南塘桂吟》："葱葱绿玉不改色，岁寒气节何以加。"

栀子的独特之处在于，她不仅以茂叶挺立于严冬，也以素花抗行于炎夏。于是，栀子的凛凛风骨另有一条与"岁寒"相反的生成途径，

———————————

① 庄锡昌《多维视角中的文化理论》第224页，浙江人民出版社1987年版。

如黄朝荐《咏栀子花》："兰叶春以荣，桂华秋露滋。何如炎炎天，挺此冰雪姿。松柏有至性，岂必岁寒时。"（《广群芳谱》卷三十八）其取径与包恢的《莲花》出于一辙："暴之烈日无改色……乃似刚正奇丈夫。"相反而相成的两条途径完成了栀子"贞"姿的塑造。

2. "中和"之气

"和"气基于栀子果实的药性。这里就要平章一段"公案"。前引杜甫的《江头四咏·栀子》"于身色有用，与道气伤和"，揭橥了栀子的染色、药用两大功能。《杜诗详注》顾注："其性极冷，即所云'气伤和'也。"《杜诗详注》赵注："《本草》称：栀子治五内邪气、胃中热气，其能理气明矣。此颂栀子之功也，作'气相和'亦是。"[1]从药学知识出发，赵注甚是；我们可能不必"为贤者讳"，杜甫原本可能就是作"气伤和"，所以陈造《次栀子花韵》似乎就是专为杜甫而发、为栀子鸣不平："伤和错诋风霜实。"

曾肇《薝蔔》则高标栀子的"中和"之气："林兰擅孤芳，性与凡木异。不受霜霰侵，自足中和气。""中和"儒家修身的最高境界，《中庸》："中也者，天下之大本也；和也者，天下之达道也。致中和，天地位焉，万物育焉。"用"中和"之气来比喻栀子，体现了宋人咏花木时的"比德"倾向。

（二）爱情

中国文学中，栀子是常见的"同心"之喻，这也应该有取于栀子花的生物特点，试为剖明。首先，栀子花是罕见的"六瓣"型，花瓣环绕花心，形成对称，这是"同心"之喻的第一重含义。其次，栀子花以"复瓣"型为常见，古人称之为"重台"，如张埴《初夏湖山》"重

---

[1] ［清］仇兆鳌《杜诗详注》第 878 页，中华书局 1989 年版。

台栀子玉攒花，初夏湖山一供嘉"、释居简《千叶栀子花》"千叶是重台"。我们可以用"重台"荷花作为印证，皮日休《木兰后池三咏·重台莲花》"两重原是一重心"，这是"同心"之喻的第二重含义。再次，栀子花到了花事晚期会结子，花瓣拱卫着金黄、尖耸的果实，这是"同心"之喻的第三种含义；我们发现，栀子"同心"与"结"子有关，如施肩吾《杂古词五首》"不如山栀子，却解结同心"、唐彦谦《离鸾》"庭前佳树名栀子，试结同心寄谢娘"、吴文英《清平乐》"结得同心成了，任教春去多时"。

现存最早的以栀子传情的作品是南朝刘令娴《摘同心栀子赠谢娘，因附此诗》："两叶虽为赠，交情永未因。同心何处切，栀子最关人。"栀子可以传递同性之谊，也可传递异性之情，但似以后者居多，请看诗例：

葛花满把能消酒，栀子同心好赠人。（韩翃《送王少府归杭州》）

栀子咏同心。（温庭筠《洞户二十二韵》）

栀子同心裛露垂，折来深恐没人知。（罗虬《比红儿诗》）

与我同心栀子，报君百结丁香。（赵彦端《清平乐·席上赠人》）

栀子花广泛种植于村野山间，所以栀子花更是民间男女抒发爱情的由头、信物，明代冯梦龙《山歌》："栀子花开六瓣头，情哥哥约我黄昏后，日长遥遥难得过，双手扳窗看日头。"即便是在当代流行文化中，栀子花的表情功能也作为原型而沉淀、延续，如刘若英《后来》："栀子花，白花瓣，落在我蓝色百褶裙上。爱你，你轻声说，我低下头闻见一阵芬芳……"何炅《栀子花开》："栀子花开啊开，栀子花开啊开，淡淡的青春，纯纯的爱……"

（三）禅友

1. 栀子与薝葡

栀子与佛教结缘来自于一个"误会"，栀子花即佛书中的薝葡（亦作"薝卜""檐卜"），唐段成式《酉阳杂俎·广动植之三》："栀子相传即西域檐卜花。"中国古代文学中林林总总的咏薝葡的作品其实都是咏栀子，如王义山《王母祝语·栀子花诗》"此花端的名薝葡，千佛林中清更洁"、董嗣杲《栀子花》"芳林园里谁曾赏，薝葡坊中自可禅"。

栀子花并非薝葡，辨正这一点并非难事，宋代罗愿《尔雅翼·释草》即云："薝葡者金色，花小而香，西方甚多，非卮也。"但是，文人们依然"一厢情愿"。

其实，印度佛教中作为圣物的花木在中土往往存在着置换的情形，如荷花之替代睡莲、双桐之替代"娑罗双树"。荷花、梧桐都是中国分布非常广的花木，选择它们作为替代品，本身就体现了佛教贴近世俗、贴近下层的倾向和姿态。葛兆光先生有一段话可以解释这种现象："文化接触中常常要依赖转译，这转译并不仅仅是语言。几乎所有异族文化事物的理解和想象，都要经过原有历史和知识的转译，转译是一种理解，当然也羼进了很多误解，毕竟不能凭空，于是只好翻自己历史记忆中的原有资源。"[①]

2. "妙香"

栀子拟似、替换薝葡的基础在于其清芬之气，文人静坐冥想、明心见性时所"参"的是栀子花的香气：

> 露浥芙蓉心与净，香浮薝葡鼻先参。（吴时显《法相寺可

---

① 俞香顺《中国荷花审美文化研究》第44—45页。

赋亭》)

> 扫除诸妄归真想，薝蔔林中闻妙香。(赵蕃《晚卧二首》)

> 毗舍遥遥，异香一炷驰名久。妙香稀有，鼻观深参透。(王十朋《点绛唇》"妙香薝蔔")

> 妙香通鼻观，应悟佛根源。(王十朋《书院杂咏·栀子花》)

> 薝蔔含妙香，来自天竺国。笑杀葵与榴，空斯好颜色。(陈淳《栀子》，《广群芳谱》卷三十八)

"妙香"一词屡见于上引诸例中，这是与佛教有关的一个语汇。《维摩经》："有国名众香，佛号香积，其界皆以香作楼阁……菩萨各坐香树下，闻斯妙香，即获一切，得藏三昧。"《增一经》："有妙香三种，谓多闻香、戒香、施香。"与世俗馥郁的香气不同，"妙香"只有在虚静、禅寂时才能射得，如杜甫《大云寺赞公房四首》："心清闻妙香。"

3."禅客"

宋代，"十客""十友"等是颇为流行的话头，或待之为客、或引以为友，体现了宋人胞与万物、人伦相亲的情怀，体现了花卉审美层次的提升、飞跃①。陆游《二友》诗即以水栀子、石菖蒲为"二友"。禅宗发展至宋朝进入了个全新的阶段，文人普遍流行参禅；而栀子也以其"妙香"、以薝蔔的替身成为"禅友"或"禅客"。王十朋《书院杂咏·栀子花》"禅友何时到，远从毗舍园"；《三余赘笔》《三柳轩杂识》分别称栀子为禅友、禅客 (《广群芳谱》卷三十八引)。

明代石屋禅师有一首著名的禅诗《山居》："过去事已过去了，未来不必预思量。只今便道即今句，梅子熟时栀子香。"这很容易让人联想起著名的禅宗故事，《五灯会元》卷十七"黄龙心禅师法嗣""太史

---

① 俞香顺《中国荷花审美文化研究》第 210 页。

黄庭坚居士"的"木犀香"。禅理处处皆在，如山间的木犀香、林间的栀子香，是"无隐"的。此外，悟道也不能刻意，而应该顺其自然，正如苏轼临终前所云"个中着力不得"；到了五月时节，梅子自然成熟、栀子自然芬芳。禅趣、禅悦蕴含于字里行间，也流转于天地之间；与禅宗的结缘对于栀子花而言是一个"增值"的过程。

结　语

栀子经历了从实用到象征的抽象，也经历了从民间到文人的提高，从而成为一种"有意味的形式"；这是中国文化中很多花卉的共同走向。栀子固然没有牡丹的世俗煊赫，也没有梅花的"比德"高度，但因其功能的多样性、色香的独特性、分布的广泛性以及与佛教的联姻，也成为雅俗共赏、内涵丰富的传统名花。揭明栀子的文化内涵可以从一个角度认识我们的民族文化心理。

（原载《北京林业大学学报》社会科学版 2010 年第 1 期）